空间与形式语言

全国高等学校建筑学学科专业指导委员会推荐教学参考书

空间与形式语言：

建筑生成术语 [第二版]

Language of Space and Form :

Generative Terms for Architecture [Second Edition]

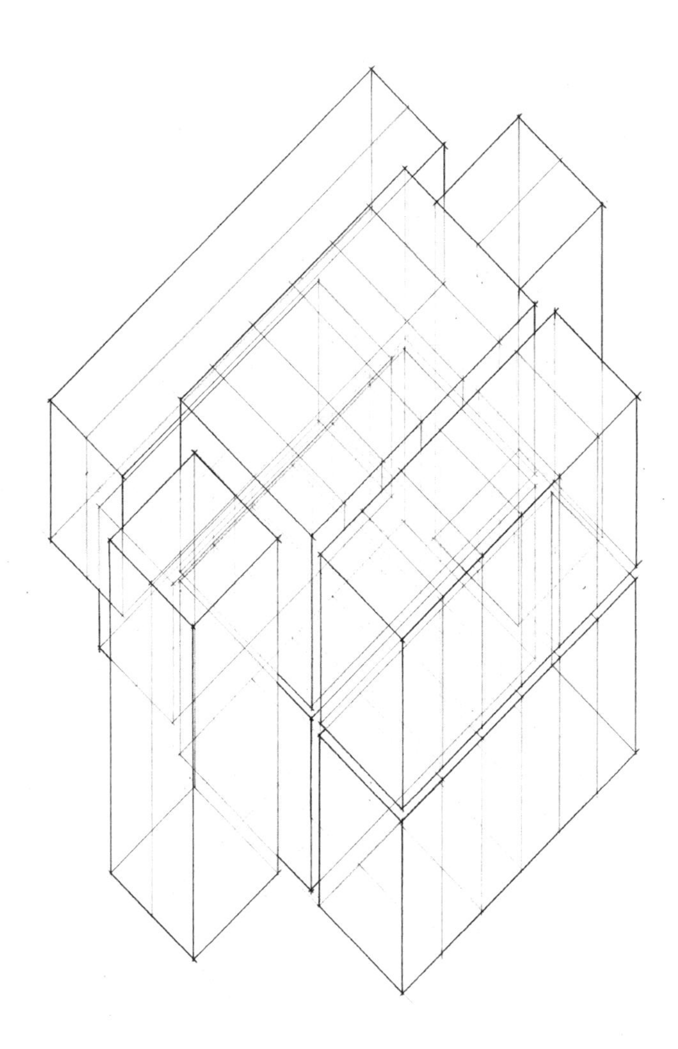

[美]詹姆斯·埃克勒 | James Eckler 著

李向锋 董秀敏 译

WILEY

图书在版编目(CIP)数据

空间与形式语言：建筑生成术语 / (美) 詹姆斯·埃克勒著；李向锋，董秀敏译. -- 2版. -- 天津：天津大学出版社，2024.1

书名原文：Language of Space and Form

全国高等学校建筑学学科专业指导委员会推荐教学参考书

ISBN 978-7-5618-7126-3

Ⅰ. ①空… Ⅱ. ①詹… ②李… ③董… Ⅲ. ①建筑设计-研究 Ⅳ. ① TU2

中国版本图书馆 CIP 数据核字 (2022) 第 016708 号

空间与形式语言：建筑生成术语（第二版）| KONGJIAN YU XINGSHI YUYAN: JIANZHU SHENGCHENG SHUYU (DI ER BAN)

出版发行　天津大学出版社
地　　址　天津市卫津路 92 号天津大学内（邮编：300072）
电　　话　发行部：022-27403647
网　　址　www.tjupress.com.cn
印　　刷　廊坊市瑞德印刷有限公司
经　　销　全国各地新华书店
开　　本　889mm×1194mm　1/16
印　　张　20
字　　数　655 千
版　　次　2024 年 1 月第 1 版
印　　次　2024 年 1 月第 1 次
定　　价　115.00 元

目 录 Contents

致谢 ACKNOWLEDGMENTS

感谢玛丽伍德大学和辛辛那提大学的所有同事、我的朋友以及家人对我的帮助与支持。我尤其要感谢为这本书提供图片的研究机构、教师和学生。正因为他们的才华和对本学科的无私奉献，才成就了今天这本佳作。我会尽可能厘清书中列举作品的作者，同时尽可能公正地维护与感谢这些资料所有者的版权。任何错误或者遗漏之处将在后续版本中更正。

以下研究机构、教师及其学生为本书提供了资料：

亚利桑那州立大学（Arizona State University）
讲师：米拉格罗斯·津戈尼（Milagros Zingoni）

路易斯安那州立大学（Louisiana State University）
助理教授：米歇尔·汉密尔顿（Michael Hamilton）
副教授：吉姆·沙利文（Jim Sullivan）

路易斯安那理工大学（Louisiana Tech University）
助理教授：蒂姆·海斯（Tim Hays）

玛丽伍德大学（Marywood University）
助理教授：詹姆斯·埃克勒（James Eckler）
助理教授：史蒂芬·加里森（Stephen Garrison）
兼职教授：里根·金（Reagan King）
助理教授：马修·曼德拉珀（Matthew Mindrup）
兼职教授：凯特·奥康娜（Kate O' Connor）

迈阿密大学（Miami University）
助理教授：约翰·亨弗里斯（John Humphries）

辛辛那提大学（University of Cincinnati）
客座助理教授：詹姆斯·埃克勒（James Eckler）
兼职教授：约翰·亨弗里斯（John Humphries）
助理教授：卡尔·沃利克（Karl Wallick）

佛罗里达大学（University of Florida）
副教授：约翰·梅兹（John Maze）

北卡罗来纳大学夏洛特分校（University of North Carolina，Charlotte）
副教授：彼得·王（Peter Wong）

南加州大学（University of Southern California）
兼职助理教授：瓦莱丽·奥古斯丁（Valery Augustin）
讲师：劳伦·麦奇森（Lauren Matchison）

瓦伦西亚社区学院（Valencia Community College）
兼职教授：杰森·托尔斯（Jason Towers）
教授：艾伦·沃特斯（Allen Watters）

序言：设计过程中词汇的作用

INTRODUCTION: ON THE ROLE OF WORKS IN THE DESIGN PROCESS

什么是生成术语？生成术语在设计过程中扮演了什么样的角色？

语言是建筑设计的手段。语言涉及设计的每一个步骤——无论是概念意向、空间环境生成、要素表现，还是就成熟的方案构思进行交流。借此，语言不仅可以阐释交流已经完成了的工作，还可以激发灵感以指导未完成的工作。

设计语言不是一种标识，而是一种意向目的：事物能用来**做**什么比它们**是**什么更重要。这类语言不只是识别构成我们环境的各个组成部分；同时也向设计师提出挑战，促使他们思考这些组成部分在空间运作过程中所扮演的角色。

本书中提及的设计语言在建筑设计学中都很常见。这些语言源于两个方面的出发点：讨论和构想。讨论是实现各种设计可能性的途径，而构想则是基于认识的思考过程。后者来源于讨论(既可以是同行间的思想交流，也可以是个体的内心自省)，由不同的建筑技术、建筑要素及区位所表现出来的多种可能性都在空间开发中得以综合考虑。这是建筑构想的基础。这些可能性构成了研究与实验的框架。通过互动过程的不断反复，这些可能性也成为方案推进的路径。语言可以阐释空间运作或体验的目的、空间体系发展的策略或者检测空间质量的技术。空间与形式的语言就是建筑思维的语言。

术语如何被用作一种设计工具？

设计术语学是进一步开发设计意向或设计策略的工具。空间与形式的语言帮助设计师解读和理解空间，并激发创造空间的灵感。空间与形式的语言是生成性的，因为它绝不仅仅是对建筑形态的描述，它具有构成发明创造基础的潜力。生成术语是思路与需求、探索与发现的催化剂。生成术语为设计提供了多种可能性，为空间建造和形式构成提供了框架。生成术语是起点——即建筑应该是什么。

本书将术语拆分为建筑思维的五个层面：过程与生成、组织与秩序、运作与体验、物件与组合以及展示与交流。这些分类并不是按顺序描述设计过程。相反，它们往往被认为是互相重合和互相依赖的。例如，生成策略几乎不会独立地运用在一个有秩序的系统中去描述限制条件。这些分类是形成设计意图的好方法——为某一特定术语在设计思想中所扮演的角色提供了解释。这些分类阐释了建筑师在思考和建造空间时所运用的不同方法，从对现有空间的思考、建造到解读与阐释。它们通过这种方式指引设计过程发展的方向。每一个建筑术语都是创造形式和空间的想象力与创造力的起点。

过程与生成的术语概述了形式与空间创造过程中的思维模式与营造方式。在设计师看来，思考和营造相辅相成。基于这一观念，很多用于描述营造技术的术语也可用于构建设计思想。而其他术语也可以作为一种睿智的空间建造策略。运用这些术语清晰表述了空间的目标和意向，或是陈述了达成空间目标的策略。

组织与秩序的术语是指在形式与空间之间构建关系的策略。这可能是决定设计中哪些元素比其他元素更重要的一种体系。或者，这也可能是排布空间、功能和形式的体系，从而达到一个理想的效果。这些术语定义了组织设计元素的技术，可以澄清设计想法或者解决设计问题。采用这些术语从实体上、空间上和功能上说明一个设计中不同元素间的相互作用。

操作与体验的术语描述了居住者对形式与空间的感受、相互作用和使之得以实现的设计意图。它们是建筑有能力影响个体感受的见证。它们表明，感官经验有可能影响设计过程和目的。运作与体验展示了建筑的具体意图。这些术语有可能成为思想与制作的催化剂。它们通过设定一套空间与形式的设计条件来引导设计程序。运用这些术语可以阐述一个项目，甚至单一空间设计意图的生成。这些术语也可作为一种引导空间构想以及评价空间效果的方法。

物件与组合的术语是指通过利用实体元素建造或者界定空间的策略。这些术语阐释了形式类型学中和以形式为基础的设计策略。此外，它们将创造连接点与物件关系视为设计过程的组成部分。用这些术语描述了形式品质对创造空间的影响。这些术语也可用于探讨在空间创造过程中连接点可能发挥的作用以及各种可能性，这已经超越了物件之间的相互关联。

展示与交流的术语展示了空间与形式的思想通过营造活动得以表达的多种可能方式。这些术语将思想交流视为形式与空间的理解方式之间以及形式与空间的建造方式之间的一条纽带。用这些术语引导设计制作过程，从而在建造空间的过程中有可能更好地理解空间。

过程与思索密切相关。问题检验着空间、体验、运作以及建造的多种可能性。问题引导设计师发现事物能够**做**什么，而不是辨别它们**是**什么。生成术语不是静态的定义，而是思索的起点。通过批判式的思考，可以打破解读建成环境过程中的一些预想。为了保持这种探索与发现的精神，这里提出的词汇与分类并不是绝对禁止变更的权威语录。在很多情况下，词汇可以适应多元的分类，因为它们在设计过程中可能扮演着多种角色。在那些环境下，这些术语也存在其他可能性。

一个术语可能（也应该）有多种可能性，但它不是本书关注的内容。当学生们有更深入的想法时，可能产生其他分类，或是大类别之下的小细分。为此，学生应将他们自己的笔记、草图或其他新想法添加到设计文本中。这些资料和其中包含的技术与想法应当伴随着学生同步发展。设计词汇在营造过程或空间构思过程中的新应用应当在后来的设计工作中反复实践。随着与这一设计词汇相关的新发现不断涌现，应当认真记录这些发现以备后用。对一个设计词汇在建筑生成过程中应用能力的理解，对设计师建筑设计过程的进步十分重要。生成术语引发探索，它不是对静态预想的参考。语言具有可塑性。

本书是一本指导设计过程发展的手册，与学生的设计进展同步。本书面向入门级及以上级别的对象，是建筑师工作室的好助手。关于本书所讨论的设计语言，每个小节都有多层面的信息，以帮助学生在学术生涯中抓住不同的重点。所有小节都为设计词汇提供严谨的定义，使术语与最普通和传统的用法联系起来，上述用法都是学生在设计入门时可能参考的基础。此外，每个小节都有一段简短的叙述，很多小节还配有学生作业的图片，展示在设计中探索设计词汇多种可能性的过程。这些图片来自正在接受设计教育的大学一二年级学生。它们用于展示设计术语的使用方法，帮助其他学生理解和使用。每一小节还配有一段文字，随着设计层次的提高，引导学生深入研究设计术语。每个小节为继续考察术语、其含义或者表现形式提供了更多的思考空间。从根本上来说，本书是专为建筑专业学生撰写的一本指导手册，帮助他们探索发掘自身创造力的新途径。这些生成术语将成为学生的好工具，帮助他们不断提高感知和解读建筑空间的能力。这些工具也将开启创造建筑的新天地。生成术语将有助于激发一个更加丰富多彩的设计过程。

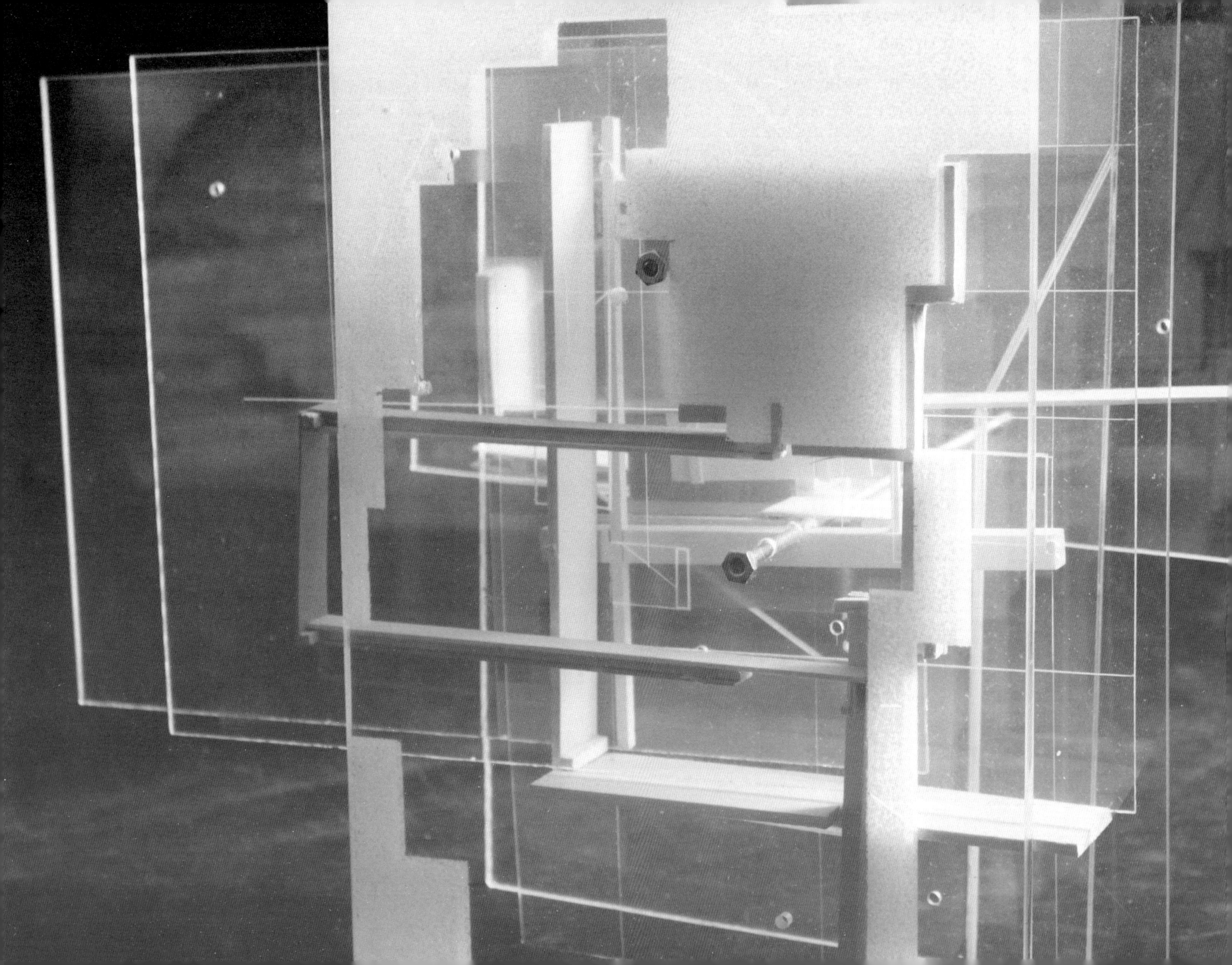

1. 过程与生成术语

TERMS OF PROCESS AND GENERATION

学生：卡莉·威廉姆斯（Cari Williams）　点评：詹姆斯·埃克勒　院校：玛丽伍德大学

抽象化 ABSTRACT

抽象是指通过非图画的方法来描述事物的实际存在方式；
抽象性：在研究事物特性的基础上阐释事物本身。

非具象化表现为建筑生成带来的可能性
Generative Possibilities in Non-figural Representation

绘画是对现实事物的抽象化，在这里指的是一栋建筑的平面设计图。它看起来不像建筑，而且似乎一点也不符合建筑的形象。但是，它反映了设计师思考建筑结构的方式。构图背后的意图似乎是研究建筑的组织与空间关系。抽象化被用来记录思维的过程，而这些思路则最终会产生全新的建筑设计。即便普通人不能完全理解它，但是它对设计师来说却是很有用的工具，它能够帮助设计师理解旧的建筑并创造新的。

“抽象”这个词最早来源于拉丁语 abstractus，意思是“拉走、牵走”。使某物抽象化就是让它以一种非文字化的方式来表现，偏离实际的样式形态。设计师设计出的所有东西，从设计构思到概念发展等，都是一种抽象化。绘图、模型以及图表都将实际事物简化为一种视觉表现，进而加以抽象化。

那么设计如何能从这些偏离实际事物形态的图画中得到帮助呢？由于设计过程中的每个阶段都是一个测试空间和形式可能性以及产生新想法的探索过程，抽象化则是一种定义研究范围的方式。比如，抽象化也许会被用来集中研究某一特定的想法、构图布局、建筑间的关系，它也可能被用于集中研究类型学、构造或功能等，或者用来定义表现以上所有事物的语言。它是一种能够排除多余信息的方法，以便研究对象不会受到干扰。这种方法能够搭建出一个思考过程，利于反复实践，这是一个简化复杂信息或是集中研究特定相关信息的方法。

通过抽象化，设计师可能会发现一些此前忽视的可能性，这些发现将会促成接下来的研究，而这就是重复设计过程（iterative design process）的基础。当一种表现不是抽象的——也就是说，当它是具象的，它本身的目标就是追求事物的真实。那么，最后这种具象的表现很可能会限制发现，削弱重复的过程。

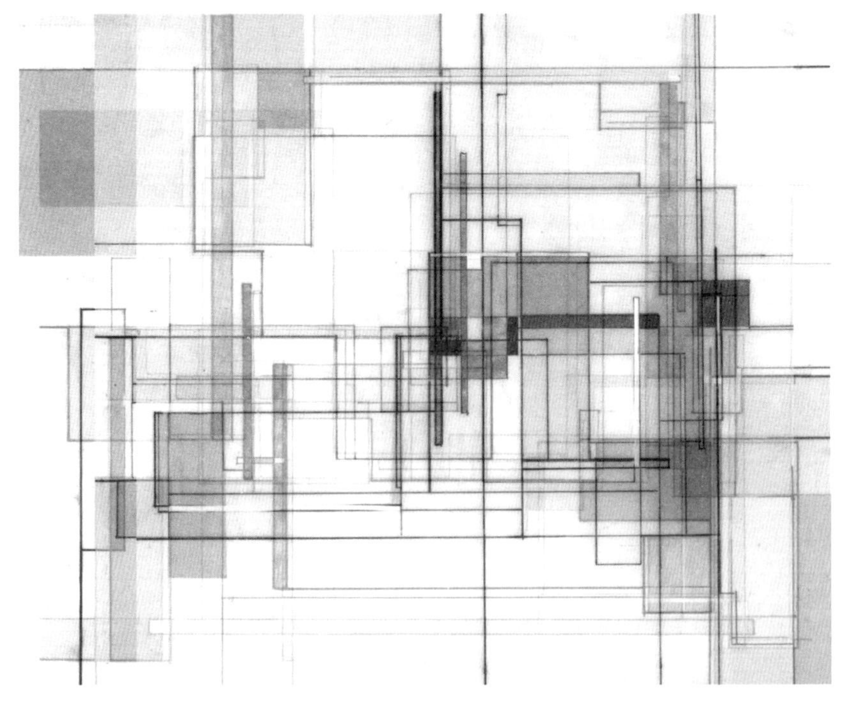

图 1.1 在这张分析图画中，学生使用抽象的图形语言来暗示构图元素间的关系。此分析图画中的各组成成分被抽象化为直角图形（抽象行为），更易于确定其相对位置、排列、重叠及其他构图关系。 学生：泰勒·奥西尼（Taylor Orsini） 点评：约翰·梅兹 院校：佛罗里达大学

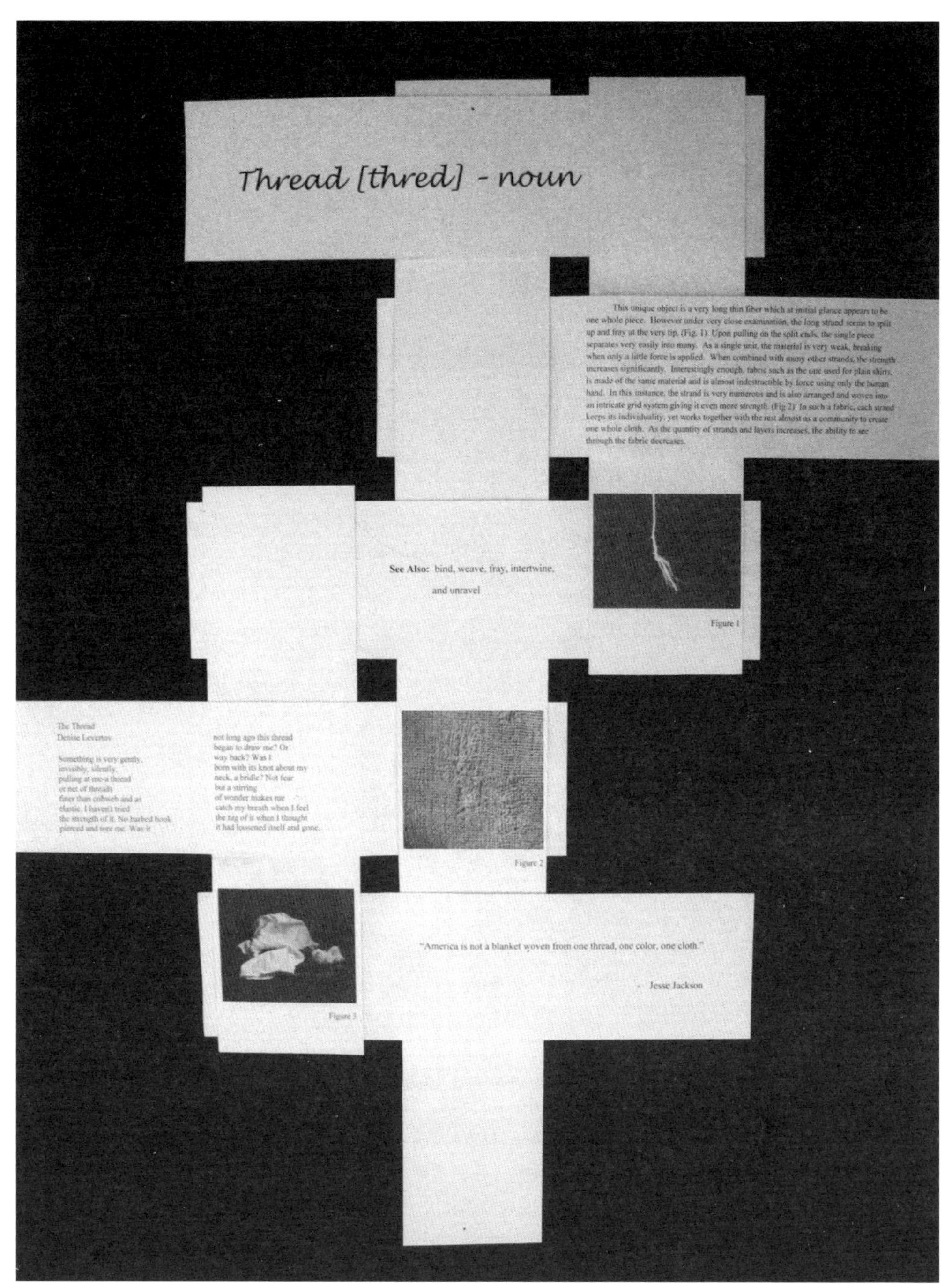

图1.2　这是一个对研究中所收集信息的展示。信息以一种反映其在设计中角色的方式组织起来。此例中，有关形式和材料的信息被加以抽象，融入一种有关研究主题的组合方法之内，构成了进一步设计研究的起点。　学生：巴特·巴伊达（Bart Bajda）　点评：马修·曼德拉珀　院校：玛丽伍德大学

添加法 ADDITIVE

一种通过积聚来创造特征的策略。

积聚为建筑生成带来的可能性

Generative Possibilities in Accumulation

面对一个复杂且极富挑战性的空间整合过程时，每个人都持有不同的看法，这名学生决定使用添加策略。她这样做是为了能够在不改变她早先确立的建筑构造语言的情况下，最终连接起每个空间。她不断积聚界定每个空间的元素及空间之间的衔接元素，直到各组成部分的布局混乱不清。空间开始失去其各自的特性，各部分的组合也开始丧失其合理性。那时，她便开始减少元素来修改设计。她的目标是找到最为完美的一瞬间：各构成元素的积聚能使每个空间保持不同，但仍是一个大空间内的有机组成部分。

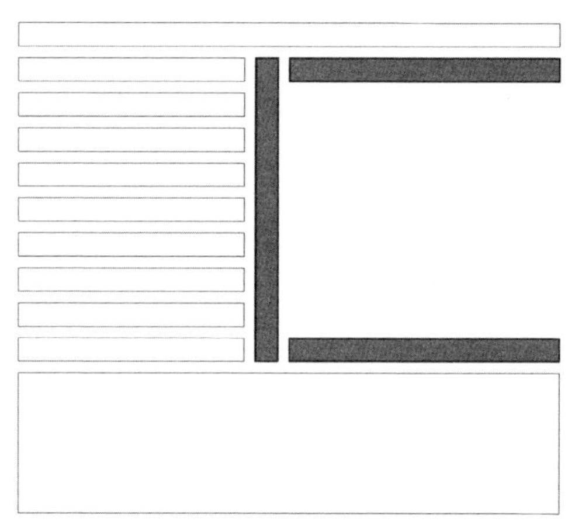

图 1.3　这张图表现了如何通过添加的策略来组合各个元素。每个单个元素其实也是由许多更小的元素构成的。右侧的开口是通过改变组成元素的大小和排布而不是通过减少元素来实现的。

添加是一个简单的过程，能够让设计师通过直观的决策快速迭代设计。随着越来越多事物的积聚，设计师便可能产生越来越多的想法。这一策略也能促使设计师产生新的灵感，但是它也可能使得设计师更多地投入到确定空间的形式上而忽略空间本身。如果那样的话，添加策略就成了不必要的，而且可能会分散对主要设计目标的注意力。它将会把设计的焦点从制造空间转移到关注构思技法和物件对象上。

图 1.4　添加是组合的一种策略，在各要素间设置复杂的连接方式能够为其所包含的空间设计创造机会。它可能通过过滤光或提供创造光线的入口而影响到其空间。它也可能通过各元素间的物理连接方式来连接各个空间。　学生：丹·莫伊萨（Dan Mojsa）　点评：里根·金　院校：玛丽伍德大学

作为一种方法，它会以什么方式将这一设计推进到下一水平，或者如何开始重复下一个步骤？作为初步的设计技术，它可以用来辨别如上所述的空间构图的差异。或者，它也可以用来开发一种用于空间信息交流的建筑语言，这种空间信息的语言在未来设计中会被用到。除了通过积聚的策略，也能在更小的尺度规模上描述制作策略。将组成部分和元素分层叠加或累积则可以通过添加的方法加以开发。添加和减少分别代表了材料构造（tectonic）和材料切割（stereotomic）的工艺技法。

*参见“删减”一节。

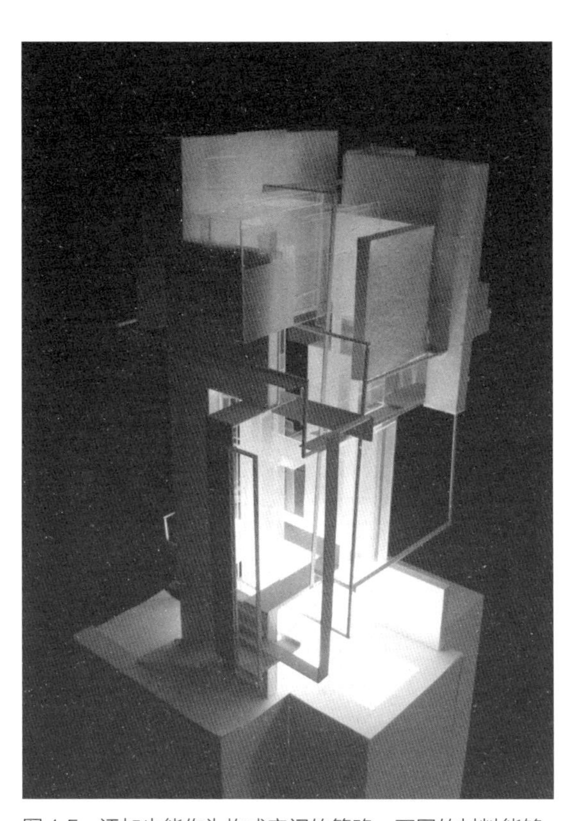

图 1.5　添加也能作为构成空间的策略。不同的材料能够促进对居民感知的控制，元素的复杂组合能够促进对元素围合的空间构造的紧密控制。　学生：约翰·李维·韦根（John Levi Weigand）　点评：约翰·梅兹　院校：佛罗里达大学

图 1.6　添加组合进一步加强了对进入空间光线的控制。这些组合技术通过元素的大小和构造建立了层级关系。组合技术通过元素及其围合空间的相对比例关系表现空间尺度。它们还能通过指出方向、澄清与其他元素的关系及样式表达出组织逻辑。　学生：刘柳（Liu Liu）　点评：詹姆斯·埃克勒　院校：辛辛那提大学

分析 ANALYSIS

将复杂对象拆解为诸多组成部分以便分别加以研究的过程。

调查和探究为建筑生成带来的可能性

Generative Possibilities in Investigation and Inquiry

一个建筑师承担了一个令他兴奋不已的项目。一对夫妇买了一栋历史悠久的老房子，请他设计加建方案，并且要和原有建筑的风格保持一致。

在开始设计之前，建筑师要对现有环境状况进行综合考察研究，分析场地，将其分成几个研究类别，考虑到建筑面积、地形、现有场地特点、临近建筑物以及公共通道等。因为加建物要和现有住宅空间布局相协调，因而建筑师分析了通路、建造计划及隐私度等。同时，由于加建物还要能和周围环境高度协调，所以他也分析了日照、光照朝向及气候等条件。所有这些都使得他能够通过综合分析来构思设计策略。综合分析的产物是一个包含各个空间组成研究的图表。建筑师依据这个图表设计出了最初的流程图和模型。

分析也是一种抽象化的过程，它使设计者能够从复杂的事物中抽离出信息片段。获取这些独立的信息片段后便能进行更为高效的研究。分析的首要任务就是生成特定事物的信息。那么，分析过程是如何生成的？它是如何生成信息的？它又是如何促成设计形成的？

整理资料往往会与分析相混淆。人们可能会记录下某地的风向，这就是资料整理；而研究风对设计的影响就属于分析了。同样地，绘出某个建筑内的设计项目本身不是分析，因为其间没有研究也没有产出知识。而如果在绘制一个建筑内的设计项目时，综合考虑空间内的居民人数以确定建筑的实际主要功能，那么这就是分析。而从这一信息中可以获得拓展思路。分析以调研的形式加速了考察学习，它从设计功能的角度产生了新信息。

图 1.7　通过分析先前建筑的组成部分来探寻它们在形式与空间上的连接方式。在此分析中，该建筑则被简化为一套相互关联的系统。　学生：伊丽莎白·西德诺（Elizabeth Sydnor）　点评：米拉格罗斯·津戈尼　院校：亚利桑那州立大学

这对设计过程很重要，因为它常常是重复思索的工具。由于产生了新的信息，所以分析能够给设计带来新的可能。研究日光射进空间内的程度可能会引发关于边缘问题的其他设计尝试。正如前面例子中项目分析影响新空间的布局，项目分析将会促成针对新设计功能的组织与分类方法的测试。对设计过程而言，尤其当各组成部分综合起来考察时，分析的重要性在于其能够确定实验的限度及测量标准。

* 参见“合成”一节。

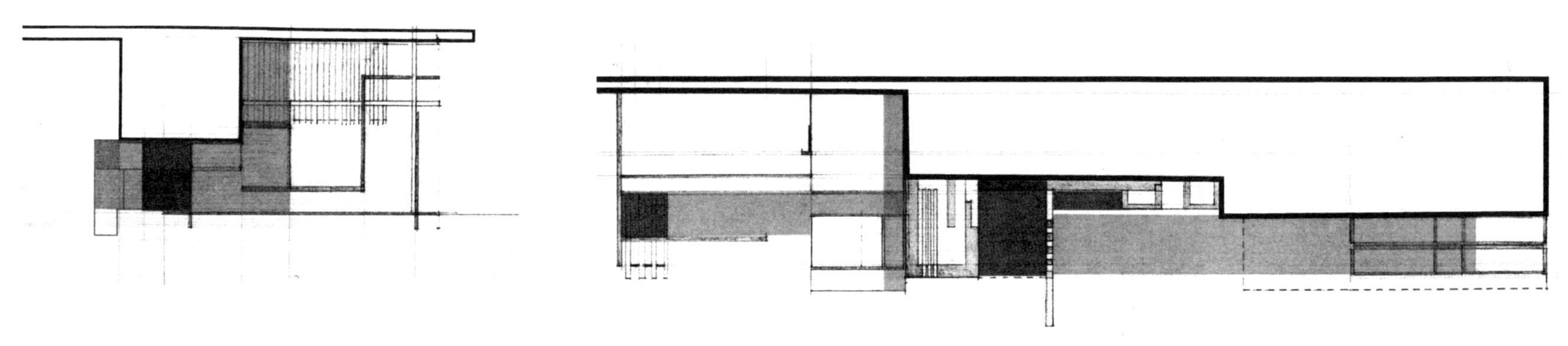

图 1.8　分析是一种研究和调查形式，它通过将一个复杂的系统分解成有机的各个组成部分来实现。在此案例中，学生探究了项目中的多种空间功能。该分析产生了与建筑构造组合中同空间关系相关的构图布局信息。　学生：米歇尔·马奥尼（Michelle Mahoney）　点评：詹姆斯·埃克勒　院校：辛辛那提大学

构图 COMPOSE

对整体中各个部分加以安排；
联结各个要素；
通过制作过程确定空间或形式；
构图：任何形式的排布与关系组合或布局设置。

配置元素为建筑生成带来的可能性
Generative Possibilities in Configuring Elements

学生制作了一套模型，每个模型都满足项目方案中单个功能的要求。她根据方案的各不同组成部分确定了细节，但是她意识到自己不知道如何把各个部分联结起来。

所以她草拟了设计策略来确定各个部分的相对安放位置。她从这份草图开始排布各个部分。她可能会把一个部分安放到另一个部分的旁边、上面或将二者重叠。她会不停地调整各个部分的位置，比如沿一个部分的表面稍微移动另一个部分，或者微微旋转另一个部分。通过构图调整，她能够确定项目内各部分间的关系。对各部分位置的调整有助于将它们联结起来。

构图有一套指导各元素定位及排布的规则。构图产生于排布两个或多个元素时，它是设计理念的基础。它存在于形式组合与明确空间关系的过程中。构图原则也可用于整理资料、分析及绘图表现等过程中。构图近乎影响着建筑设计过程的方方面面。如果不依赖相互之间的构图逻辑来安排各自的位置，一个空间无法和其他空间相关联。无论在设计过程中还是设计完成之后，构图过程都如影随形。构图原则能够当作设计工具；它们通过提供联结各元素的标准来为决策提供信息。

如果构图原则贯穿设计过程始终，那么如何将其具体应用于实现个人目

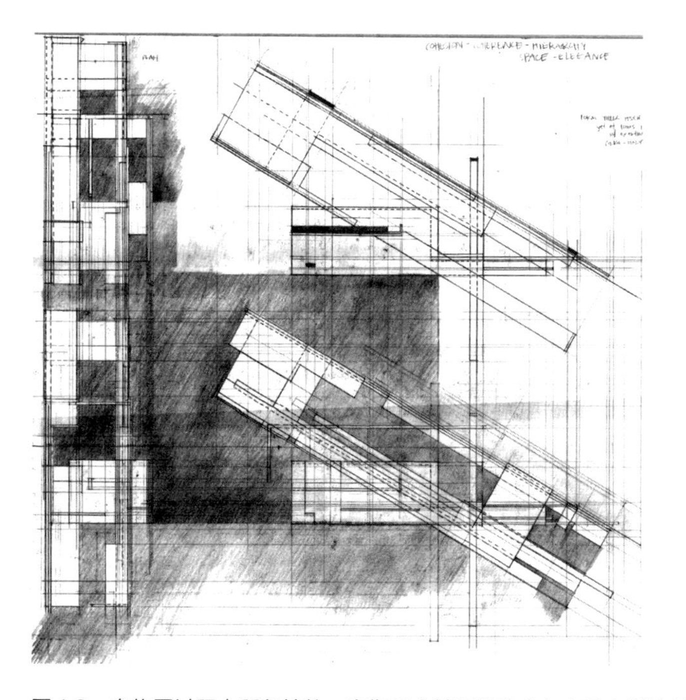

图 1.9　在构图过程中所坚持的一套指导方针用以确定各个元素间的关系。构图过程进一步增强空间和外形上排列布局的联系。构图时将平面画与剖面图对应组织，从而使二者联系起来。制图线条加强了这种关联，尤其参考了项目的各个元素。　学生：阿什利·埃德林霍夫（Ashley Eldringhoff）　点评：米歇尔·汉密尔顿　院校：路易斯安那州立大学

标？如果它是设计过程的一部分，那么如何运用构图原则定义某一流程中的特定方法？构图原则在设计思考中的各种应用可以被分为两类。这两类由构图过程的目标及其在发展过程中的位置来定义。构图过程本身可能既是探索式的，也可能是交流式的。

探索式构图旨在发现之前没有观察到的内容。它是启发性的，因为这种类型的构图旨在发展设计理念或拓展现有设计理念。构图过程倾向于更直观而非刻板。它通过绘图、建模或其他方式来安排元素的位置，以确定各种布局和元素之间的关系。相较于基本的构图原则，使用构图作为探索工具会减少责任负担。基于与比例、组织、接近度和层级相关的关系，探索式构图是一种快速迭代和测试构思的方法。它可以成为形成设计意图的重要方法，为不同元素的交互方式制定策略，或者分析乍看并不明显的现有条件的各个方面。

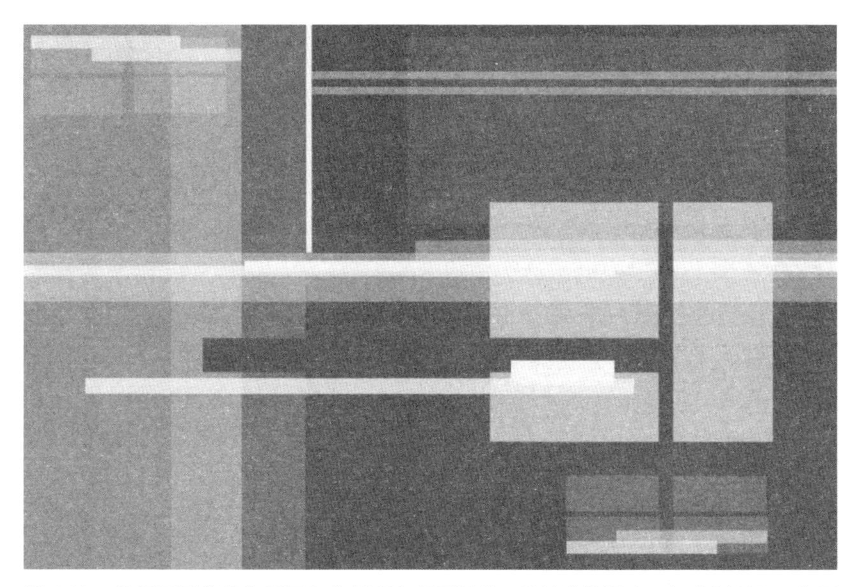

图 1.10　构图原则能够为记录和分析现有项目提供一种简化的语言。如此例所示，构图原则可以通过提供简化的语言来开启新项目的设计过程。在简单的构图中，对各项元素的定位、配置比例及联结，可以做出有助于塑造未来重复过程的决策和发现。　学生：麦金利·默茨（Mckinley Mertz）　点评：约翰·亨弗里斯　院校：迈阿密大学

探索式构图能否实现取决于对图形的抽象程度，从而减少制图过程中需要处理的信息量。元素被简化至基本成分，并根据简单的关系概念进行评估。因而这些信息对于过程以外的人来说有时就很难理解。探索式构图首先是一种构思工具，而不是交流工具，因而它应该促进对项目的理解，即使这些想法没有被明确地表现出来。

与含混模糊的抽象化以及探索式研究信息相反，交流式构图则依赖于对关系的明确资料整理。资料整理的目的是让大部分人能够理解，以便无须解释就能理解设计理念。这样的交流式构图常常依赖于统一的而且为人们普遍接受的图画表现习惯。在此过程中的这一阶段，构图变成了分析更复杂想法的工具。更多的责任会融入此过程当中。比例、组织、接近度和层级用来确定方案、结构、尺度、移动以及环境等问题。交流式构图并不一定仅仅只用来整理记录完整的设计观点理念，但能给它们带来更多特征。探索式构图保持着一般性特性，交流式构图通过构图过程变得具体。

图 1.11　统御图形语言的原则也能运用于建成形式的建筑语言。在此案例中，构图将孔洞的大小、外形和比例与其所穿透的平面相关联。构图提供了在平面内确定孔洞的组合逻辑，也决定了该平面和其他结构成分的关系。　学生：卡莉·威廉姆斯　点评：詹姆斯·埃克勒　院校：玛丽伍德大学

示意图 DIAGRAM

旨在解读规划或构思的、不精确的图纸；
充当研究或分析工具的抽象表现图；
用来创造以上任意一项。

简化的表现图为建筑生成带来的可能性
Generative Possibilities in Simplified Representation

学生想要了解他要设计的场地——一处繁忙的街角。房子很高，内部有多个项目规划。便道上满是行人，道路也是车满为患。有太多的变量需要考虑，而设计过程没有明显的起点。

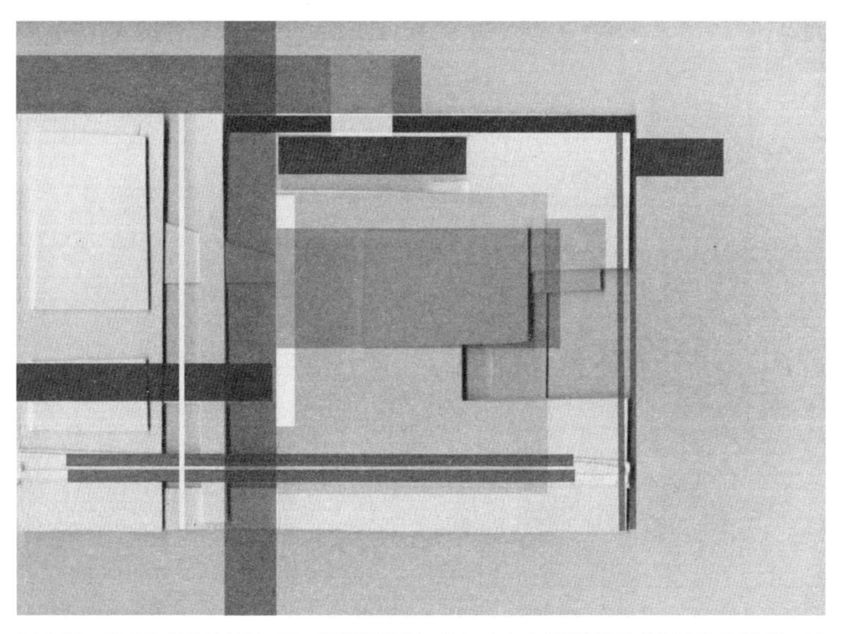

图 1.12　这幅示意图被叠加在一张模型图片上面，勾画了模型各部分间的构图关系。该示意图是用来解读和理解现有条件的工具，还能用来产生新的构思。学生：佚名　点评：约翰 · 亨弗里斯　院校：迈阿密大学

这名学生开始绘制示意图，他想要简化信息使人们能够更容易理解。他开始画出该场地的各个方面：人们行走的地方、停歇的地方、可以停车的地方以及交叉路口附近的各种规划方案。他也整理记录了该场地的自然特征：外形、周围建筑物的大小和比例以及环境因素。所有的这些都是独立绘制的，每项都是在一张单独的薄纸上。当他分析理解每张图时，他便将这些薄纸叠加起来。透过这些薄纸，他看到了这些重叠一起的不同画面之间的关系和联系。简化的图形语言使他能够更多地理解该地点，并且可以构想出一个相应的建筑结构。

示意图在建筑设计过程中起着极为重要的作用。通过粗略的图形语言，他能够迅速地以图解形式说明基本的设计构思、外形或空间图案。英文的“示意图”（diagram）这个单词来源于拉丁文 diagramma 以及希腊文 diágramma，它们都是指用线条标记的东西。这一起源指明了简化在其中的重要性。正如其在建筑过程中的运用那样，示意图能去除不相关的信息从而阐明一系列具体的信息。简化的图形语言使示意图更容易绘制，而且更易读解。

语言的简化是如何有助于设计过程？它怎么才能影响设计思路？由于示意图语言具有极简抽象主义的性质，它能够通过两种方式进行运用。示意图可以作为设计或解决问题的起点，也可用来向他人清楚地传达想法。

生成性示意图（generative diagram）依靠抽象化来建立简单的图形语言。这种抽象化能更好地使设计师迅速回顾设计思路或是寻找设计问题的解

决方案。抽象的示意图语言（abstract diagrammatic language）能创造出一种仅包含一些特定要素的表现图绘制惯例。这种特性使生成性示意图成为大多数分析训练的理想工具。决策不仅可以通过示意图来做出，而且还可以通过重复的排序来检验。示意图语言也有可能影响到其后过程中产生的更为复杂的设计语言。随着示意图的一次次重复，更为明确的信息则可能添加进构筑物当中。如此一来，原始示意图的一般性和抽象语言可能会融入方案终稿明确的设计语言当中。

交流示意图（communicative diagram）建立符号惯例，用来迅速地以图解方式阐述设计观点或功能。它们较少用于检验或分析，更多地用于简化复杂的信息集。通过交流示意图，更多的人能够理解简化版的建筑构思。它们以一种便捷的方式反映那些已经通过设计过程和记录而做出的决策。在设计中，这些交流示意图常常将方法或功能与其他内容分离，以减少可能使不熟悉项目的人感到不知所措或困惑的重叠信息。

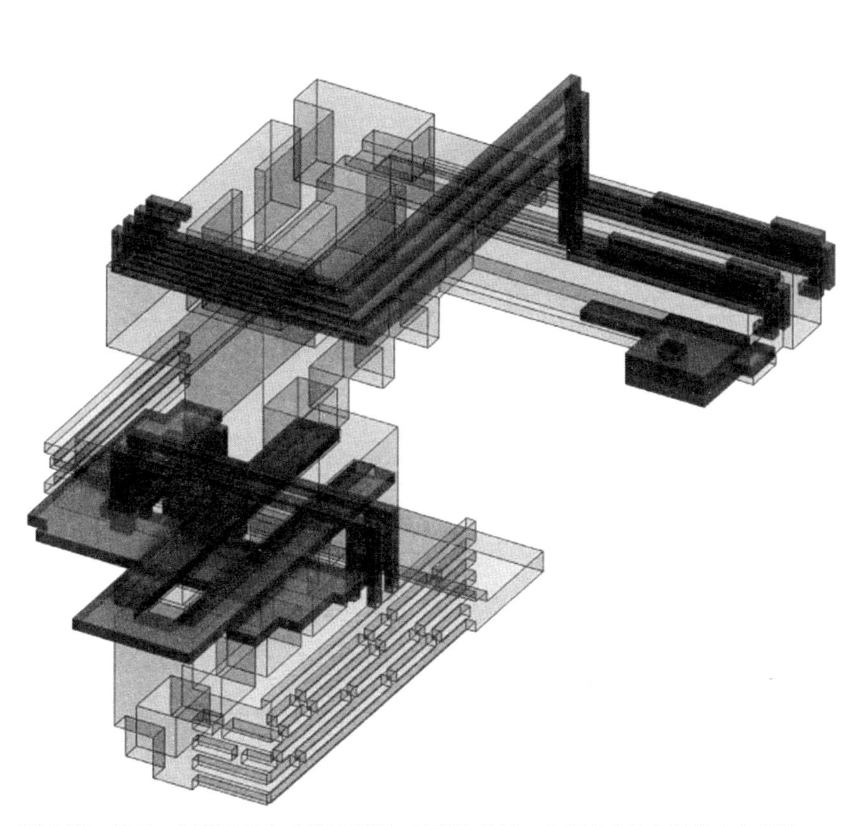

图 1.13　这是一幅数码的生成性示意图。它研究的是一个组合内的部件排布与衔接。它是启发性的，因为制作中的每一步决策都催生了新的发现，最终促使学生变更或重新设计。它是不断发展的，在制作过程中一直在被修改。　学生：乔治·法布尔（George Faber）　点评：詹姆斯·埃克勒　院校：辛辛那提大学

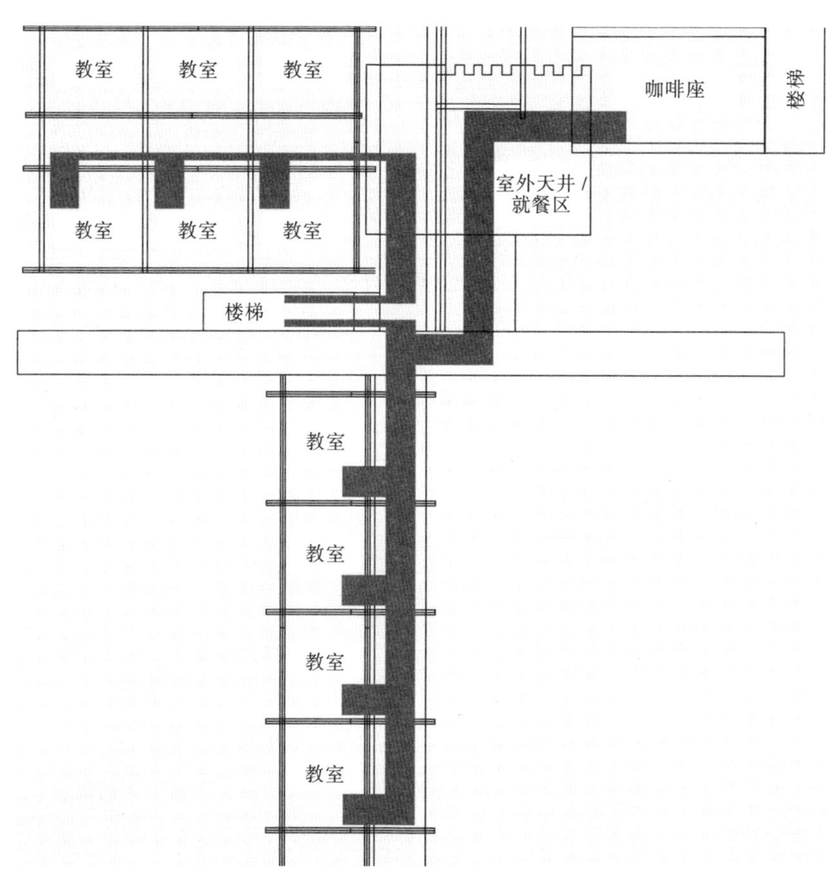

图 1.14　并不是所有的示意图都具有生成性的特质。此例中，示意图被用作交流工具，把一个复杂的外形和空间条件简化成简单的信息，传递了路径位置信息，使人们能更容易理解设计的意图。　学生：蒂姆·史密斯（Tim Smith）　点评：詹姆斯·埃克勒　院校：辛辛那提大学

生成 GENERATE

通过过程来创造或发明。

现有思路为建筑生成带来的可能性

Generative Possibilities in Found Ideas

学生不知道怎样开始。他有一些想法，也知道设计必须满足的标准，但不足以制定方案。他开始绘制简单的示意性表现图，并将其运用到这个项目的一小部分。在制作模型的过程中，制作技巧及材料限制给他的思考提供了框架，他的想法开始形成。在制作过程中，构图决策为他提供了更多深化方案的机会。他制作的模型越多、越完善，存在的空间和形式的信息也就越多。他可以在之后的重复中不断回顾。每个决策都给后面的决策创造了机会。随着关于空间和外形的想法确定下来，建立在这些想法基础上的新观念开始产生。

过程会产生实际的或者概念性的事物。所以许多过程中产生的事物都能用作生成性的工具。这些工具是一种重复或研究，它们扩大并加速了制作或形成概念的规模与速度——另一轮的重复或其他确定性的产物。单词generate源于拉丁语genercre，意思是“生产”，其词根“gener-”是“生育”的意思。从这一历史中可以获取两个重要含义：它和生产的关系与工艺相关；再有就是它涉及生育（即一代代地创造）和重复。每一代都建立在上一代之上。同时也可以推断，每一代也都将会为下一代创造基础。

在设计过程中，生成性工具的目标是什么？什么使得生成性工具与其他的设计工具不同？可以通过多种方式、工艺技巧和媒介来组成生成性工

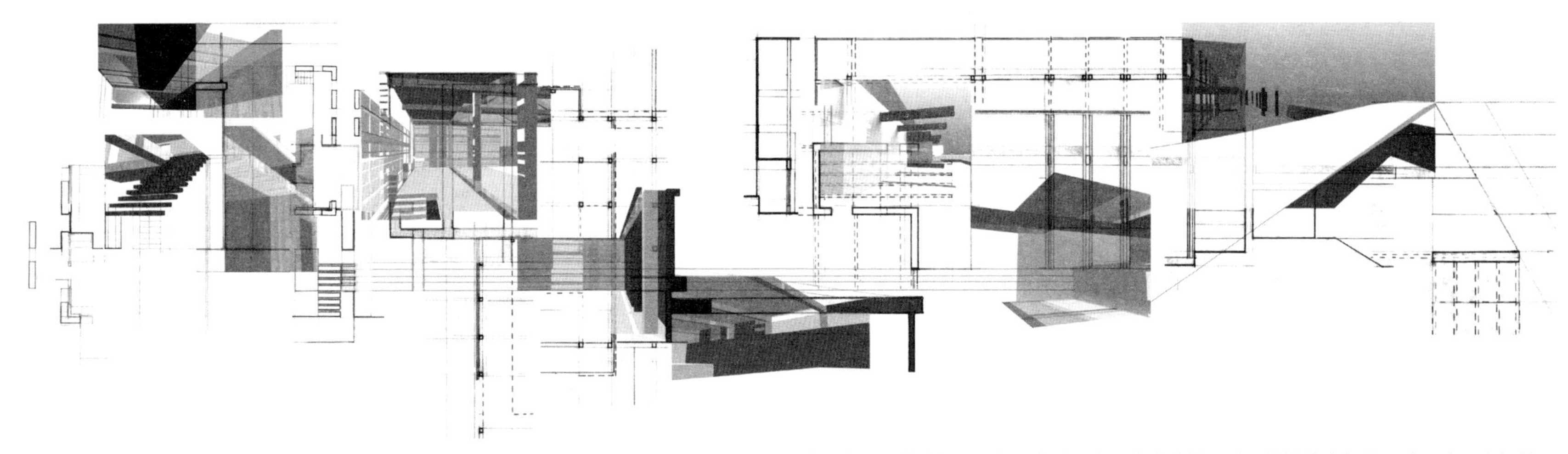

图 1.15　这是整个项目空间序列的综合性绘图，融合了平面图、剖面图和透视图以及建筑整体的空间与体验序列研究。它被用作一个生成性文件，能够产生新的设计思路，也提供了一个未来设计重复的起点。　学生：玛丽乔·米内里奇（MaryJo Minerich）　点评：詹姆斯·埃克勒　院校：玛丽伍德大学

具。它生产创造时的意图就是开发并检验一些空间构思、探究表现或改进构思的技巧。它是一个建筑概念的工具，有助于在整个设计过程中将制作和思考联系起来。比如，如果一张示意图产生了空间用途方式的构想，然后创建了几个模型来检验空间是否满足用途需要，那么该示意图便是生成性工具。正如过程指的是实际工艺和概念一样，生成指的是实际条件和想法。

生成实体环境条件——建筑外形或空间，可以建立在生产或测试的基础上。生产往往指的是表现构思的工艺方面。它们可能会、也可能不会成为生成性工具，它们通常会是之前设计的迭代或者早期各阶段的成果。检验指的是连续性重复研究的创造。每项研究都有可能成为后续研究的生成性工具。表现技巧在整个过程的这一阶段也很重要，但它们的使用是为了创造或确定一个构思，而不是严格意义上的交流。

设计的生成性构思与具体制作紧密相关。设计概念可能会推动建筑功能、空间及外形特征的发展。具体的空间生成也即制作过程，可能会产生一些关于其运作或使用的思路。作为一种生成性工具，概念可能根植于隐喻、先例以及鲜明表现建筑中特定体验事件的渴望。制作作为生成性工具，能够确定或改进最初的那些想法。

* 参见“重复”“过程”两节。

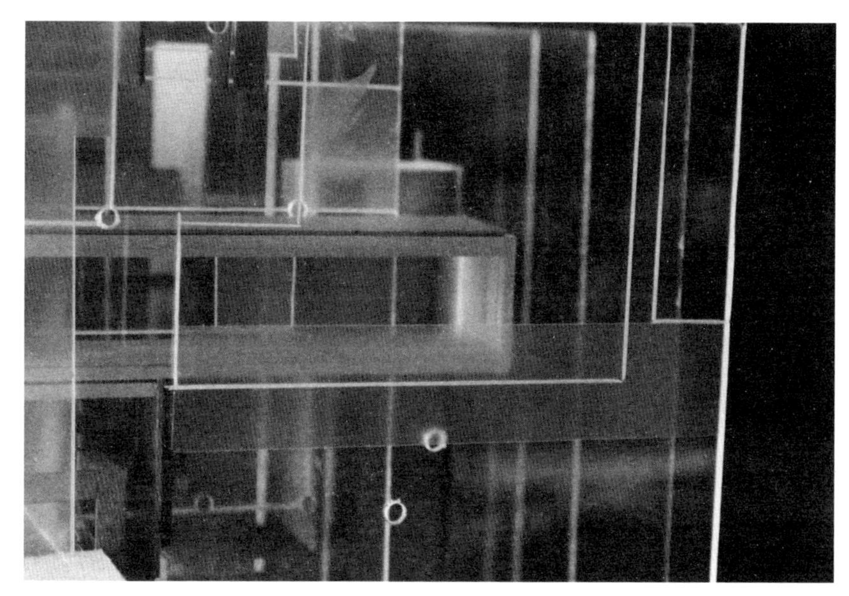

图 1.16　此例中，学生使用分析性示意图作为生成性工具。最初的分析是关于图中的构图工具。该信息用于指导构建、重组以及最终形成空间构图。　学生：戴夫・佩里（Dave Perry）　点评：詹姆斯・埃克勒　院校：玛丽伍德大学

连接　GRAFT

将一部分附加到另一部分上；
一种将两种或两种以上不同元素结合在一起的方式手段。

连接为建筑生成带来的可能性
Generative Possibilities in Conjoining

本项目需要对一栋现有建筑进行扩建。该建筑房龄老，最初建造时使用的材料和技术已无法寻获。需要采用一定方式将扩建部分和原有建筑连在一起。

建筑师决定将扩建部分连接到原有建筑：新建部分与原有建筑结构不同，但二者会被很好地相连，仿佛与原有建筑融合在一起。建筑师认为，一味追求重现原有建筑特色只会变成拙劣的模仿。所以，如果想要最佳体现各项建筑特色及其在总体建筑中的作用，最好的策略就是对现有结构进行升级。

建筑师选择了那些明显有别于原有建筑的材料。新增部分的立面也明显不同于原有建筑。同样地，建筑师使用了截然不同的空间指导原则，新结构能够满足各种不同的设计方案。新、旧部分间用过道和走廊进行连接，保证了空间上的连贯性。通过以上方式，新、旧部分得以连接，同时又可以保持各自的特色。

连接是一种正规的建构手段，可以将两个不同的元素连在一起。连接过程中，在接合部位两个部分需要进行实体改造。仅仅将相邻部分连接在一起或是单纯的组合，并不能算是典型的连接，因为连接过程中，并没有对它们进行实体改造。此外，在典型连接中，新建筑被添加进旧建筑中，使原有建筑的规模得以扩大。将新设计的建筑与原有建筑连接，要利用新、旧建筑间已有的差别。否则，新建建筑与原有建筑的结合只具有连接的“貌”，不具备连接的“神”，因为新旧建筑会被视为一个整体，缺乏使连接成为可能的差别。

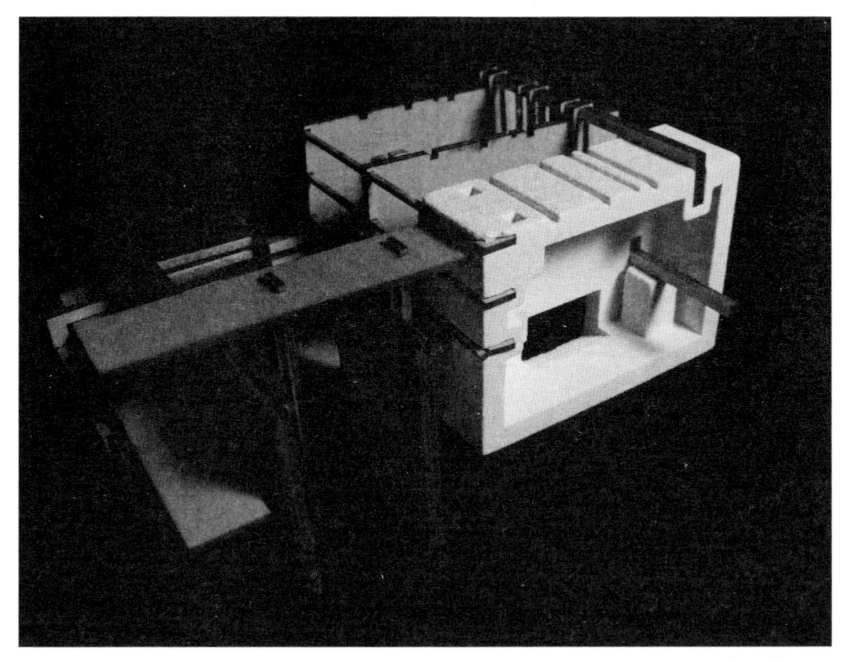

图 1.17　图中左侧的木质平面结构被连接在右侧的白色块体上。白色块体上有凹槽，用来连接构件，实现了两个构筑物的接合。　学生：蒂姆·史密斯　点评：詹姆斯·埃克勒　院校：辛辛那提大学

新、旧建筑元素间的连接会产生三种效果：综合、共生及寄生。综合连接是指两部分的形式和功能完全融为一体。共生连接是指两部分保持各自原有的特色，但是在构图和规划方案上相互补充，共同作用。寄生连接是指两部分尽管有实体连接，但是仍然保持各自元素的特点，并且一部分在形式与规划方案上都依赖于另一部分。

连接对空间概念会产生怎样的影响？连接是一种构造手段，但是连接也反映了结合不同部分的意图。连接可以将分属不同规划方案的不同空间恰当地连接在一起。同时，连接也可以扩大现有建筑的空间而不牺牲其特色。建筑师将两个部分进行连接，是为了满足在不同空间、规划方案、组织结构之间，或是在空间顺序内的不同感官体验间实现同样的特定构图关系的需要。

图 1.18　此例中，物体的框架构件从主体向外伸出，穿入物体表面下方直达另一侧，使这三个物体连接在一起。　学生：肯德尔·克劳斯（Kendall Klaus）　点评：约翰·亨弗里斯　院校：迈阿密大学

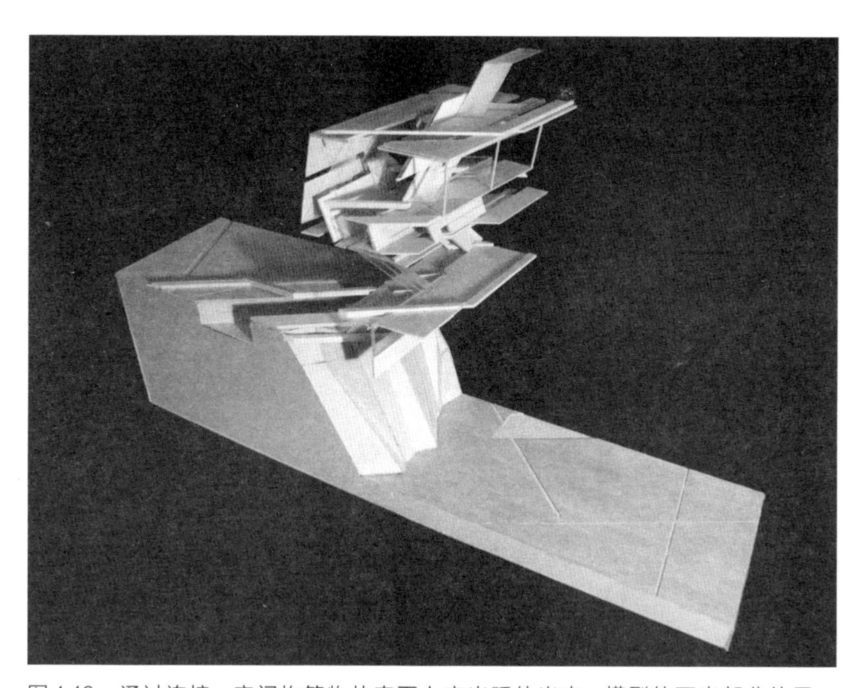

图 1.19　通过连接，空间构筑物从表面上突出延伸出来。模型的下半部分使用一系列相互堆叠嵌入的平面与地面连接起来。　学生：温德尔·蒙哥马利（Wendell Montgomery）　点评：杰森·托尔斯　院校：瓦伦西亚社区学院

注入 INJECT

置入，或通过外力加入。

内部定位为建筑生成带来的可能性

Generative Possibilities in Positioning Within

在主干道上有家废弃多年的老旧工厂，小镇上的人们都对它无动于衷了。当人们从一家商店走到另一家商店时，也不会注意这幢拱形窗户已经破损、隐约可见的砖砌建筑。然而一位当地人购买了这家旧工厂并打算将其改建成住宅时，大家的看法才发生了改变。

除了一些修补，新住宅单元将在外墙之内动工，以保持原有的框架。设计理念是在旧框架内建造新建筑。工厂的内部结构被拆除，并砌起新墙。旧框架与新室内结构之间的连接十分明显。

该住宅单位面积大小不一，有些带一扇大窗户，有些带两扇。在某些位置上，住宅内移，为通向玻璃墙的通路让道。正是从这些位置，人们才最直观地感受到新住宅注入了旧有结构中去。设计没有要适应原有围墙框架或者结构受到原有围墙框架限制的意图。

图 1.20　图中右侧小的水平体块通过注入的方式加进整体之中。　学生：米歇尔·马奥尼　点评：詹姆斯·埃克勒　院校：辛辛那提大学

注入是形式构图的一条原则，即改变现有元素，在内部容纳另一个新元素。将一个新元素强行注入另一个元素中，既改变现有元素又保持了新元素的完整性。此外，此过程完成后，两个组成部分都保持其独特性，认定一个元素处于另一元素之中。

这里，注入就是指，视旧有的形式为小环境，在它之内置入新形式。这又如何影响建筑的生成呢？这条构图原则就是，在一个要素创造的空间内注入另一个要素。新旧要素之间的实体关系也反映了规划之间或者体验之间的概念关系。一个空间特质被置入另一个较大的空间之内，产生的新空间会影响顺序、进度、体验和规划。在现有规划项目内增建一个较小的结构可以通过在大体积内注入小结构来完成。同其他方式一样，注入可以影响人们观察空间或者形式的方法，从而影响建筑理念。

图 1.21　图中的背景部分是纳入整体的一个与众不同的空间。该空间在下方轨道的指引下纳入大体积之内，该方法类似于注入。学生：尼克·鲁瑟（Nick Reuther）　点评：詹姆斯·埃克勒　院校：玛丽伍德大学

图 1.22　较小的框架及平面被注入较大的白色体块构成的空洞之中。学生：耐克·博纳普尔（Nika Bonapour）　点评：约翰·梅兹　院校：佛罗里达大学

引入 INTERVENE

插入或者放置于中间；
将一个要素插入较大结构中，使两者均受影响。

引入为建筑生成带来的可能性
Generative Possibilities in Interruption

小镇独树一帜。人行道两旁小贩的摊位成行排列。每张摆放装饰品的桌子与周围其他任何一张都很相似。大多数建筑是整齐地沿着人行道建立起来的。这就在小贩与店面之间形成了一条狭窄的通道。每个早晨都是同一群人来到空地上停车，之后他们在那里的小饭馆吃早饭，随后上班。这一切就要改变了——空地已规划为新建筑的场地，几个月后就要动工兴建。

设计师清楚他必须考虑着手设计新建筑周围的每个建筑系统。他是到小饭馆吃早餐的老主顾。这个新增的加建项目必然改变每一个已有的建筑系统。这个项目要么改变人们习惯的方式，要么巩固当地的传统。设计师选择了后者。新建筑正面紧临人行道。新建筑招徕的人群使更多小贩到人行道的另一端兜售商品。

然而有些东西还是改变了。任何引入都会多少留下问题，这次也不例外。现在人们把车停在大街上。交通比之前要更为拥堵，上班路途花的时间也更长。

引入是一种置入方式，一个要素或是置于现有建筑之间或是之内。在现有要素内部引入另一要素就是界定条件与加建两者关系的过程。与注入不同的是，引入意味着一种互惠关系。无论是引入的要素还是被引入的要素都会因为对方的存在而受到影响。为接受这个新要素，周围的环境会发生改变，而该要素也会做出改变来适应周围环境。

引入的前提条件是有背景存在。这里的背景指任何现存的而且受新增建筑要素影响的环境。这有可能指一种很常见的情况：在已有的城市街区中引入一幢新建筑。或者可能就是抽象地以引入研究概念联系，并没有现实建造的可能性。

那么这个过程又是如何影响空间观念发展的呢？不管是从现实，还是概念意义上来讲，在现有环境中引入一个建筑结构，不得不考虑各种外在联系。现有结构与新引入结构之间的空间关系可由位置、朝向、尺度、距离等决定，它们都是引入活动需要考虑的因素。引入的新元素会影响周围环境的组织结构，要么巩固组织结构形式，要么削弱它。

引入行为也会带来转化。在原有环境中增建新元素不可避免地会改变该环境的特性。这种转化可能是细微的，也可能是剧烈的，具体如何由增建结构的设计意图决定。环境划定了引入的增建结构必须遵守的界限。周围环境影响了增建元素的建造。同样，引入新元素也意味着环境背景的扩大，影响原有的建筑系统和环境的功能。引入反映了一系列的设计决策，也反映了建筑构图。

引入过程中需要考虑三个尺度问题：场地尺度、局部尺度和整个区域尺度。场地指的是引入建筑元素最直接的周围环境。局部环境指代范围更为广阔一些的场地。区域则包括了对于环境哪怕只有微小影响的所有元素。场地尺度考虑的范围包括：内外部的空间关系，或与周围环境的直接实体联系。局部尺度要考虑的问题有：组织结构、周围区域的构图特点，或者环境与引入之间规划上的联系。区域尺度包括形式的本地化问题及生态问题。每个引入行为都主导一个适应过程。引入元素将会以某种形式适应周围环境条件。引入行为作为设计意图的产物，本身主导着这种适应过程。

* 参见“环境”一节。

图 1.23　引入是将新的结构或者外来结构引入原有环境中。引入会影响新环境并加以转化。同样，周围环境的品质和特点也影响引入结构的构成。图中对丙烯酸树脂作品进行标记和切割从而接纳新结构。该设计是由其环境特征推动的。　学生：迈克·斯塔弗（Mike Stauffer）　点评：詹姆斯·埃克勒　院校：玛丽伍德大学

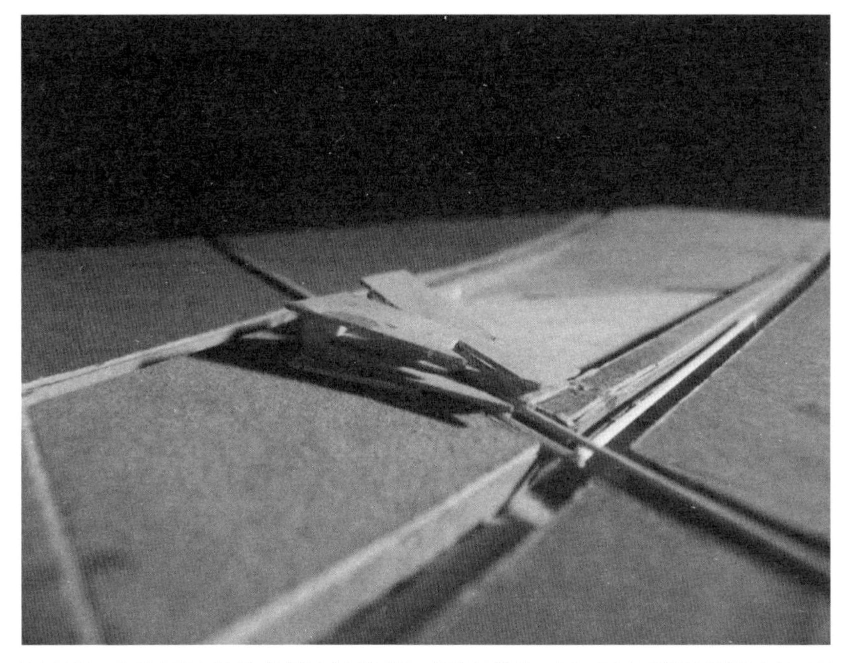

图 1.24　空旷场地是更为传统的建筑环境，从设计策略上看，图中建筑的位置呼应了更大的组织逻辑。场地模型经过切割以接受该结构。场地被引入结构分为几个区域。此项设计来源于场地的特征。　学生：尼克·杨（Nick Young）　点评：杰森·托尔斯　院校：瓦伦西亚社区学院

系统考察；
以获取知识为目的参与到过程中。

寻求解决方案为建筑生成带来的可能性
Generative Possibilities in Seeking Solutions

自己设计的建筑能很好地融入周围环境中并被小镇上的人们所接受，这对她而言十分重要。如果设计不被接受或被误解，那么她的设计就是失败的。人们会尽可能躲避失败的建筑，而且一有机会就想要拆了它。她希望自己的设计对小镇发展做出持久的贡献。这意味着在了解当地风俗、

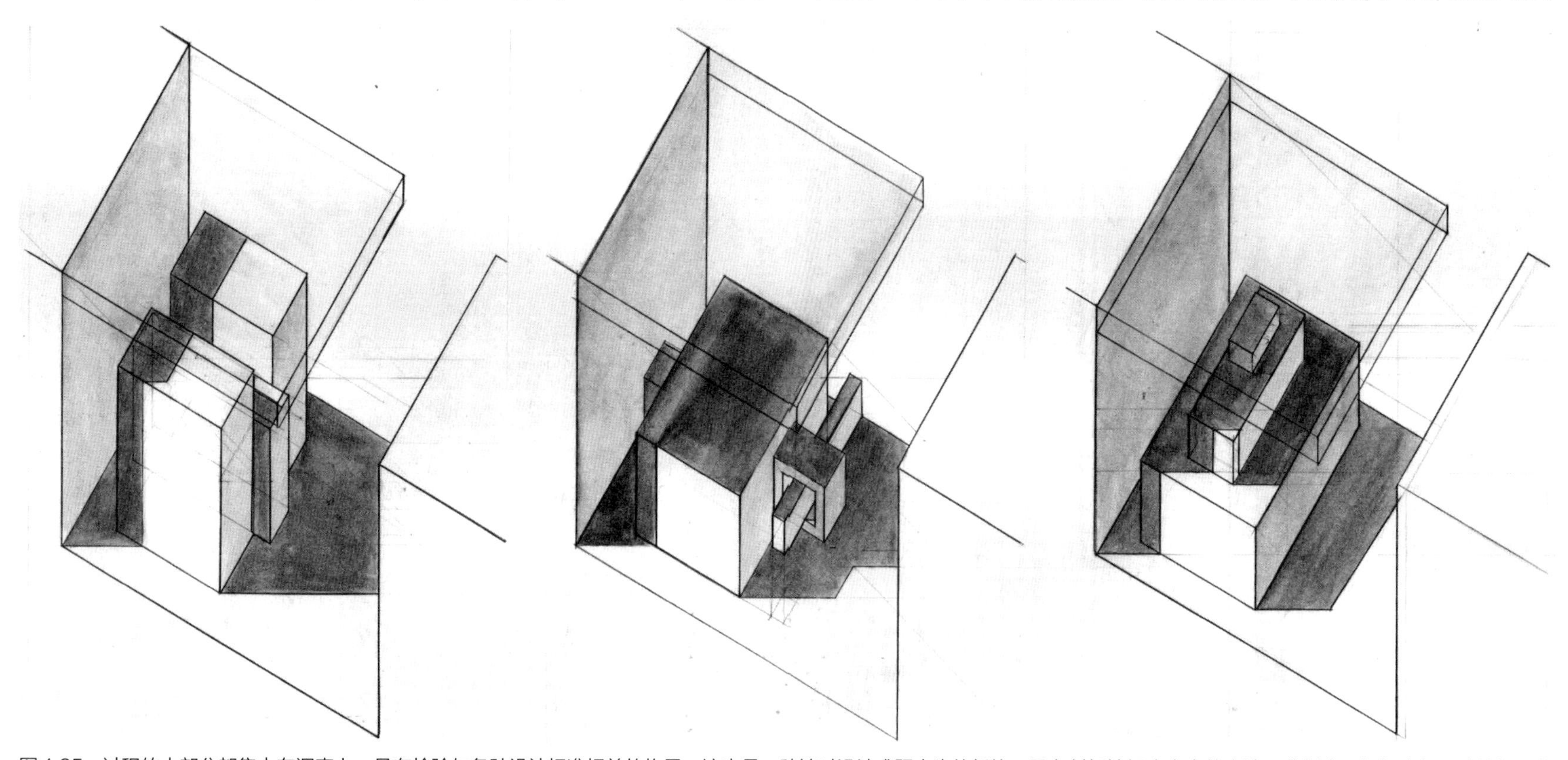

图 1.25　过程的大部分都集中在调查上，是在检验与各种设计标准相关的构思。这也是一种针对设计难题产生的新的、具有创新性解决方案的方法。此例中，根据光与形式的相互作用研究不同组织排布的差异。阴影是由组成元素的布局产生的。设计师已对多种场景进行了调查。　学生：凯瑟琳·科莫（Katherine Cormeau）　点评：约翰·亨弗里斯　院校：迈阿密大学

传统和其他社会因素如何直接影响建筑形式构图前，她不能草率设计。

初始部分的设计来源于整理记录和分析。首先她将各个建筑的位置、规划类型、公共空间及通往场地的各条道路绘制成地图。她记录了建筑立面的构图、公共及私人空间的分布情况、紧邻该项目的多幢建筑通往大街的各条通道。她花费了很长时间绘制草图、地图和拍照。在这个阶段，她所做的努力就是调查，从中获得设计决策的重要信息。后续的阶段也是调查性的，因为她将很多想法运用到该计划中，并对设计规划的标准做出评估。

调查是建筑设计过程的基础动力。设计师试图以此方式了解在现有环境中或者开发计划内与设计有关的问题或其他一系列问题。设计过程是一种调查方式，其中工艺促进理念的形成。制作行为与设计师如何看待设计项目是相关的。调查在此过程中的作用包括反复检验设计中的问题，调查是发现的工具，目的是检验设计决策在建筑中的效果。调查为它引发的问题找到多个可能的解决方案。这些解决方案取决于成功设计的诸多要素，因而可加以评估。如果设计师没有经过调查就采纳了一个方案，那么他可能忽视了一个更加适合的方案。

调查也可通过学习或研究展开。通过传统研究方法来研习设计的多个方面可以为设计决策者的决定提供坚实的基础。然而，当研究转化为重复过程时，它才是最有益处的。如果解决方案没有考虑当前项目的具体特征而是照抄已有案例，那么调查对于设计结果的影响则会非常有限。

调查如何影响设计的演进？任何调查背后的首要动因就是发现之前没有考虑到的设计可能性。这些可能性能够推动决策、改变设计方向、重新安排设计过程的优先级，或者解决项目中的设计问题。这些可能性代表了设计的各种阶段和各类重复。调查为过程和决策制定提供方向，从而促进设计意图的演进。

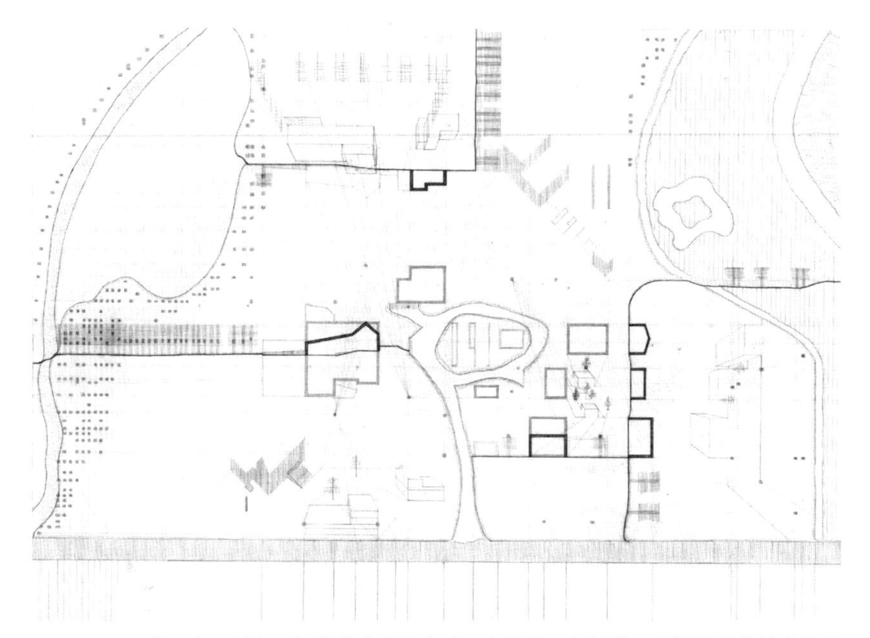

图1.26　调查通常通过实际操作的方式来完成。制图是一门技艺，上图采用的技术整合了多种绘图类型以同时记录场地的多种特点。在将多种制图类型与制图工艺结合的过程中，设计者能够调查建筑与环境之间各种不同的空间与形式关系。　学生：凯尔·坎贝尔（Kyle Campbell）　点评：詹姆斯·埃克勒　院校：辛辛那提大学

重复 ITERATE

反复做。

重复为建筑生成带来的可能性

Generative Possibilities in Repetition

一个学生决定制作一个模型展示自己项目的空间构图，这也是设计过程的一部分。除了沟通设计构思，她也想通过制作模型更好地理解如何将构思运用到建造和各个部分的整体组合中去。结果，她的构思得到了进一步的发展。

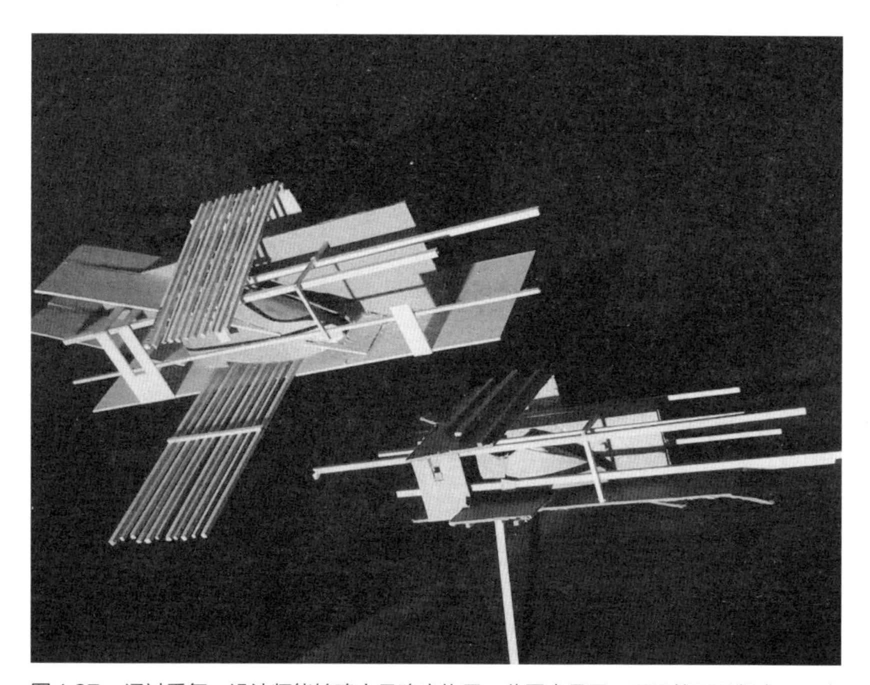

图 1.27 通过重复，设计师能够建立且确定构思。此图中是同一项目的不同版本。一个比另一个设计得更早些，那么它便是一个可以被用来研究并产生新发现的媒介，以便下一版本进行改进。 学生：米歇尔·博韦（Michelle Beauvais） 点评：吉姆·沙利文 院校：路易斯安那州立大学

她首先制作了普通的立体空间，并根据相互位置摆放它们。这可使她看到更多地表达自己设计构思的机会。她制作了另一个空间结构和构造组合都更加明确的模型。在制作模型的过程中她也在做决策。这为她提供了多种可以利用的机会。她又制作了另一个模型。

重复制作模型进一步完善了她的构思。每一个新版本的模型都是在汲取上一次经验的基础上制作出来的。后做的模型都更加清楚地表达了她的观点，更加符合她的设计意图。

重复是设计过程的基础。重复制作一样东西，综合先前版本中获得的思路，为调查和发现创造了环境。每个阶段都有可能加速与空间和形式构图、表现技巧以及概念意图相关的设计。重复过程的阶段性推进是设计演进和发展的载体。

如何重复做相同的事情来完成设计呢？从中我们又能学到些什么？每个阶段都多少有些不同，基于从前一版本中获取的信息，每个阶段都会有所变化。反之，当前阶段将提供新的信息，作为后续版本的催化剂。所以，一个阶段不应被视作是再次设计，而是同一项设计的不同变体。

制作不同的变体可以使设计师经过评估后，根据具体的设计标准决定哪个变体效果最佳。通常，每个变体都有它的优缺点。制作多种版本有助

于设计的发展，因为这些不同的版本结合起来能够将成功因素最大化、失败因素最小化。重复就是将各个变体最佳的部分整合起来形成更好的设计方案。

* 参见“过程”“调查”两节。

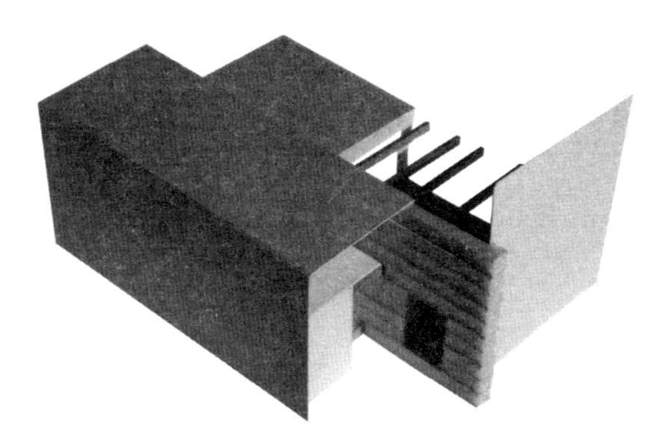

图 1.28　在此重复性序列中，每个版本都逐渐更加明确与完善。每一阶段都是下一阶段的基础，也是上一阶段的结果。　学生：杰夫·巴杰（Jeff Badger）　点评：詹姆斯·埃克勒　院校：辛辛那提大学

层叠 LAYER

堆叠组合中的一层；
通过堆叠、层压或覆盖制作。

制作与解读层叠为建筑生成带来的可能性
Generative Possibilities in Making or Reading Strata

建筑元素仅用一层材料做成，这是很罕见的。墙体、地板、天花板都是为了组成结构、实现用途或展示美学效果而连接在一起的组合体。

为了表现这些元素，学生按照实际施工中会出现的限制条件制作模型的各个部分。制作天花板或者墙体时，他没有使用一整块木板，而是将多层结构支架堆叠起来，以此加强硬度、厚度，实现与其他元素的连接。一些情况下，他剖切开材料层，显露出元素构建的方式和方法。

设计过程、思考与描绘等多个方面的功能就是用于层叠。它可以是一个制作技巧，是构图与排列的一个策略，它可以是形式组合的一个构成要素，可以描绘形式类型学。

层叠是制作的一项技巧，涉及重复堆叠单件从而达到元素整合的目的。这种技巧如何打造一个空间？它是如何为建筑创作产生新想法呢？层叠而成的整体中的材料可以决定整体所围合空间的特点。同样地，材料层叠的方式对组合体的空间构成有巨大影响。想想厚木板堆叠而成的材料与薄木板堆叠而成的材料，厚度均匀与厚度不均匀的木板堆叠成的材料之间的区别。这些差异会影响感知或衡量空间尺度的方式，可以决定构图方向——人们认为该空间是水平的还是垂直的。组合体层与层之间的空隙可以透进阳光，或通过有限的视野将不同的空间连接起来。相反，紧密堆叠的组合体可以给人体量感，或者是空间划分的印象。

图1.29　层叠是一层接一层地将不同部分相互叠加的一种行为。图例表明层叠是一种组织排列形式的策略手法。该平面是由层压板材构成，板材向外突出显露出层面。　学生：内森·辛普森（Nathan Simpson）　点评：詹姆斯·埃克勒　院校：辛辛那提大学

通过层叠材料的方式构成组合体也可以产生空间概念。其他部分在成为层叠组合一部分的过程中可以为空间内的连接和组合系统提供思路。从更宏观的角度讲，空间本身可以是层叠的主体。空间可以被层叠吗？可以。这种情况下，层叠可以是连接某个较大构筑物内多个空间的构图工具。相互紧临的空间可以给人平行或者同向的印象，可以理解为是层叠而成的。

这种空间构图排布的想法作为一种工具，可用于引导空间占据方式以及人们穿越空间发生转变的方式。通过层叠形成的构图关系可以反映项目规划间的关系。为了使这个层叠构图有助于实现体验目的或规划设计目的，空间的层叠必须易于感知。这必然会使得设计利用构图方法确定空间、材料、比例以及开洞位置的方式。

层叠而成的组合体形式上的特点显然是其清晰可见的材料层次。这可有助于各个部分的组合，或是类型定义。

图 1.30　图例表明层叠是一种组织排列空间的策略手法。层与层之间构成空间。空间逐层排列。　学生：戴夫·佩里　点评：詹姆斯·埃克勒　院校：玛丽伍德大学

图 1.31　在此项目中，层叠被用作组合各组成部分形成空间的策略。这里通过一系列蒙皮结构的层叠实现包含的效果。空间组织建立在墙或支柱间平行水平空间的层叠之上。学生：赫克托·加西亚（Hector Garcia）　点评：艾伦·沃特斯　院校：瓦伦西亚社区学院

制作 MAKE

建造或创造。

建筑生成的可能性……
Generative Possibilities...

在拆除旧建筑的工地中找到了这个木块。检查表面看是否有钉子或者嵌入的东西，将它弄干净并用砂纸打磨以去除表面的碎屑。木块年代久远，但很紧实。用锯齿锯木时，仍可以感受到木材的韧性。摩擦使得切口处有点烧焦的痕迹，隐约闻到木头烧焦的味道。你专注于制作一组相互衔接的木制模型。渐渐地，木头变成了成品。你像拼图一样把它们组合起来。木板上的钉子眼儿正好起到固定作用。木质模型构件虽然尺寸不一，但均能紧密地拼装在一起，构成一个空间和构造外形。

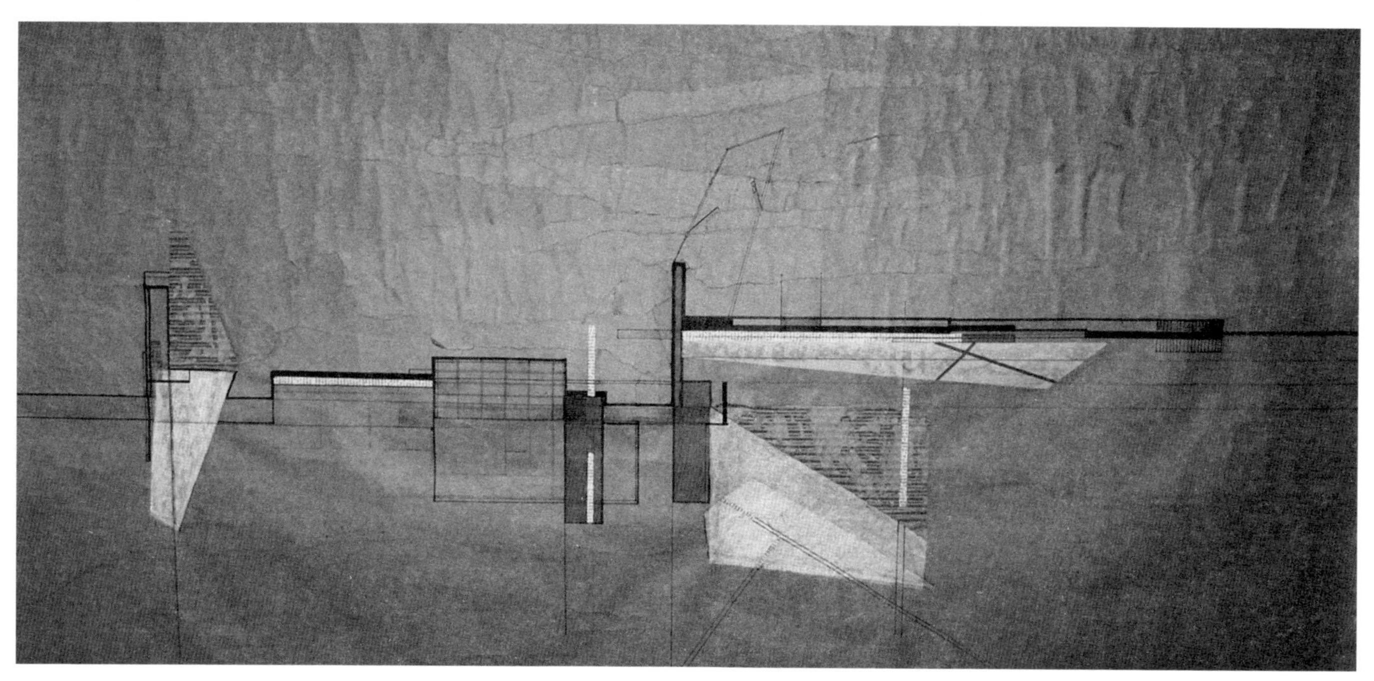

图1.32 制作就是建造与创造。制作的过程就是设计师发现建筑中蕴含可能性的过程。制作并不局限于施建。制图也是制作，图纸就是制作而成的。它们用来记录、研究和创造建筑环境。上图表明制图过程中用到的许多施建方法。将墨水涂在表面上，把其他材料堆叠在表面上，为了体现质地肌理，裁切并去除了表面。 学生：瑞安·西蒙斯（Ryan Simmons） 点评：艾伦·沃特斯 院校：瓦伦西亚社区学院

灰泥柔软干燥，分量很轻。在水的表面筛灰泥，一直筛到水灰比合适为止。泥灰倒进模子后能够形成边缘起伏的厚板。一边向上形成墙状结构。还有一个可以插入东西的凹槽。当泥灰从模子中倒出后摸起来是冷的。它的表面反映了制作模子材料的纹理。看着它，你意识到这样的东西还得再加工加工。你开始在这块灰泥材料上凿刻，这样木制构件就能与泥灰厚板相连接了。

制作是建筑学的基础。制作的过程使构思在空间和形式上得以实现。通过制作，可能性才会变为现实。操控材料并将各个部分接合到一起能为设计添加思路。这是发现过程的一部分，是设计探究的一种方法。这是能够产生新构想的启发式尝试，促进改变后续的重复过程。在这个过程中产生新想法，设计与表现的策略得到发展，因为制作是亲力亲为的。制作过程中充分接触材料可以获得很多知识。每种材料的不同耐受性决定了其施工性。不同的材料有不同的可能性与局限性。每种材料以特定方式发挥作用。每种材料都有部分功能无法发挥、部分形式构造无法使用。这些特点是通过手的触摸感受到的，操控都是通过手完成的。材料的密度可以在拉锯子的时候感觉到。弹性大小可以通过施加压力感觉到。新思路来源于材料与制作工艺提供的可能性。

从根本上讲，制作可以通过构造，也可以通过切割来完成。构造涉及连接工艺，许多部分组合成更加复杂的结构或形式以构成空间。切割方式则涉及塑形与移除材料的方法，通过从体块上裁去材料的方式创造空间。

制图既可表现构造，也可表现切割工艺。制图以图解形式表现了制作的产品，传达了空间设计意图与形式设计意图。尽管制图是一种严格的表现媒介，但制图的思考过程也体现了构造组合与切割雕凿的思想，是两者均有涉及的一种制作方法。

连接 Join

将要素接合或结合。

连接是建筑学的基本方面，设计过程的很多方面以连接为特色。将要素连接起来就是接合或者组合。作为设计师着手设计的基础，连接在建筑学上的意义重大。在建筑过程中，连接处有时不仅可以反映实体接合，还能反映空间接合、技术变化、过程的不同阶段，甚至是建筑理念间的重合。

在此，出于阐释基础设计原则的目的，本文将从空间与形式的角度来探讨连接。连接指的是要素间的实体接合。物体组合在一起时就实现了接合，而空间上的接合指的是从一个空间到另一空间的过渡。连接如何产生空间？连接是如何影响设计过程的？好的连接利用多种方式负责建筑的完成。

图 1.33　图中的连接并不是各个部分的简单接合。连接策略为设计组合、排布多种材料以及定义各种关系创造了机会。　学生：詹妮弗·赫斯特（Jennifer Hurst）　点评：詹姆斯·埃克勒　院校：玛丽伍德大学

结合处以最基本的形式服务于结构与稳定功能。好的结合以适合空间实体结构的方式发挥作用。然而，在建筑上，结合的作用还不仅如此。连接是依据一定的构成逻辑的。这个逻辑是基于设计意图的，探讨的是结合处的实体特性与居所空间状况之间的联系。构成逻辑研究了使用者如何使用、体验和理解空间并通过这些决策实施组合。它表明，当运用在设计过程中时，连接的组织排布有可能指导设计决策。

制作连接时的空间可能性也拓展涉及了构成逻辑的概念，连接本身是操控空间的媒介或是利用空间的方式。例如连接可以用来创造一道缝隙，让阳光可以投射到墙上，也可以成为分割空间的方式。在得以充分利用连接的空间可能性的地方，连接能够操控建筑的实体特征与体验特征。

建筑学上的连接反映的是建造空间背后的意图。无论是外形的连接，还是空间的连接都是设计意图的体现。

图 1.34　连接在空间的构成和运作方面发挥了很大的作用，它是建筑设计过程中的工具。上图中，使用连接是为了控制射入的光线。　学生：戴维·伯恩温克尔（David Burwinkel）　点评：詹姆斯·埃克勒　院校：辛辛那提大学

图 1.35　连接是建筑设计的一个要素。上图中使用了多种连接来完成组合，同时也明确了空间特征。　学生：温德尔·蒙哥马利　点评：杰森·托尔斯　院校：瓦伦西亚社区学院

折叠　Fold

沿着折缝弯曲。

折叠是构造组合的方法之一，是将一个平面材料沿着某折缝弯曲。它可以是真实的，也可以是感觉上的。真实意义的折叠指沿折缝折叠而成的形状。感知形式是将多个组件连接在一起的形式，就好像它们是折叠的单个形式一样。

图 1.36　折叠是通过可操控的精密方式实现表面变形的方法。通过折叠，平面要素用于围绕或囊括空间。此例中，折叠是连接表面的制作策略。　学生：纳森·辛普森　点评：詹姆斯·埃克勒　院校：辛辛那提大学

图 1.37　此例中，折叠用作组织与描绘空间和外形的首要策略。通过这个模型研究了场地上设计方案的展开以及其包容空间的方式。　学生：玛丽乔·米内里奇　点评：詹姆斯·埃克勒　院校：辛辛那提大学

图 1.38　图中，折叠是构成空间的策略而不是构成元素的策略；相互衔接的托架之间形成了空间。托架是折叠的平面，在托架相互衔接之处，空间形成了转弯。　学生：莱恩·博格丹（Ryan Bogedin）　点评：詹姆斯·埃克勒　院校：辛辛那提大学

折叠技巧对于构成空间形式具有意义。材料折叠反映了在创制空间过程中的设计位置。由折叠材料包容的体积可以解读为是沿着两条相交轴弯折与组织的单一空间。折叠本身可能就是为了包含空间。伴随着弯折平面，开始出现被包容的空间。

折叠两次，就可以在三个侧面上定义空间。弯折的角度决定了空间的比例与形状。

交织　Weave

相互连接或交错。

交织是构造组合的一种方法，是在构建单一物体时，多部件的交叠、连

接或交错。相互交织的组合类似于建筑物的结构。通过整体内起伏不平的部件把表面结合起来。交织的密度决定了渗透度，便于过滤或筛分等操作。

堆叠 Stack

多层组合或层压。

堆叠是构造组合的方法之一，是将不同部分一层接一层地累积或叠压。堆叠是增加材料厚度的方式之一。这种厚度可能开始具备切割体块的结构特点。这里，物料的移除不是通过雕凿，而是通过整合切割层面的轮廓实现的。

从侧面看，一层层的结构可以揭示堆叠的方式。材料层理是建立尺度规模的一种方式，可能成为衡量其他构建要素的模块参照物。堆叠形式内的各层间缝隙或者变化属于堆叠的技术方法，或是作为将空间两侧联系起来的工具。

图1.39　堆叠是利用许多模块或单元构建的方法。此堆叠结构使用分层平面来展现其表面特性。　学生：伊丽莎白·西德诺　点评：米拉格罗斯·津戈尼　院校：亚利桑那州立大学

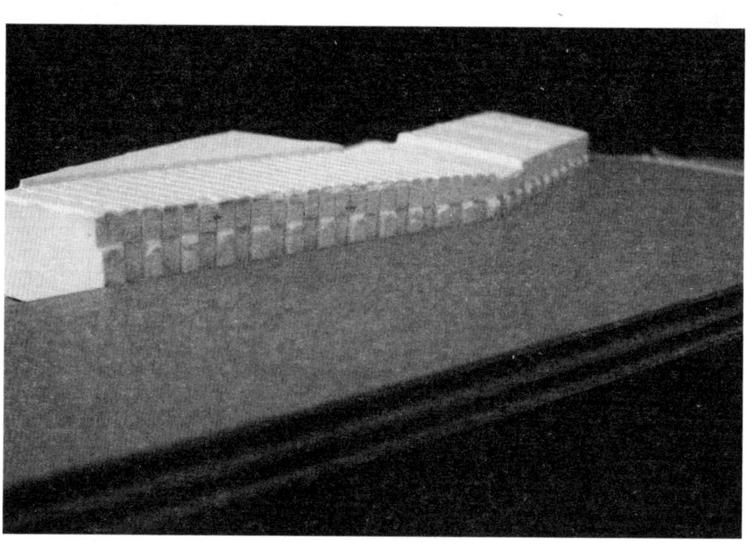

图1.40　此例中，通过堆叠的方式形成组合需要的部件。堆叠组件的凹槽部分用来插入浇铸的构件。　学生：布列塔尼·丹宁（Brittany Denning）　点评：詹姆斯·埃克勒　院校：辛辛那提大学

图1.41　图中各个要素通过不同的方式堆叠起来，以研究材料和空隙的空间可能性。　学生：约翰·凯西（John Casey）　点评：马修·曼德拉珀　院校：玛丽伍德大学

切割 Cut

使用锯子切分、切割或是分离。

切割是通过实物切割的方式将某物体塑形，包括将物体分割或者部分切割。切割是制作过程的首要步骤，是对物体进行塑造的开始。切割是根据形式结构或构造组合的策略实施的。

切割的形式特征各有不同。完全切割会涉及比例与大小问题。然而，除了将一个物体分为多块以外还有其他分割选择。切痕也可以形成一个平面，是连接的一种方式。凹痕并不是完全的切割，它为连接另一个物体创造了条件。将凹痕作为潜在的连接点是解决构造组合问题的方法之一。

切割反映了建筑构造。它使一个体块经过加工后在另一个较大整体中发挥特定作用。切割能够为一个结构与另一个结构的连接制造结合点。

图 1.42　图中的表面经过切割形成凹槽。这个凹槽用于连接该表面上的元素并指明方向。　学生：莱拉·阿马尔（Laila Ammar）　点评：詹姆斯·埃克勒　院校：辛辛那提大学

图 1.43　切割也是创造连接点的方式之一。此例中，一个部件穿插过另一部件上的狭槽切口时，连接点就形成了。　学生：戴维·佩里　点评：詹姆斯·埃克勒　院校：玛丽伍德大学

图 1.44　除了实体切割，一个功能上类似于切割的空隙可以被加工成一个元素。此模型中，设计者在支架中制造出狭长切口。其长、宽、高的比例使它具有切口的特征，它同样用作连接点。　学生：约翰·李维·韦根　点评：约翰·梅兹　院校：佛罗里达大学

雕凿 Carve

使固体成形；
或者从固体上移除材料。

图1.45 图中，雕凿使中央组件形成弯曲的轮廓。通过雕凿的方法去除了中央独立组件上的材料，以构成特定的外形特点。 学生：莱恩·博格丹 点评：詹姆斯·埃克勒 院校：玛丽伍德大学

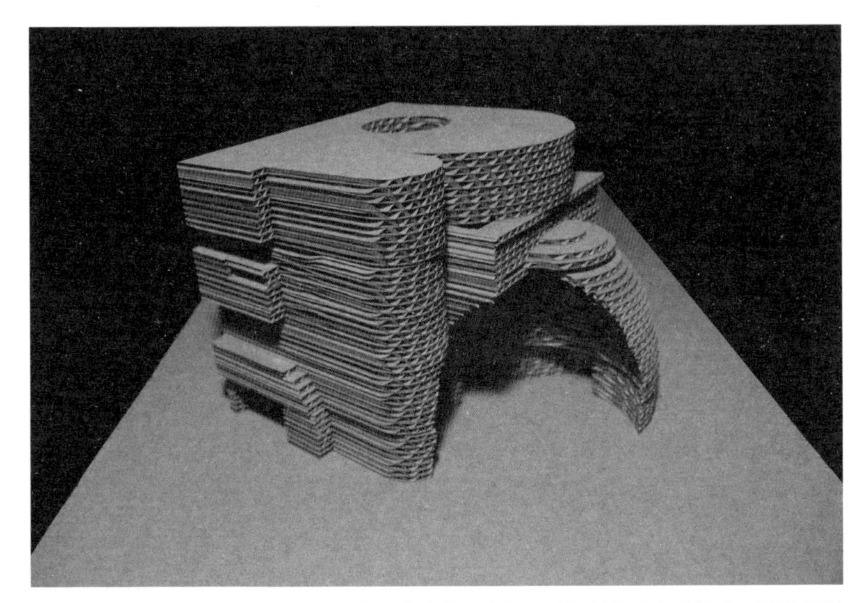

图1.46 图中材料堆叠成体块，从中雕凿出体量空间。空间被包含在体块中，而不是通过构造组合来形成的。 学生：柯克·贝里安（Kirk Bairian） 点评：劳伦·麦奇森 院校：南加州大学

雕凿是构成物体的切割方法。雕凿固体就是从固体上切除物料；这也许是为了使该固体中空。雕凿方法表现了空间构成，反映了用体块创造空间的策略。它之所以具有表现性和策略性是因为任何为居住而建造的大尺度空间都是各个小部分的组合。

通过雕凿除去物料也可使该固体有条件被插进另一个物件。要与另一物件连接成一个更大的组合，这一步也是必不可少的。雕凿也可为某固体重新塑形。雕凿或者说是塑形，可以决定该物件在空间中的实体特性。这是一个转换过程，一个物件经加工可以达到不同的要求。

浇筑 Cast

将液体状态的物料灌入模子使之硬化成为固体。

浇筑是构成物体的切割方法，是将液体状态的物料灌入模子，从而确定其外形。液体物料在模子内变坚硬之后才将模子移除，产生新的固体。然而这种成形方法并非完全是实体切割，因为需要制作模子，而模子是由几个部分组成的。这些组成部分决定了随后固体的表面品质以及结构组成。然而，成形的体块像是切割而成的，它的功能在很多方面都类似于切割的物件，在设计与施工中的作用相当。

图 1.48 颗粒状物质同样也可以浇筑成一定形状。此例中，将沙子浇筑成形以检测沙子的特性。另有一些构造失败了，因为缺少黏合剂无法将沙粒固定在一起。 学生：约翰·凯西 点评：马修·曼德拉珀 院校：玛丽伍德大学

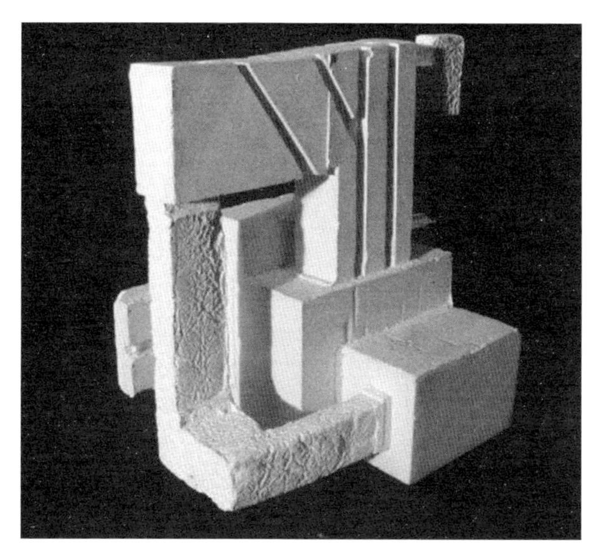

图 1.47 此例中，浇筑材料造就形式。材料起初是液状，之后在模子中硬化。而外形的种种特点来源于浇铸模子。 学生：托马斯·彼得森（Thomas Peterson） 点评：杰森·托尔斯 院校：瓦伦西亚社区学院

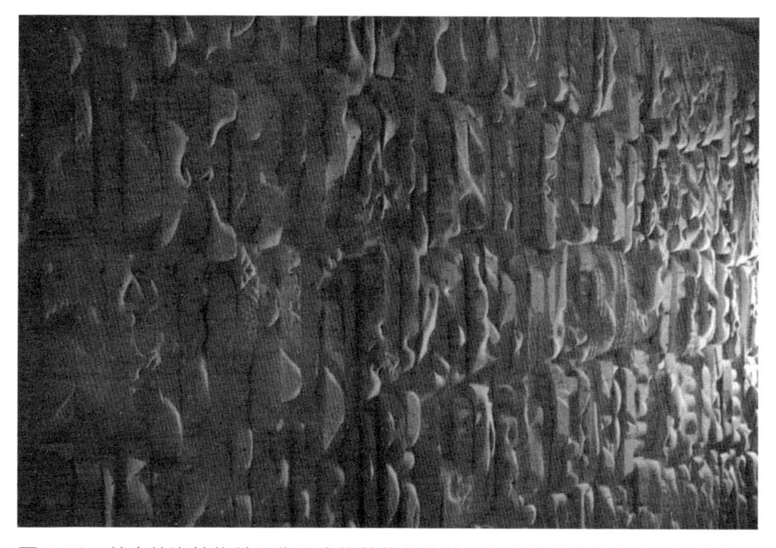

图 1.49 单个的浇筑物件用作更大构筑物的构件。每个浇筑物件有自己的特点，共同构成了大块墙体表面。 学生：佚名，团队项目 点评：蒂姆·海斯 院校：路易斯安那理工大学

筑模是个生成过程。可以通过多种筑模组合，检验与再现设计构思。技师既要知晓模子材料的局限性，还要知道浇筑材料的局限性。生产模子的过程中需要多加注意，接缝处必须完全密封。如果模子的生产制作精确致密，并将制作的模子完整取走，模具可以多次反复使用。模子成形后，可以对它加以评估和改造，然后重新浇筑，可作为生产性或生成性工具使用。

标记 MARK

物件组成部分或者局部表面发生可见的改变；
切割、刻痕、线条、污点、沉淀或者其他任何可引起物件组成部分或者局部表面发生改变的情况；
改变物件组成部分或者局部表面；它是制作行为的第一步。

标记为建筑生成带来的可能性
Generative Possibilities of a Blemish

他毫无头绪。那张白纸就这么摆在他面前。他脑袋里有好些想法，不过充其量就是些构想。

他一旦动手，那张纸就不会像现在这样白了。开弓没有回头箭。是从中央还是从侧边着手呢？从左边还是右边呢？没有什么可以参考，他必须从零开始。最后他不再想象，不再想那些想不清的问题。他拿起铅笔和直尺，在中央重重地做了个标记。

突然间，那白纸不再那么令人生畏。纸上留下了一些构想，他根据头脑中还未成形的构思修修改改。标记可以加粗，可辅以其他标记。这只是开始。随着推进，他脑子里的想法愈渐清晰。最终在他的设计中标记被赋予了任务作用。白纸上大小不一、粗细不同的标记越来越多。在做出决定后，他之前的构思现在清楚地展现出来。

做标记是设计的基础部分，是所有技艺的开始阶段，是制作、描绘和建筑问询（最重要的）的基本载体。正是通过这些标记，设计师们才能迸发灵感，探索决策的可能性，并寻求对我们所居住环境的理解。

标记分为两种，主动做出的标记和遗留的标记。几乎设计的各个方面都与做标记相关。标记是分析、调查及描绘的基础。标记可以是图形的或实体有形的——指代构图中某个要素的一条线，或者是整体组合中的某个部分用来指代物体的一个特点。标记可以是创新的，也可以是整理编辑现成的。遗留的标记是已经存在的状态的实体记忆，是残留的记忆。它可能是一条线经擦拭后遗留的斑痕，或是一栋建筑被夷为平地后留下的痕迹。这些标记可以阻碍将来的设计，也可以成为其不可分割的一部分，后续构思可以在现有标记之上有所建树。

图1.50 凭直觉探索时可以通过简单做些标记而寻获思考方向。思路会很快迭代重复。当这些想法需要决断或越来越复杂时，直觉就要为决策让路。 学生：伊丽莎白·西德诺 点评：米拉格罗斯·津戈尼 院校：亚利桑那州立大学

这两种标记的差异在于，前者是设计过程的基础，后者是设计过程的产物。标记如何影响设计过程或者思维过程，并没有固定案例可循，也并没有黄金法则规定它的用途。在空间建造及成形过程中标记到处可见。

图 1.51　标记也是一种记录，是许多过往想法和观察遗留的记忆。图中的这些标记就是记录，讲述了旅行过程中的经历。这些标记将经历记录为相互交织的片段以及相应的文字。
学生：凯尔·科伯恩（Kyle Coburn）　点评：约翰·亨弗里斯　院校：迈阿密大学

遮蔽 OBSCURE

使一些东西不显眼；
加以掩藏不入视线；
一些不是一目了然的东西。

遮蔽为建筑生成带来的可能性

Generative Possibilities in Hiding

这个建筑项目的目标是在办公室正中确定一块空间辟为会议室，要求职工与客户都便于进入与会面，同时能为会议提供一定的遮蔽性。

重任在肩的团队开始时将办公桌围绕着中央会议空间摆放。这样摆放可以将主要走道与进入该房间的各个入口相连接。这种设计导引了人们在办公室的活动路线。玻璃墙的设计可以使人们对中间区域内的事情一目了然。窗格玻璃的形状不规则，多数是半透明的。有些窗格子是明亮的，但面积很小，透过它们只能依稀瞥见里面的景象。光线可以自由穿梭。可在表面上看到剪影或者使视线通过。然而，射入空间的光线抹去了剪影，会议室内的活动就能遮蔽起来了。

遮蔽、隐藏就是使一些事情不显眼。遮蔽物件、要素或空间结构等可以通过多种方式影响或者主导设计思维。遮蔽是展开设计规划的一种工具。遮蔽处理的过程就是在执行设计决策或设计意图。遮蔽处理过程也可以生成空间特点或限制条件。

对某个空间或物件进行遮蔽处理是把双刃剑，就是要在什么需要展示与什么不需要展示之间衡量。什么需要遮蔽处理呢？考虑到其与其他设计要素间的关系，又该如何摆放呢？设计中的遮蔽处理可以解决诸如隐私与准入等社会性问题，也可以解决实用的功能问题。设计上运用遮蔽处理，可以将空间与空间隔开，也可以体现一定的排列体系。

遮蔽设计手段可以便于形成一些更宏大的设计意图。一些材料遮蔽之后可以突出其他材料及其用途，从而确立出等级。遮蔽一个结构系统可以优先突出其支撑的表面。一个空间远离或者置于另一个空间背后，可以

图1.52　遮蔽就是隐藏起来。上图表明，材料特性可使之有潜力成为可选择的遮蔽材料。沙子背后的字隐约可见。沙子流动的路径上有障碍物，这就决定了哪些部分是隐藏的，哪些部分是可见的。　学生：约翰·凯西　点评：马修·曼德拉珀　院校：玛丽伍德大学

将人们的注意力集中到另一个空间上。隐藏某些空间或者要素可以构成一个等级系统，那么这样的等级系统又是由什么决定的呢？这样的系统又如何影响整个空间的排布与构成以及它们的外形呢？设计过程中的这种遮蔽处理有可能生成秩序、组织与顺序。

那么什么样的空间或者空间条件需要进行遮蔽处理呢？这样的遮蔽处理又如何为空间概念、秩序或感知服务呢？一个受到遮蔽处理的空间可能是描绘目的或体验意图的产物。遮蔽处理作为一种工具规定了使用者感知空间或形式并与它们交互的方式，它可以潜在地主导空间体验方面的决策。遮蔽处理有助于突然发现之前未察觉的东西，也可以让使用者下意识地意识到某件事情。遮蔽处理可以是更大范围空间描绘的一部分，它决定了人们认识空间的方式。

* 参见“揭示 / 揭示物”一节。

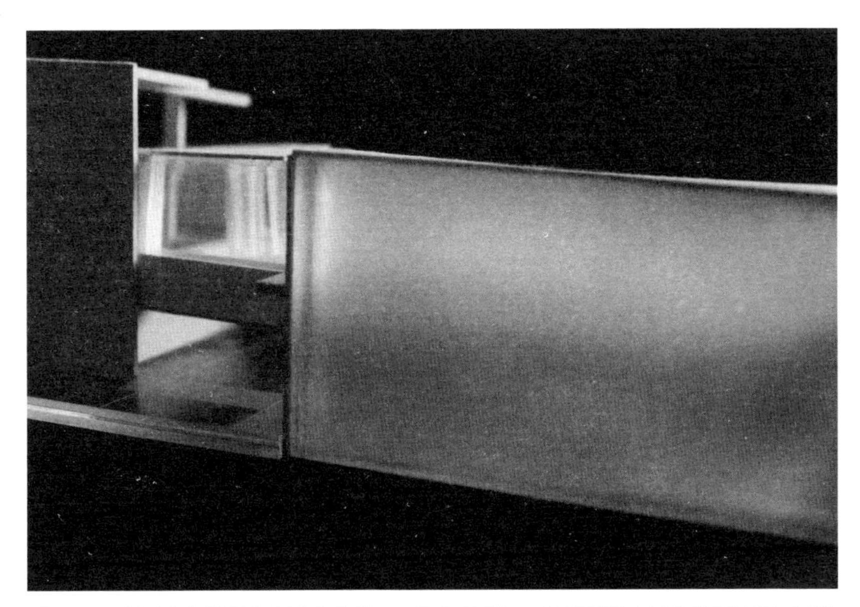

图 1.53　位置或者阻碍也可造成遮蔽。一物体放置于一障碍后就会被该障碍遮蔽。而该物体能否可见以及在多大程度上可见，就取决于它绕过障碍物的能力。此例中，同时通过摆放位置和材料性质实现了遮蔽处理。从一侧看上去该构造体清晰可见，而从另一面看上去该构造体则消失于半透明的平面之后。该平面上透出的阴影又告诉我们后面有个构造体，然而只有看到另一面时，才能显露出细部。　学生：卡莉・威廉姆斯　点评：詹姆斯・埃克勒　院校：玛丽伍德大学

先例 PRECEDENT

用于论证后续情况所用的例子；
现有实例研究中的主体；后续发展的指导。

先例为建筑生成带来的可能性
Generative Possibilities in the Study of Previous Instances

他因为某项目沮丧不已，正为如何将一个中庭融入一幢建筑中烦恼。项目负责人提议他做个小调查，找点例子。不知所措之下，他去了图书馆。在那里他找到了有关中庭空间的设计图和解释。这些都很有趣，他决定自己的设计中也要加入一些相似的东西。

但这还不够。不能仅仅因为自己喜欢或者只是因为这些解决困境的方法给了他灵感，就抄袭这些设计图。这些项目由不同的设计意图所左右，也有各自的局限和不足。即便要采用它们，也得先进行严格的研究。

他绘制了这些建筑的平面图和剖面图，研究了它们的布局、比例及中庭与周围环境的关系。他用这些图纸评估设计是好是坏。这些研究取得了很有效的信息，经调整后运用到了他的项目中。他并不是抄袭这些案例，而是发现之前没有想到的各种可能性，这些案例为设计过程提供了新的方向和焦点。

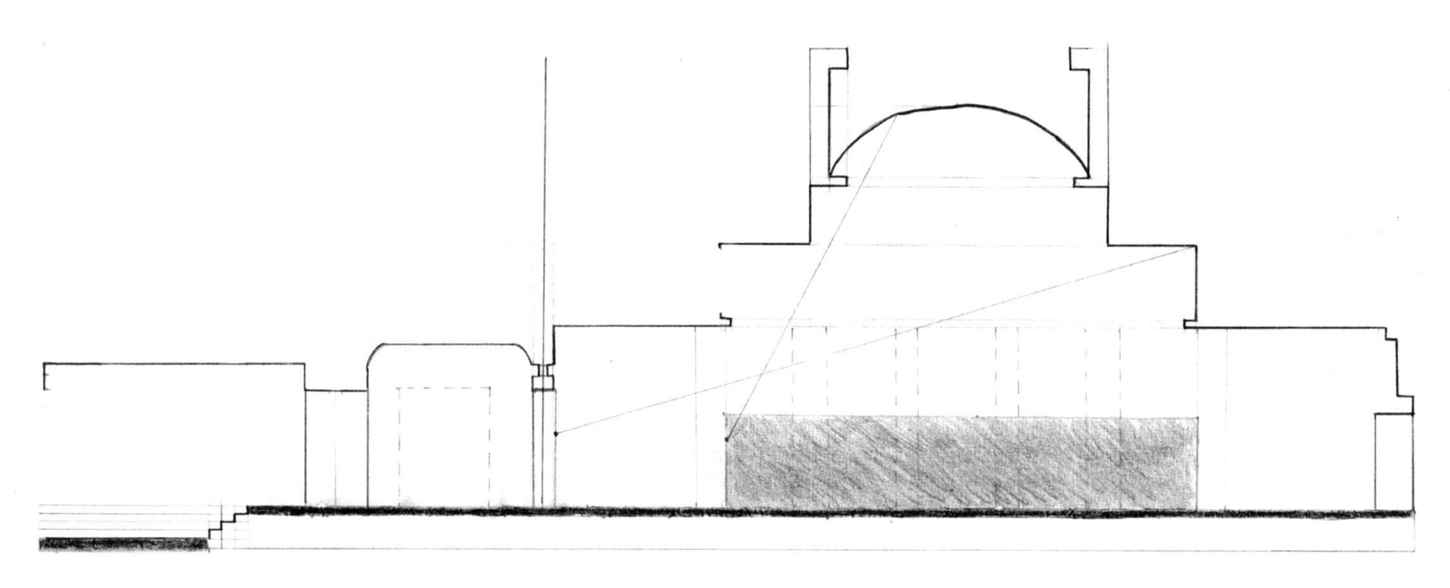

图 1.54　研究与分析先例是为了理解新设计的可行性。上图是一张先前修建的建筑，用以在相关空间中考察建筑构图原则。　学生：詹妮弗·赫斯特
点评：詹姆斯·埃克勒　院校：玛丽伍德大学

先例在设计过程中起到样本的作用。能够指导现有设计的建筑、方法或者想法都可属于先例。先例研究是对以往设计项目中明显的设计问题进行调查。这么做是为了了解设计原则适用于当前项目的多种方式。然而，先例也可用作图解或论证设计决策合理性的沟通工具。

那么研究先例又是如何服务于设计过程的呢？研究已有的一幢建筑又是如何帮助建造一个完全不同的建筑的呢？先例以多种渠道发挥作用。首先，先例构成了研究形式，发现并考察各种设计可能。先例分析可能会给设计项目的提出与推进带来广泛的影响。

通常先例仅仅用来模仿。这是以传统研究为范本的先例研究的结果。设计师希望创造结构复杂的建筑，于是就找到另一个类似的例子用于模仿。

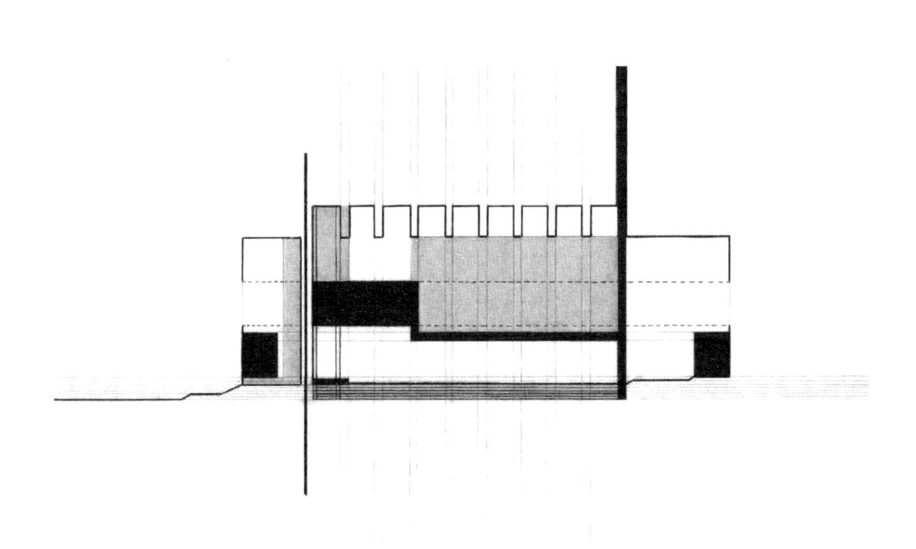

图 1.55　此例中，学生综合了从先例研究中获得的信息，从而理解构造组合、空间轮廓及空间运作之间的关系。　学生：乔治·法布尔　点评：詹姆斯·埃克勒　院校：辛辛那提大学

先例是个有用的沟通工具：它为点评者创造了最直接的条件来理解设计者的设计意图，因为他们可以看到已有的先例效果。然而这种使用先例的方法对于建筑理念的影响相对较小。它完全依赖于观察而非生成研究。

通过分析，先例能够产生生成作用。当在现有建筑结构中确定设计决策，并且可以通过某些设计标准进行图形评估时，就会出现这种情况。在当前项目出现了新的空间信息时，要考量建筑、技术或系统是否取得了成功。当设计原则运用到不断变化的项目中去时要以其具体特点为依据。所以先例分析可以主导设计理念与设计策略的推进。

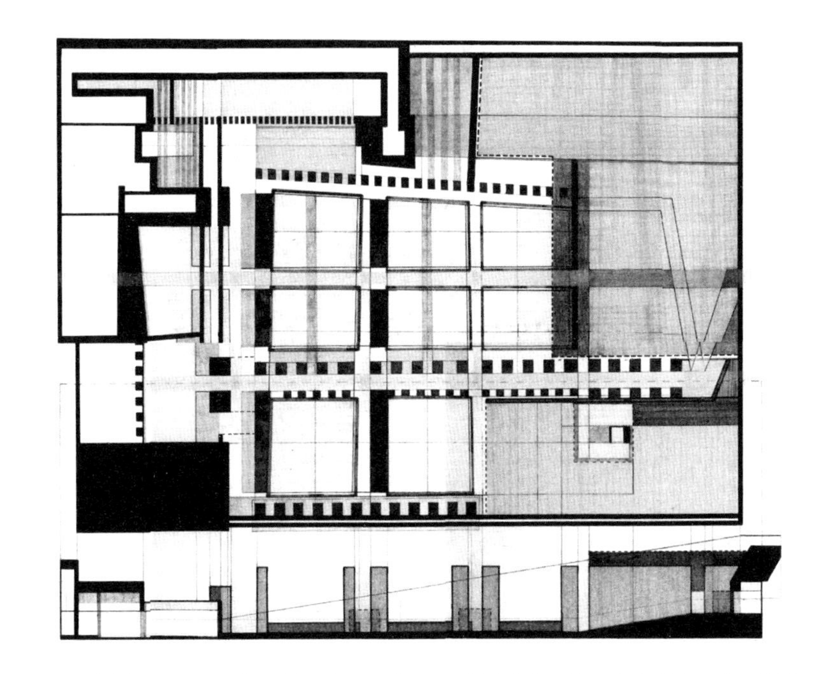

图 1.56　此先例研究显示的是空间系统和形式系统组成的有组织、有条理的网络，研究的是形体位置、移动的便捷性与项目之间的相互关系。　学生：德里克·杰罗姆（Derek Jerome）　点评：詹姆斯·埃克勒　院校：辛辛那提大学

过程 PROCESS

一系列的行为，每一个行为都依赖于前一个行为的发现；
展现那些指导决策与设计概念的应用技术。

应用性技能为建筑生成带来的可能性

Generative Possibilities in Applied Technique

一名学生画了很多素描、图表、绘图，做了很多模型。她着手行动时对项目该如何做还只是稍稍有些想法。她通过研究先例考察自己的想法。通过画素描和绘图的方式，验证了自己的想法，又通过图表进一步研究和重新评价它们。每次调研之后，她的想法会更加坚定，产生的新构思又帮助她推进项目。整个设计过程从最初的概念阶段到最后的决策阶段，借助设计过程她可以研究与调查建筑中的各种可能性。最终的作品脱胎于这些步骤，空间及项目形式的发展反映了思想的进步。

“过程”一词的含义不断演进，开始指交谈的内容或者意思，指行程，或是指向前推进。目前，过程指的是根据特定顺序进行的一系列步骤或者行动从而产生结果。以上几种含义在设计过程中皆有体现。过程是设计师构思建筑的方式，是富含内容的过程。过程是探索设计可能性的“旅程”。过程也包含将可能性变为现实所使用的方法与技能。

设计过程是通过不同的方式实施建筑考察的过程。那么如何通过设计过程进行建筑考察呢？这又如何影响设计呢？考察、研究和决策都需要智慧的探索。各种工艺追求引导了设计思考。制作技能是检验构思和发现未知可能性的方法之一。在设计过程中，制作与思考本质上是相关联的，

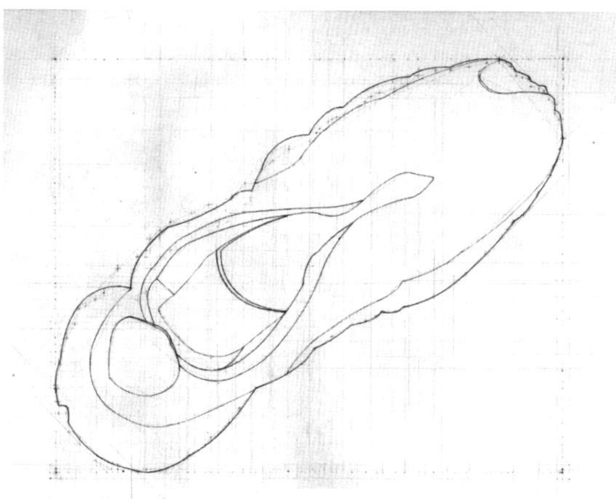

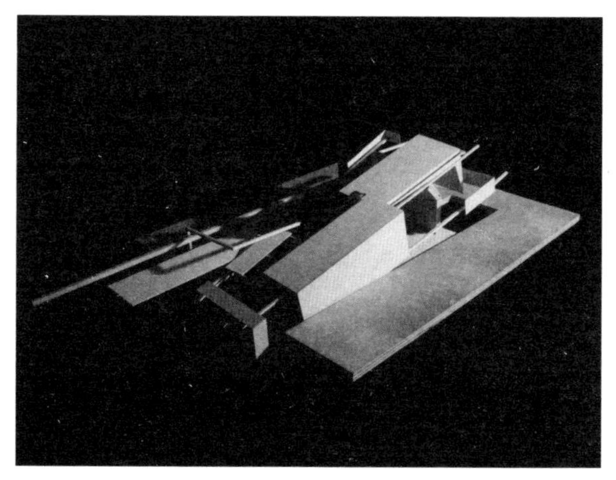

图 1.57　图中，设计过程是对空间构成和形式构成的启发式调查。第一幅图反映的是测量和分析鞋子。第二幅图显示的鞋子是个完整衔接的平面。第三幅图是放置鞋子的容器，图中鞋子与容器融为一体。每个过程都以前一个过程为基础。每个阶段都为后面的阶段做铺垫。这种信息的逐渐积累是设计过程的基础。　学生：梅·威廉（May William）、查尔斯·琼斯（Charles Jones）　点评：吉姆·沙利文　院校：路易斯安那州立大学

因为制作技能是作为建筑概念的框架来使用的。探讨一个设计难题的各个方面可以借助多种媒介。根据项目最终收效如何可以形成构想、检验构想并重塑构想。最重要的是，工艺具有生成属性。动手做并观察意料之外的结果可以产生新的设计想法。设计初稿少有完美的。经过必要的重复，工艺是构思得以确定的工具。

过程是个宽泛的概念，是多种设计原则的合称。每一条设计原则都指代某种设计思考或制作方式。综合来说，设计过程研究了建筑空间的潜能和可能性。设计中所指的过程并不是指产生单一结果的一系列线性事件。与方法不同的是，设计过程没有确定的目标。相反，设计过程意在通过重复为某个设计难题找到可能的解决方案。设计过程要求随着新发现的揭示一遍又一遍地修改决策。如果对凭直觉做出的决策进行对照评估或者根据它们决定设计意图，那么探究过程就完成了。互动设计过程将这些直觉限制在有目的的建筑行为之内。

随着设计师能力的提高，他会偏爱某些技巧，将逐渐呈现出个人特点。这种演进导致个人设计过程的发展。个人的设计过程可能运用某种特定方法或者设计语言。个人设计过程的出现反映了对技能以及应用技能促进创新方式的特殊理解。

设计规划 PROGRAM

一个空间内发生的事件；空间的功能；
在一个空间内发生的创造、编码或者定义等事件，记录占用空间所发挥的功能作用。

功能作用为建筑生成带来的可能性
Generative Possibilities in Function

他采访了一个家庭，询问了他们有关职业和工作习惯的问题以及他们如何与他人相互沟通。他是想了解他们的生活方式，发现哪些东西对他们至关重要。他发现他们擅长社交，经常参与娱乐。通常，他们的娱乐方式就是彼此分享旅游经历。当只与一位家庭成员交流时，他们通常围桌而坐，聊聊天，吃吃东西。

他们的回答告诉了他使用空间的方式。这家人分享的信息为他设计他们的新房子提供了资料。他首先从公共区域以及他们使用餐厅的方式开始。有很多宽敞的公共区域足以容下一家人，但是当各个成员独处时公共区域被切分成很多块适合家庭使用的小部分。餐桌就是这样的公共区域之一。餐桌的设计使它既能与较大的公共区域连通，又能为这一家人划分出一个亲密的交谈空间。有些这样的空间是由一些陈列格子隔开的，上面展示了他们旅行期间收集的各种宝贝。对客人来说，它们是谈话的核心。这间住宅是专门为满足这个家庭的需要才如此设计的。

规划一个空间就是为其分配用途。规划有可能催生出设计过程中的生成元素，大致勾勒出空间和形式特点的需求。如果要在一个空间内举办一场活动，该空间应被精心配置以满足活动的要求。比例、空间与形式的关系问题，还有体验等都会成为受规划影响的因素。

规划可以从决策的很多等级层面表现出来，从一般决议到特定决议。在设计过程中，根据空间与形式的不同组织排布，决策水平也会跟着变化。一般规划作为设计过程的一部分，又是通过什么方式推动了决策的呢？一般规划所关注的点可能就是组织布局的动力。为一般规划创造空间，首要考虑的问题是空间组织本身，而非为了达到规划要求所设立的种种标准。规划本身只是一个概念，需要解释与探讨。然而详细的规划会设立一套衡量成功与否的标准。例如，阅读空间是一项一般规划，设计尝试的起点是阅读空间的大小、比例、光源、空间序列内的位置以及形式的组织排布。另一方面，书房要能存放一定数量的图书并为一定数量的人们提供学习场所，书房确立了一系列衡量成功与否的标准。在此案例中，空间需要达到一套固定的要求，可能会为设计过程引入规划逻辑。

设计的深化也意味着规划考量的演进。规划提供设计出发点以及规定成功衡量标准的能力对于为设计过程提供前进方向很有价值。起初，规划对象可能是一个能够读书的地方，随着设计的发展，可以确定多种空间和形式特点。这些特点可能会反映出规划的决策进程。根据这种逻辑，设计思维一直在定义用途与设计空间结构之间不断转换。最终，在通过深思熟虑地研究组织与体验之后，某种特定空间用途的需求得到了满足。在这种情况下，规划既是建筑考察的工具，又是一系列特定的标准。

呼应 RESPOND

针对已经存在的情况或者情形采取行动或做出决策。

回应为建筑生成带来的可能性
Generative Possibilities in Reaction

建筑选址靠近市中心，这个地区的大多数房屋都是联排式住宅。就算没与邻居共用一堵围墙，把两家隔开的也仅仅是窄窄的通道。多数房屋的入口直接开向人行道，只是台阶稍稍抬高了一些。

选址基地有多个狭小的庭院，把它与周围的建筑分隔开来。建筑师详细记录了街区内的周边建筑。他的观察产生了多条关键信息，他把这些信息用于制定使新建筑能够呼应周边环境的设计策略。首先，周遭建筑都有面朝那狭小的侧面庭院的小窗户。第二，在这个街区中间有共用的公园和阳台。最后，该场地有些倾斜，使得选址地势略微低于对面的住宅房屋。

针对两侧的窗户，他的对策是将其对面的墙体向内收缩。这样庭院里就有更多的阳光照射进来。自家的窗子能充分利用阳光，又恰好看不到邻居屋内的情况。对于中心公共空间，他又设计了通往后面公园的通道，从屋内和从邻近的庭院都能进入。这就使人们能够聚集一起，同时又设计了标志来明确所属权。他又决定，屋子高度要远远低于对面坡地上房屋屋顶板的高度，这样对方眺望的视野就不会受到影响。

建筑上的呼应就是制造多种要素以产生相互联系的过程。这种联系可以是空间上的，也可以是形式上的，是组织上的或者规划性的。该过程就是要弄清目前条件下空间、形式、组织和规划性的特点。这些特点可以作为从事新设计的指导。

建筑生成中呼应过程的目标又是什么呢？可有两种目标。它可以是将新设计与现有条件融合的方法，也可以是将设计过程中的各项组成内容融合起来的方法。

对现存环境条件做出呼应是个过程，它提高了设计融入周围环境的能力。该设计可以增强、重塑或者占据某个场地的现存空间结构。呼应的过程

图 1.58　建筑除了与构筑元素保持一致外，还与其周围环境保持一致。图中，地表上一条标记出来的小路清晰可见。周围结构的引入考虑到了整个地形和小路的位置。　学生：布列塔尼·丹宁　点评：詹姆斯·埃克勒　院校：辛辛那提大学

是调整设计意图，适应环境的局限性。对一个有组织条理的结构做出空间上的或形式上的呼应可以将新设计融入现存环境。新的设计可能需要为包容现有规划提供新的空间环境条件。这些步骤中的每一项都显示了对一个特点的认定，并设计出相应部分与之适应。

然而，并不是只有现存环境与新环境之间才有呼应产生。它也是同时开发那些通过空间、形式、结构和规划相互联系的组件元素的方法，还可以是保证单个设计中不同组件之间融合的方法。

呼应过程是出于互动目的来定义建筑意图的一种方法。空间与事件之间的互动是呼应的产物。呼应可以主导形式要素间的关系，可以是控制各个设计要素间实体联系的策略。呼应是更大过程的一部分，呼应可能是重复性的：它可以有助于整合，可以在各个部分及想法的转化中发挥作用。

* 参见“对话”一节。

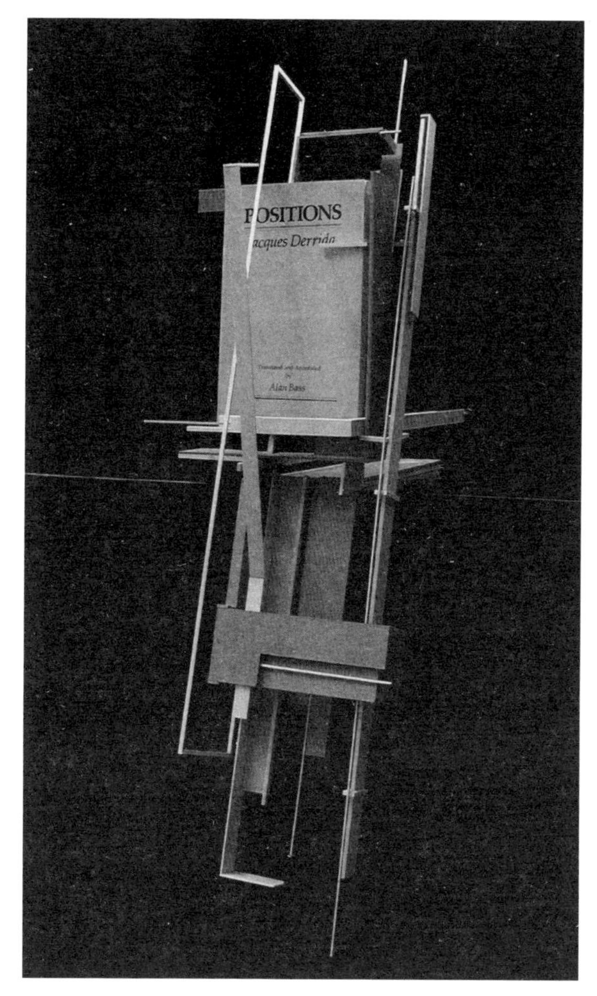

图 1.59　图中的书籍有一定的尺寸、重量和展示需求。用来固定书本的支架在建造过程中就考虑到了书的具体特点。　学生：理查德·琼斯（Richard Jones）　点评：吉姆·沙利文　院校：路易斯安那州立大学

保留 RETAIN

保留或保存；
保护；或保持不变。

保留与记忆为建筑生成带来的可能性
Generative Possibilities in Preservation and Memory

该建筑预计要拆除。它已经没用了，将被更适用的建筑取代。老建筑占据那个地方已经有段时间了。它已经是该社区一成不变的景象了，所以对于社区居民而言，以某种方式将它保护起来是很重要的。

老建筑的正面有一部分被保留下来，作为对过去的记忆。新建筑的正面可以说是它的延续。新建筑在老建筑的基础上修建了起来，其中用到了老建筑保留部分的许多组织特点。新建筑的正面被分割成多个部分，规模尺度以保留下来的建筑为基础。新墙体参照保留的老建筑墙体的厚度施建。保留下来的建筑有一扇窗户，现在作为设置新窗户的参照。新窗户与旧窗户相互融合，与新建筑立面的每个部分相协调。

尽管细节变化了，材料不同了，要素也重新排布了，但是从老建筑保留部分中借鉴的组织布局足以使人回忆起先前的那幢建筑。保存下来的那部分展示着自己的不同之处。

保留是有目的的保护方式。即便周围其他构件都拆除了，某个要素还是能够保存下来。保留也大致可以理解为是抵御移除。保留是与变化或者移除同时存在的。保留是通过抵御变化的能力大小来衡量的。保留又是如何影响设计过程或设计意图的呢？保留的元素可以标志着在更大的设计过程中设计思路的演变，可以是建筑构思的催化剂，也可以是建筑现有的一种状态。

整个设计过程中构思会改变，这的确是设计过程的重点。然而，构思改变了，也会引起后续思路的变化。随着项目复杂性的上升，一些构想或者要素被弃之不用，一些改变了，一些保留了。随着设计师重复项目的几个方面，证明了更成功的元素或构想将被保留，而其他元素或构想将被弃之不用。决定保留某些要素而放弃另一些要素是项目演进所决定和控制的。

另外，保留的要素可以是新设计构思的基础。设计的大部分内容都是关于形式、空间和用途的关系。保留先前设计的某些方面或者保护建筑原有的建筑环境可以为设计师提供一些有价值的限制条件。这些限制可能会引导项目的组织布局，也可能是催生新思路的起点。

保留描绘了建筑的现状，它可能更泛指保护。重建中的很多部分可以不必改变。建筑的要素也可以抵御一些变迁的力量，如时间和天气。在这方面，保留可以反映任何规模尺度的建筑状态。一个物件的一个小细节可能在发生大变化的环境氛围中保留下来。同样，某个小土丘可以在其他土丘被加以改造从而减缓斜度的情况下保留下来。

图 1.60　上图的模型是从分析性示意图得来的。示意图建立的组织语言转化成了形成空间的策略。原始示意图的一部分被保留了下来，如图中的前景平面所示。　学生：泰勒·奥西尼　点评：约翰·梅兹　院校：佛罗里达大学

图 1.61　上图中的模型是从分析性示意图得来的，示意图得以保留，并作为整体的一部分。它用于指导设计元素的排列、联系与组织。　学生：戴维·佩里　点评：詹姆斯·埃克勒　院校：玛丽伍德大学

图 1.62　图中模型围绕并横穿翻折的电话簿。电话簿上的印刷字迹得到保留，不必专门处理就能成为一个有条理的图案，同时体现质地和表面的特点。　学生：马修·拉巴莱斯（Matthew Rabalais）　点评：吉姆·沙利文　院校：路易斯安那州立大学

揭示 / 揭示物 REVEAL

公布或显示；
有意显示或展示；
揭示了某物可见或暗示存在的切口或者凹槽。

意识察觉为建筑生成带来的可能性
Generative Possibilities in Awareness

他正为自己最新的项目制作模型，这个模型关注建筑的外壳设计。这可能需要一层层精巧的结构堆叠来增加墙体的厚度，同时这也可以确保该建筑的主要结构是沿着外部边缘，从而开放内部空间。

他首先建造了结构性部件。结构部件以相同的间隔出现，而每个的轮廓都不一样，因为用它们来支撑起伏的墙面。结构性部件建造完成后，他开始建造可以作为外表面的镶板。完成后，将这个建筑放在手上，墙体做工细致，两侧表面起伏，通体都是白色。但是他很失望。在被覆盖之前，结构支架有种莫名的魅力：起伏的表面体现了支架的复杂性，间隔则成为整体组合的量度。只是现在这一切都被覆盖住了。

他开始做新的模型。这个模型的表面有很多凹槽，分布很有讲究，正好从不同角度揭示了深层结构的特点。

揭示结构是指结构被揭开、展示或凸显。有意的揭示表明了设计师有意识地操控接近空间或形式以及对二者的感知。还有，在通常使用中，一个有助于看清某个本可能被隐蔽起来的东西的建筑要素叫作“揭示物”。揭示物通常是一些细节或者接点，它们表达出本来会被隐藏的结构。揭示某些物体、要素、空间条件的行为可以通过多种方式影响或者主导设计思维。揭示这种行为可以是传播项目规划的工具。这是一个执行设计决策或设计意图的过程。它也可以是生成空间特点和条件的过程。

揭示一个空间或者事物是设计规划上的考量。揭示空间或物体是一种区分辨识与隐蔽的行为。揭示可以是空间的一种功能，使空间使用者意识到将要遇到的状况，这与去发现隐蔽的状况是不同的。

图1.63　上图研究了材料与组合如何揭示信息。图中的线，由于材质的关系，它的数量多少可以阻碍或者方便人们看到盒子内部。绕线轴的操作可以控制缠绕密度及背后图案的可见度。　学生：巴特·巴伊达　点评：马修·曼德拉珀　院校：玛丽伍德大学

什么需要去揭示呢？它的位置与其他规划元素的关系是怎样呢？设计中的揭示可以解决如隐私与公开等一些社会问题，也可以解决规划的功能问题。就这方面而言，揭示的意图是组织空间的一种策略，以便展示机械系统，或是凸显一个重要的物体。

作为一项设计原则，揭示可以在空间之间建立组织关系。这是关于观察者所处的空间与他所观察的空间之间的关系，揭示应用到设计过程中有可能使规划要素间产生空间连贯性，并且形成规划排列体系。

揭示也是在空间或形式内建立等级秩序的工具之一。揭示一些要素就是突出它们的存在或者用途。揭示结构系统通过展示组织布局原理来表现空间。这种揭示可以在一个空间内突出某个组合。相互开放的空间可以沟通空间关系。被揭示的空间也可能是描画目的或体验意图的产物。揭示可以帮助连续性的空间延伸，揭开相对隐藏的空间。

被遮蔽的东西也许不是完全隐藏的。人们可以综合使用隐藏与揭示两种方法传达一定的意识。揭示一个空间也许就暗示了另一个被隐藏空间的存在。反之亦然。那么什么样的空间或者空间条件需要揭示呢？揭示又是如何为空间概念、顺序或感知服务的呢？揭示行为具有潜在指导空间体验决策的能力，它是描述人们感知空间与形式并与它们互动的工具。揭示空间条件或细节是更大范围内空间描绘目的的一个方面，它描述了体验或是指导了过程。

* 参见“遮蔽”一节。

图 1.64　此例中，堆叠而成的整体中留有空隙。这些空隙作为小的揭示渠道，让我们可以透过它们看到后面。　学生：杰夫・巴杰　点评：詹姆斯・埃克勒　院校：辛辛那提大学

图1.65　揭示并不总能展示其背后的内容。图中，高度的变化是设计要素间的接点。它揭示了各个要素的本质以及它们的结合方式。　学生：詹妮弗・赫斯特　点评：詹姆斯・埃克勒　院校：玛丽伍德大学

隐没 SUBMERGE

置于下面；
埋藏或者淹没。

覆盖为建筑生成带来的可能性
Generative Possibilities in Covering

有个地方容易遭受强风侵袭，强风可从任何平坦地域上的突起呼啸而过甚至夹杂着如刀般的沙子。亭子的设计不能很好地发挥建筑应有的基础作用，即提供庇护。亭子不是闭合的，风沙自由穿过，人们不能在此休息。

手边没有建造一个阻挡风沙的围墙所需的材料。手头的材料在风沙侵蚀下很快就会败下阵来。设计团队想到的一个解决方案，就是首先在地上进行切割。在切口内修建亭子，而风沙正好从亭子顶部吹过。通过将亭子埋置于地表之下，便形成了一个平静的空间以躲避风沙。

从建筑学的角度来讲，隐没是使一个表面与一个插入要素之间在形式上生成关系的途径之一。这种关系如何取决于周围环境，可以采用延伸表面的方法，覆盖住插入要素，也可以从表面上去除一些东西从而将该要素放置在建筑之内或之下。在表面隐没某个要素有三种方法：可以全部隐没；可以变成表面的一部分；也可以作为镶嵌之用。

完全隐没表明该要素完全存在于表面的另一侧（内部或下部）。使要素成为表面的一部分意味着它占据着内部或下方的空间，不过它的顶端平面与相关表面处在同一个平面上。镶嵌元素则意指元素的部分组成部分没有隐没，而是呈暴露状态。这个过程又是如何体现设计意图的呢？隐没一个要素表明了该要素与其掩盖住的平面之间的关系。这种关系表现在两种尺度上：一个是空间被隐没以融入周围的大环境，另一个是组合的一部分可能被隐没在构成平面之内或平面以下。

居住空间尺度上的隐没，通常指插入要素与土地的关系。插入要素可以完全在地表之下。正如上文描述的一样，被隐没的要素可以置于地表之下、在地表上，或者镶嵌里面。每一个位置都描述了该要素与地面和周围大环境的不同关系。这种位置关系与那种插入元素置于表面上方的位置关

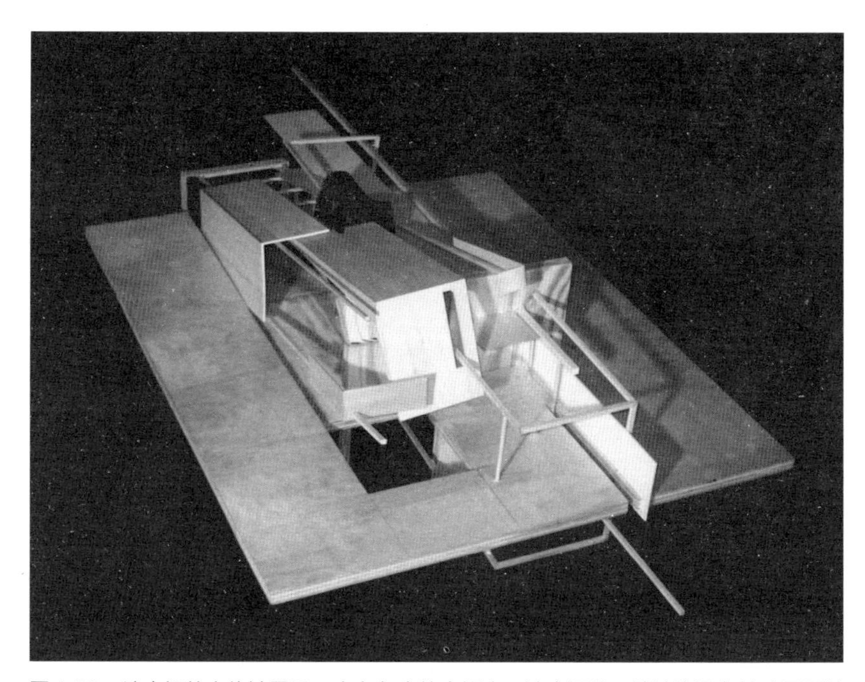

图 1.66　该空间的主体被置于一个有角度的空间内。该空间的下端被隐没在基础平面以下。　学生：查尔斯·琼斯　点评：吉姆·沙利文　院校：路易斯安那州立大学

系是不同的。

在任何一个位置上，都要考虑空间、体验及规划等方面的问题。在设计上下过渡时会出现空间顺序的问题。在为被隐没空间设计光照时，涉及体验的问题。这些问题都会影响被隐没空间内部的情况。由于空间隐没在地表，随之出现了上述问题，这个制造隐没的过程也可以是控制设计上这些方面的方法。隐没某些东西能够为空间过渡或是具体采光方式等设计创造机会，也能够决定该空间内能够进行的活动。

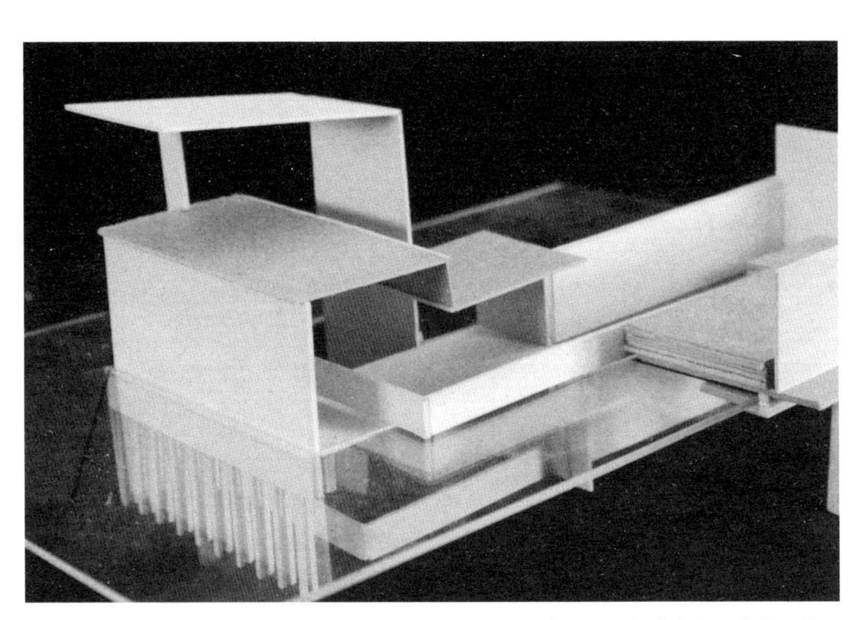

图1.67　图中结构分为两部分，一部分隐没在基础平面之下，一部分在平面之上。处于平面上、下两个部分的公共点创造了一系列空间关系。　学生：詹妮弗·赫斯特　点评：詹姆斯·埃克勒　院校：玛丽伍德大学

从小范围讲，将某物隐没于组合中是制造接点的方法。它可以自行融入该组合中，或者可以描述一个物件在一个组合中所占的位置。一个组织排布结构或系统可以隐没入一个厚厚的平面组合当中。或者一个结构可以处于一个凹槽内，而凹槽隐没在另一个结构中。隐没作为一个制作过程，可以表明设计意图和设计理念。

* 参见“悬浮 / 暂停”一节。

图1.68　随着空间沉入地面以下，剖面模型也勾勒出空间的轮廓，有些是部分隐没，有些是完全隐没在地表之下。空间在地表上、下相互关联，在各个空间来回穿梭能够让人从不同角度观察四周。　学生：塞斯·特罗耶（Seth Troyer）　点评：詹姆斯·埃克勒　院校：辛辛那提大学

删减 SUBTRACTIVE

消除的过程。

移除为建筑生成带来的可能性

Generative Possibilities in Removal

一大块泥土放在桌上，她已经多次将它塑形，但还是硬邦邦的一块。泥块上没有她设想的可用于居住的空洞。她用一根铁丝切割泥块，慢慢地准确去掉泥土材料。通过这种删减方法，她得以在成形的泥块之内制成了一套相互交织的复杂空间。从这个角度说，这个过程是个增建的过程。她通过附加要素的方式使自己制作的空间连接起来。

移除这个简单的步骤可以使设计师通过直觉快速反复试验自己的设计：在雕凿物件或者从整体中移除小部分的过程中生成了思路。

这种重复的方法有助发现新的可能性。移除可能更多地关注构成空间的形式，而不是空间本身，移除方法可能使设计远离设计初衷。移除作为一种方法是如何将设计发展到新水平，如何促使开展新的重复过程的呢？也许，作为基本的设计方法，移除可以用来识别空间组织中的不同变化。或者它可以用来开发构造语言，运用到空间信息的沟通上，用于未来设计过程后续的重复过程。

移除是可用于制作的策略，也是小比例尺制作的策略之一。可以雕凿一

图 1.69　与“添加”一节的插图不同，此例展示的是移除材料构成凹陷形状。

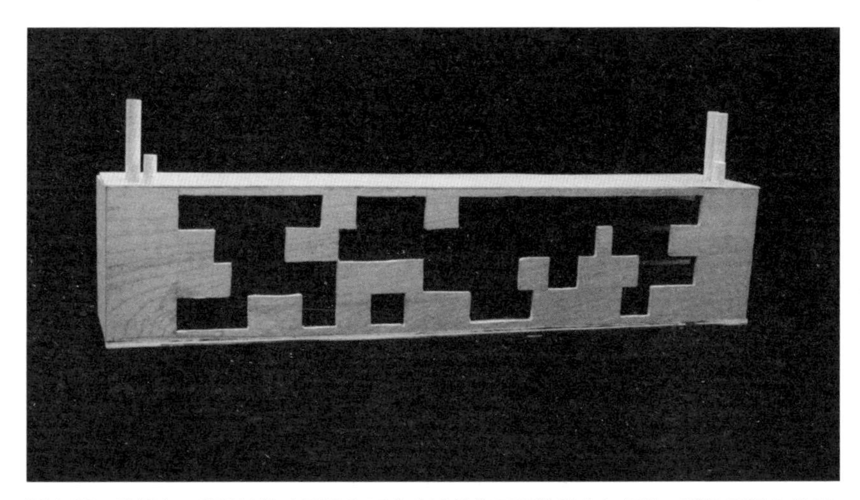

图 1.70　此例中，移除法的应用是为了突出该结构正面的特点与细节。移除平板上的部分板材从而构成一个框架，透过它可以看到滑动板面的移动情况。　学生：巴特·巴伊达　点评：马修·曼德拉珀　院校：玛丽伍德大学

个完整的大结构制成独立组件。这与以层叠为代表的添加方法或者累积材料形成建筑要素的方法不同。添加与移除代表的是材料构造与材料切割的不同。

* 参见“添加法”一节。

图 1.71　此例展示了通过移除的方法形成要素间的接点。一个要素经过切割后留下的空隙被其他要素填补。　学生：扎克·法辛格（Zach Fatzinger）　点评：里根·金　院校：玛丽伍德大学

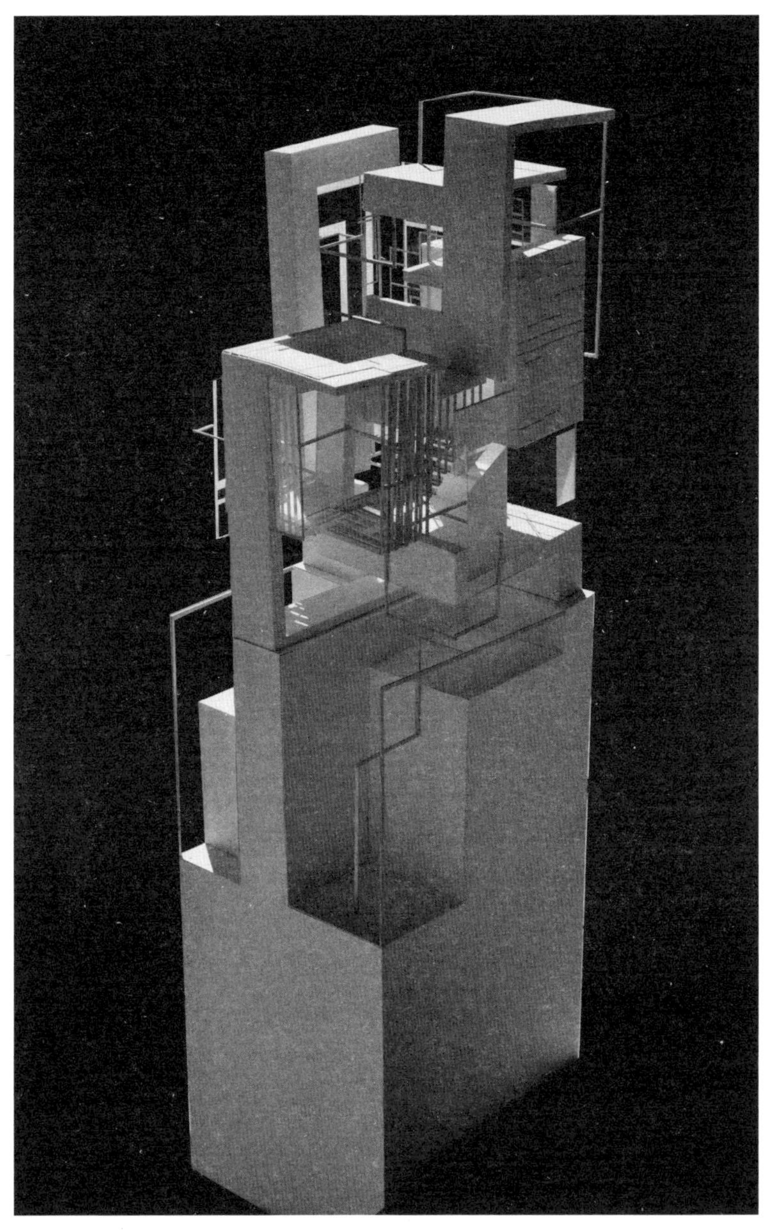

图 1.72　图中，通过移除法构成空间。图中结构复杂的立体支架是通过组合各个平面构成的。这里所用的制作方式仿照移除法。该支架充满小的空间结构，这些空间结构中的一部分又是由模型的其他部分构成。　学生：泰勒·奥西尼　点评：约翰·梅兹　院校：佛罗里达大学

悬浮 / 暂停 SUSPEND

悬空；
行动或顺序中止或暂停；
使某物在没有明显结构支持的情况下漂浮或意指漂浮。

抬升为建筑生成带来的可能性
Generative Possibilities in Elevating

图书馆是一排排堆叠着书籍的海洋。远处的角落里是图书管理员的办公桌。你可以在那里咨询或者借阅书籍。门就在那旁边，同时还展示本周的特色书。

你钻进一堆堆的书籍中找书。书架之间的空间很窄，而且高出头顶很多。你立即淹没在书海之中。找到想要的书籍后，你想找个地方研习。

踏上几节楼梯来到两层楼之间的夹层。这里没有光线昏暗的书架，取而代之的是一排排桌子。每张桌子周围有很多把椅子。这里空间很高，光线很好，与楼下堆叠的书籍形成鲜明对比。书架之间树立起的柱子支撑起夹层。书架挡住了柱子，所以根本看不到它们。而夹层就好似空中小岛，悬浮于书架之上。

悬浮或称“暂停”可以出现两种情况，意指缓慢或者暂停的动作。它也可以指代一种形式组织方式，即一个要素通过悬浮于某个表面的方式与这个表面产生空间联系。

因为它与运动有关，暂停不是一个放慢或停顿的问题，而是一个创造暂停空间的过程。时间上的停顿会显现活动的区域。运动可以是在空间序列内为了适应空间规划而延缓。放缓速度可能是由一个空间向另一个空间的功能转化——如转个弯、下楼梯、穿过墙壁的缝隙等。

悬浮或暂停的另一种意思就是指元素悬空。悬浮，可以是对环境的呼应，可以是空间或形式组织的行为。那么这个过程是如何生成空间或者激发设计意图的呢？运用悬浮策略投入环境，代表了一种移除法的形式构成，或者说与现有表面的联系降到最低。从某种程度上来讲，悬浮策略对于

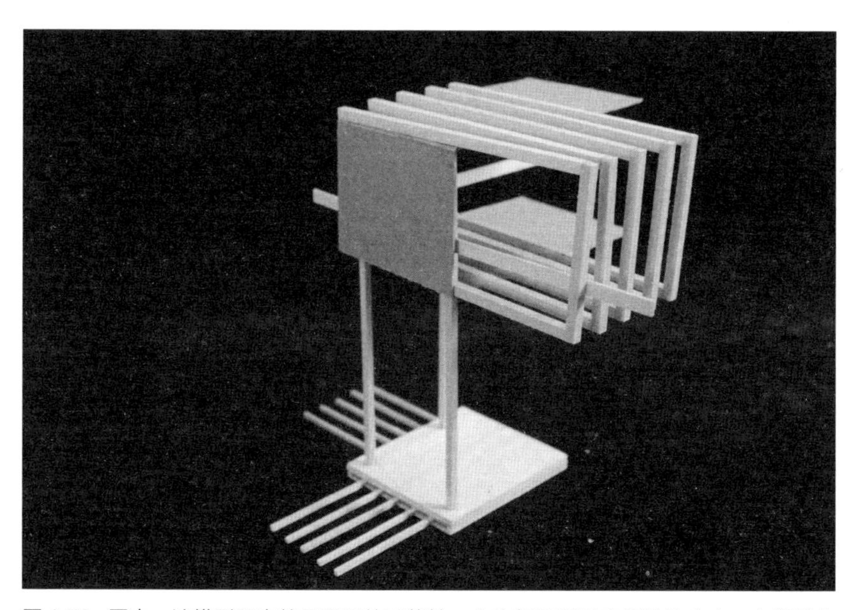

图 1.73 图中，该模型研究的是悬浮的可能性。主构架悬浮于支撑结构之上，在模型主构架之内与主构架之下都创造了空间。 学生：阿什利·卡维利尔（Ashley Cavellier） 点评：凯特·奥康娜 院校：玛丽伍德大学

周围环境的形式或者组织特点呼应得相对较少。而整个设计依靠的是组合而成的中间结构支撑着元素悬于表面或地表之上。恰恰是这种中间结构而不是它所支撑的元素才需要适应周围环境的特点。这点反映了或者激发了设计意图：将新的秩序系统赋予现存系统。悬浮也可能是因为环境与设计需要之间彼此不相容才产生的。比如，地面的比例与设计规划不适应，所以悬空行为在表面不可能的尺度上提供了设计机会。如果某个平面需要在空间内保持连续性，那么起伏的表面就不适宜。

悬浮元素也是组织空间的一种方式。一个要素无论是在一个空间内悬空，还是悬于相关空间之上，都会产生居住的可能；最直接的就是将悬浮要素之下的空间当作居住空间。在这种情况下，空间发生压缩或者膨胀，造成空间组织和顺序发生变化。人在悬空结构下移动，空间被压缩，比例相应缩减。人从悬空结构之下走出来时，空间膨胀，比例相应扩大。如果从膨胀空间移动到压缩空间，然后再返回，也会造成空间类型与空间排列的变化。相对于膨胀空间而言，压缩空间内会有什么规划呢？能否利用空间顺序发生的变化来促进更大规模的转化或是提供相遇的场所吗？

还有一个问题就是，悬浮元素的本质问题。它可以是为了控制以上提到的问题而悬浮，它也可能本身就是一个空间，融合了其他规划类型和居住可能性。这迫使人们不得不考虑如何从悬浮结构下部移动到其内部。所有这些问题都反映了空间与形式的组织构成与运转的决策。作为一种制作方法，悬浮可以体现设计意图，主导设计理念。

* 参见“隐没”一节。

图 1.74　图片中央的垂直结构略微悬空于模型的底部上方。底部与该结构中间的薄片使它与周围其他要素区别开来。　学生：格蕾丝·戴维斯（Grace Davis）　点评：史蒂芬·加里森　院校：玛丽伍德大学

图 1.75　此例通过悬浮的方法将空间区分开来。图片中央的结构有一个悬浮其上的结构与之对应。于是，上下两个结构之间构成一个空间，相比于周围空间，该空间很小。学生：莱恩·博格丹　点评：詹姆斯·埃克勒　院校：玛丽伍德大学

合成 SYNTHESIS

将各个部分统一成整体的过程。

整合为建筑生成带来的可能性

Generative Possibilities in Combination

一位建筑师刚刚收到一份加建方案，对此他十分兴奋。一对夫妇购买了一栋年代久远的住宅，邀请他在此基础上加建一部分，使其在保持原有结构特点的同时，更加符合他们的需求。然而在设计开始之前，他首先得对当前房子的状况进行深入研究。

建筑师首先分析场地，并将其拆分为多个研究类别：尺寸、地形、现有场地特点及周边建筑和公共通道等。这个加建部分也要与房子现有的空间组织相呼应，所以他也分析了流线、规划和私密程度。鉴于加建部分必须有效适应环境，因此他从光照、太阳方位和气候等几方面展开分析。这些研究使他能够通过合成的方式形成设计策略。合成的成果就是一张示意图，将从各个研究中获得的信息整合进一个空间组织内。然后根据这个示意图制定流程图和模型。

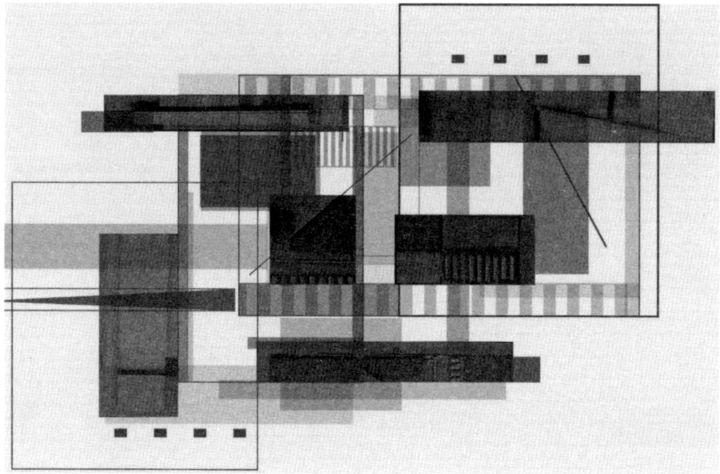

图 1.76　合成是将各种信息或者媒介整合成一个单一的完整的构想或者文件。上图将模型图片与数码图合成在一起。　学生：雷切尔·莫梅尼（Rachel Momenee）　点评：约翰·亨弗里斯　院校：迈阿密大学

合成是一种提炼，在此过程中，设计师将不同的信息整合成一个单一的、复杂整体。在合成过程中，研究各个孤立的信息，研究它们如何互相产生影响。合成过程又是如何生成结果的呢？是如何产生信息的呢？如何产生设计的呢？

合成的第一步是辨识先前已经研究过的或者已经记录的各相关部分。将这些合成为一个要素，就可以研究它们之间相互影响的方式。当合成成为研究的一部分时，设计师就能够再次重复项目，在不同系统的关系中解释新信息。

图1.77　此例将地图、平面图和图像合成起来，成为记录旅行见闻的方式。　学生：凯尔·科伯恩　点评：约翰·亨弗里斯　院校：迈阿密大学

通过合成，设计师可以将在研究或分析中获得的数据运用到设计过程中。正是这种运用推动了检验和重复。通过检验为实现共同设计目标而整合在一起的各个部分，来衡量形式或者空间组织成功与否。

* 参见“分析”一节。

转变 TRANSFORM

激烈地改变形式特点；
造成实体与功能上的区别。

改变为建筑生成带来的可能性
Generative Possibilities in Alteration

锯片切割金属板，碎屑飞溅。最终会从金属板上完整地切下一块，留下一个方洞。多次重复这一过程。切割出的每个洞的大小和朝向不同，但是切割过程是一样的。

波纹金属本身结实坚硬，可以沿着平行于皱褶的接缝朝一个方向弯折。有的时候切割的金属片没有完全折断取下，而是弯起来，像百叶窗的叶片一样使光线按照一定的方向射入。

最后切下来的板片以新的朝向重新安装上去，将板片悬吊起来遮蔽金属板上的开洞，并且给开口装上木框，从而柔化剪切过的金属板锐利的边沿。

曾经的钢铁集装箱现在变成了一个凉亭。许多经改装的集装箱放置在公园内。集装箱里摆上桌椅，人们有时会在这里歇息就餐。有的时候人们需要隐蔽所，躲避酷热的阳光或是意料之外的降雨。

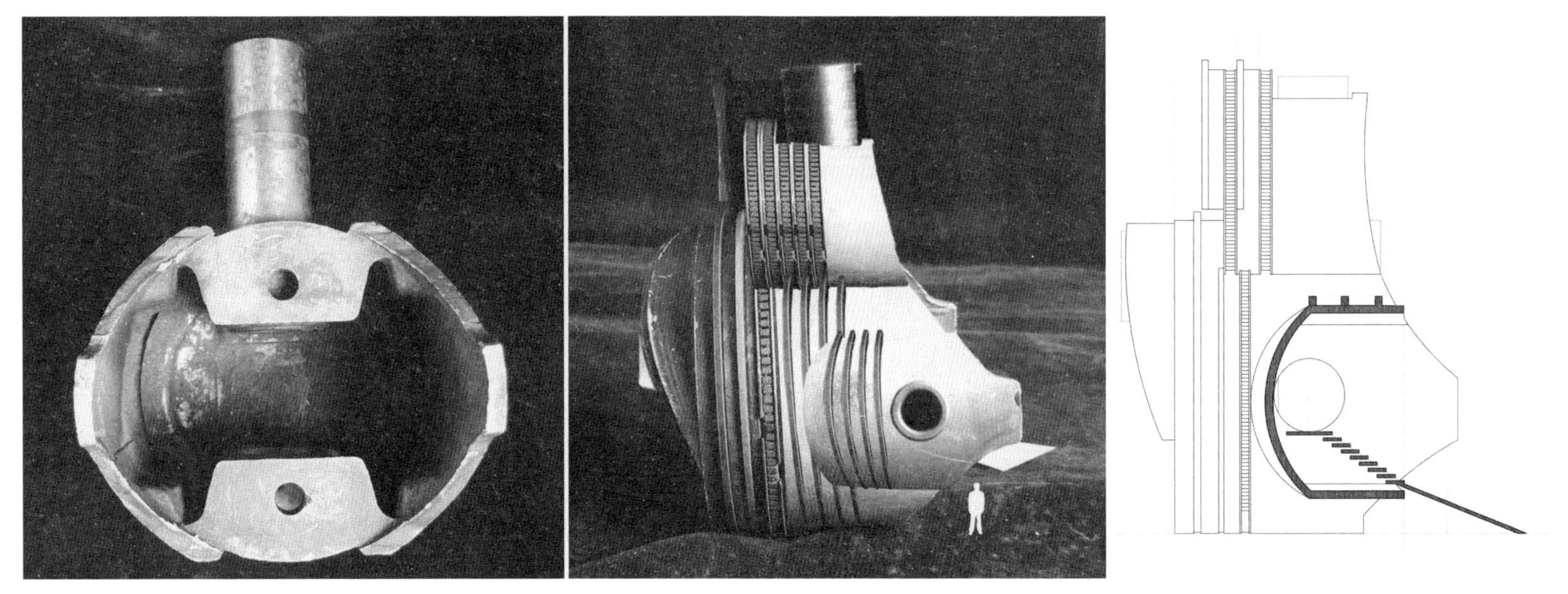

图 1.78　此例反映了通过重复过程表现出的形式与空间的逐步转变。练习从一件现成的物件开始，设计者把它转化成一件空间构筑物。　学生：乔吉·吉布尼（Joe Gibney）点评：詹姆斯·埃克勒　院校：玛丽伍德大学

转变是使一个元素在形式或功能上发生改变的过程。变化的元素保留了原始形式的基本特点，这与那种主体被取代的过程不同。如果转变进一步延伸到完全再创造，这个过程就是取代而不是转变了，因为不再留存任何原始形式的痕迹。

实体转变中形式特点是可控的。布局特征可能发生转变，从而影响要素间的空间与形式关系。整体特征发生转变，就是去影响空间特质或是接合点引导空间的能力。

功能的转变中要素发生改变，是为了影响空间中要素的运作方式。功能转变可能是过程或者形式运作的结果。就过程而言，空间规划或者说是居民占据空间的方式，可能通过对其实体特质的微妙操控实现转变。这种情况下，功能的改变意味着重新分配建筑目标，划定了思考运作空间与形式的范围，从而服务于新建设目标。然而，功能的转变也是形式的力学条件。移动各组成部分，或是对实体重新配置的依赖，可能是制成、组织或规划空间的策略。穿过空间的平面可以划分或是整合空间，这取决于平面的位置。活动百叶窗可针对空间中的不同情况遮光或者滤光。形式上的操控反映了建筑设计的意图，可以积极满足多种用途，服务于不同的用途条件，例如比例、顺序、经历或环境。

设计元素的转变如何影响设计意图呢？转变作为实际操控行为如何影响构思空间的方式？转变是设计过程的关键组成部分，通常是重复的结果。元素经过不同的过程阶段实现转变，是设计开发的主要媒介，对决策加以检验，使建筑实现转变以更好地满足设计标准。通过过程演进不仅决定设计的实体方面，而且决定了设计意图。作为重复的功能，转变是发现的媒介。当设计中发现了未预料的情况，便能想出新思路，取代曾推动过程发展的旧思路。伴随设计运作的变化，设计意图也可能获得推进。

分类 / 类型 TYPE

在拥有一组共同特点的基础上联合、组群及分类；
具体化或典型的例子；
用于说明某些特点的一般模型。

组群为建筑生成带来的可能性
Generative Possibilities in Grouping

这个项目十分复杂，包含多种空间和用途。该建筑所承担的规划责任众多，组织布局十分困难。

设计师使用类型学作为克服这些困难的策略，将不同的项目拆分成更加普遍的类型。她通过将空间分类来整理这个方案，使用类型学将庞杂的空间特点和规划缩减为普通的空间特质与规划方案。这些空间与功能的群组成为整个方案最基础的组成要素。

给某个设计要素归类就是根据某些特点判断其与其他要素相同或是不同。这个过程允许两个要素之间，会先于任何空间组织或者组合，产生联系。设计师能够根据一些要素的类型特点发现可能不止一种联系。类型学是如何影响设计过程或者设计思维的呢？对某事归类又是如何能够产生新设计构想的呢？

类型学辅助设计过程的一种方法是通过利用有代表性的语言。整个建设过程保持语言的一致性有助于理解空间。此外，一致性可以更好地使设计师评估设计的各个方面并做出改变。要素的类型可以决定它的生成方式，这是设计意图最直接的表达。比如类型学可能会要求以相似的方式生成相似的物质。语言的一致性提供了一个通用标准，可以衡量不同的空间条件，而且有助于设计中各个部分之间关系的发展。理解一个设计中不同要素间的关系是进行试验的前提，因为这些类型可以进行反复安排。反复安排的过程结果就是产生有关空间组织的新想法。

按照类型将各个要素进行组群分类也可以是更为复杂的组织策略的前奏。组织排布各种类型要早于在空间内形成具体细节。最终的方案可以加深对于不同空间之间如何在组织上与功能上相互影响的理解。这种理解是重复的媒介，不同的方案在过程的初始阶段就被加以检验。最终，将会出现可以指导组织决策的模式：一种根植于类型学的组织策略。

2. 组织与秩序术语

TERMS OF ORGANIZATION AND ORDERING

学生：芮妮·马丁（Renee Martin）　点评：约翰·亨弗里斯　院校：迈阿密大学

锚固点 ANCHOR

用于支撑或稳定的点；
组织等级中的要点。

焦点为建筑生成带来的可能性
Generative Possibilities of a Focal Point

镇上举办集市了，你知道今年会很好玩，因为组织方几个月来都在宣传一种新的游乐设施。一到那里你就排队买票，你看到那个新设施比其他游乐设施都更显眼；它在娱乐场的另一边。一旦买了票，你就会忽略其他游乐设施、摊贩和游戏，直奔新增的那个目标而去。

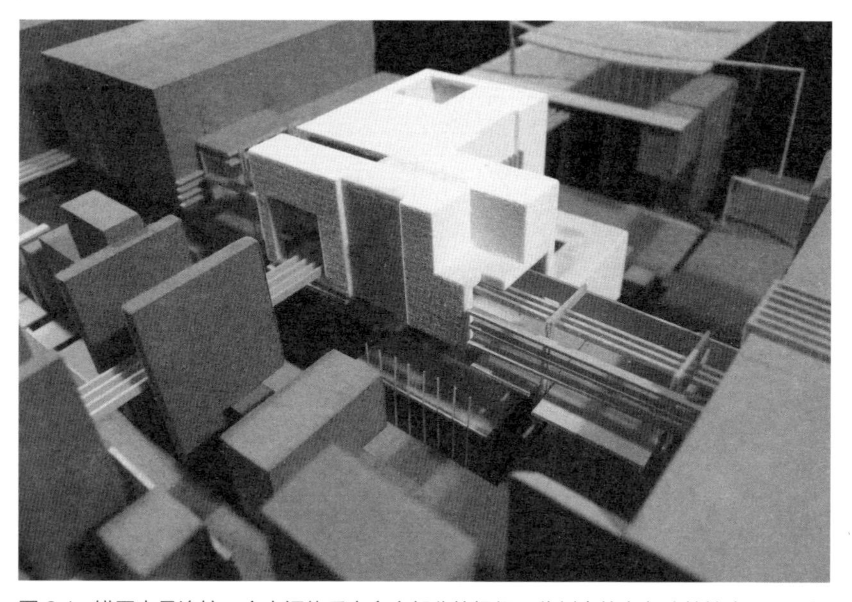

图 2.1　锚固点是连接一个空间体系中多个部分的枢纽。此例中的白色建筑接合了周围其他空间组件的延伸部分，给它们重新定向，并用它们来定义自己的空间特点。如果移除这个建筑，这个模型就是一些毫无关联成分的集合而已。实际上，白色建筑是锚定这个方案的主件；其他成分都依靠它来定义它们在整体中的作用。　学生：戴维·伯恩温克尔　点评：詹姆斯·埃克勒　院校：辛辛那提大学

无论你在哪儿，视线都能越过其他设施看到新设施的一角，听到它运转时的响动，或者找到引向目标的便捷标志。似乎无论你走到哪儿，都会不知不觉地走到新设施那里去。一路上，很多吸引人的设施和让人分散注意力的事物让你偏离原来的路线：其他设施吸引了你的眼球，或者赢取奖品的欲望促使你去玩嘉年华游戏……但所有这些都赶不及那个最吸引人的游乐设施，也就是整个娱乐场里的锚固点。

任何组织结构都依靠层级结构的建立；一些组件比其他组件更重要。层级结构决定设计组件的排布以及它们之间存在的关系。假如一个作为锚固点的组件是方案中的主体，那么围绕它的其他要素可以怎样组织呢？组织一个方案时，可以采取多种方式运用锚固点。它可以是一个组织中的突出点（如叙述性文本中的图解），它也可以定义组织本身的模式（比如放射状结构中的核心或线性结构中的终端）。

叙述中提到的集市娱乐场、普通的购物中心或者其他建筑要素的集合都能运用也通常利用锚固点来定义组织的体系。甚至在市镇中市镇广场都可以看作周围商业区或住宅区的锚固点。这些不同的用法会对作为锚固点的建筑模块产生广泛的影响。设计者面临的挑战就是用锚固点去发展其他组件之间的关系。术语“锚固点”所蕴含的生成可能性与这个问题有关，这一要素如何协调其他几个关联组件之间的关系呢？

图2.2 在此方案中，有一个中心空间，其他空间都围绕它来组织。道路通向它，在一系列支架和屏风中，形式定义了它是中心。该核心作为方案的主件被突出。因此，它作为一个组织的锚固点，也可能是结构装置。 学生：莱斯特维恩·贝弗利（LeStavian Beverly） 点评：蒂姆·海斯 院校：路易斯安那理工大学

不规则 ANOMALY

反常或不一致；
偏离了规则，或是异于、打断、中断某种模式的东西。

不规则为建筑生成带来的可能性
Generative Possibilities in Abnormality

一位女士来到一栋楼前，楼的立面划分成五个相同的开间。左起三个开间每个都有一扇单独的大窗户，使这三个开间完全相同。最右边的开间是空的，主入口在右起第二个开间。

她走了进去。对应于立面五开间的标准直角网格用于组织建筑的内部空间。墙体和柱子沿着网格线分布，使网格布局更为鲜明。每根柱子都位于与地板相接的垂直网格线的交点处。墙体位于那些交叉点的末端或转弯处。外墙上的窗户以规则的间隔开出，这些间隔是由网格结构决定的。除了一个组件，其他一切都依靠这个网格。

在她进来的左前方，这位女士看到了一个盒子，是用与其他结构不同的材料建成的。它大约以60°角偏离了网格，比结构中的其他部分高出大

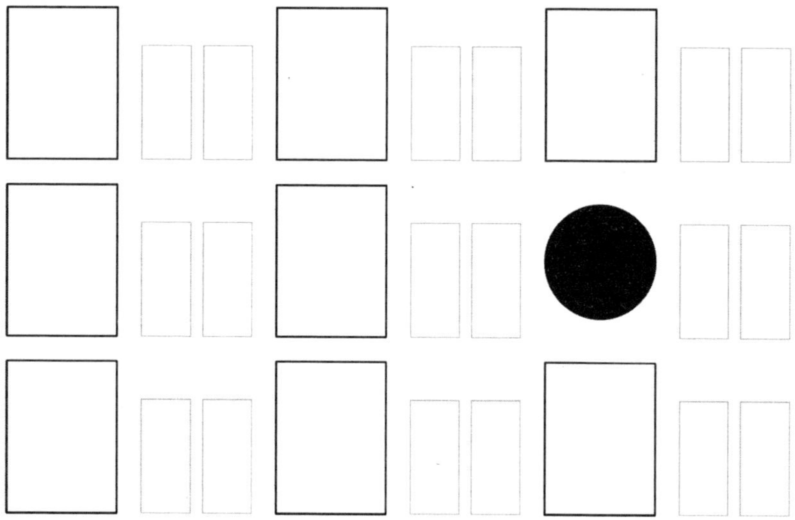

图 2.3 不规则是建成模式中的孤立变化。通过突出一个要素，它能帮助建立起层级结构，也可以是一种中断，切断组件间的联系或是改变系统运作的方式。

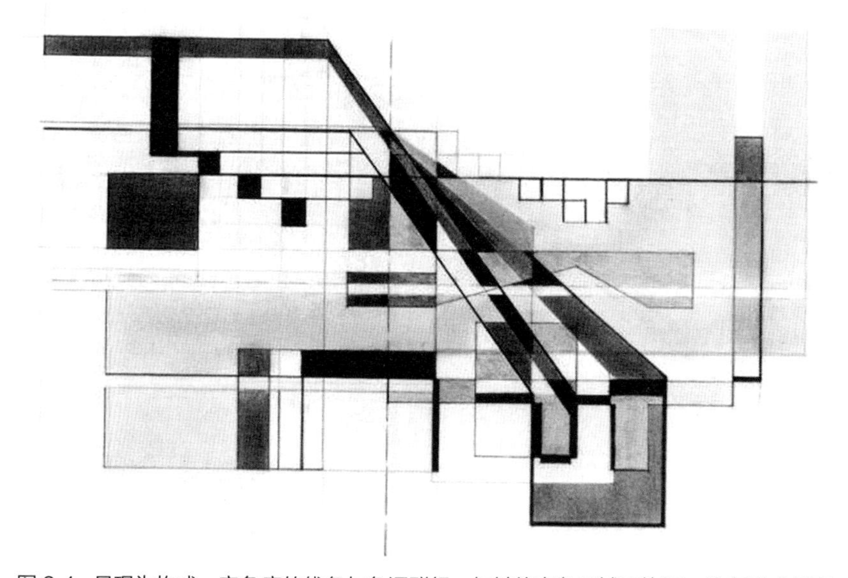

图 2.4 呈现为构成一定角度的线条与色调群组，与其他直角区域不协调。这在形成角度的要素群组与它们穿过的要素之间形成对比，突出显示了在绘图的层级结构中形成角度的要素是主角。 学生：安吉尔·奥尔蒂斯（Angel Ortiz） 点评：杰森·托尔斯 院校：瓦伦西亚社区学院

约 10 英尺。进入这个空间需要爬台阶，台阶建在建筑的地面上。不规则的空间造就了整个结构的主空间，这里也是她的目的地。

如果不规则违背了设计规则或标准，那应该如何运用才不会破坏设计呢？不规则是有意地偏离了支配设计的规则、惯例或规范。让一个要素不同于周围环境中的一切，是明确突出这种要素的最好设计方案。不规则因素因其与规范的不同而被赋予主导地位。然而在多数情况下，无论是否有意为之，不规则都被认为是主导要素。因此，它也能破坏设计的清晰性。

比如，如果设计的一项无关紧要的部件被单独用作了不规则实体，那么除了令人迷惑之外它基本没什么用了。设计使用不规则作为建立要素层级结构的策略时，设计者必须首先设定不规则所要偏离的标准。设计中确立的规范是什么？哪些要素非常重要，允许存在超出规范的例外情况吗？如何在不完全改变已有设计策略的前提下，创造例外？

另一个需要考虑的是数量。在一个设计中可以出现多少不规则现象，才会丢失原始标准或成为不一致呢？不规则的成功之处在于，它不寻常，让人轻易就能看出不同。

图 2.5　项目中，改变材料、构建工艺或几何形状都能造成不规则。它吸引人们去特别注意那种要素。此例中，通过右下方堆叠的三角形材料和几何形状的变化来建立对比，起到划分项目内部区域的作用。　学生：格蕾丝·戴维斯　点评：史蒂芬·加里森　院校：玛丽伍德大学

图 2.6　钢丝结构中悬挂的物体是通过改变形式和透光度建立起来的不规则物件的实例。物件的曲线形状立刻吸引了人们的注意。物件的不透明性和感知重量，与相对透明的钢丝结构相比，确立了它是方案的主要组件。　学生：约翰·道尔（John Dauer）　点评：蒂姆·海斯　院校：路易斯安那理工大学

排列 ARRANGE

整理要素；

根据相互关系放置要素。

组织逻辑为建筑生成带来的可能性

Generative Possibilities in Organizational Logic

每当城镇上举办集市的时候，小贩都会在市镇广场上搭起临时摊位。那是一片大面积铺地的公共空间，两侧有建筑物。每个小贩的位置都是按照预定的位置仔细安排好的。摊位的排列方式决定了顾客的流通及小贩的方位。每个摊位都有面向道路的显眼立面和紧靠邻近摊位的显眼背面。开市前，小贩会为要兜售的物品选择最有利的地点。这种安排会带来精心设计的移动模式和一系列相遇。

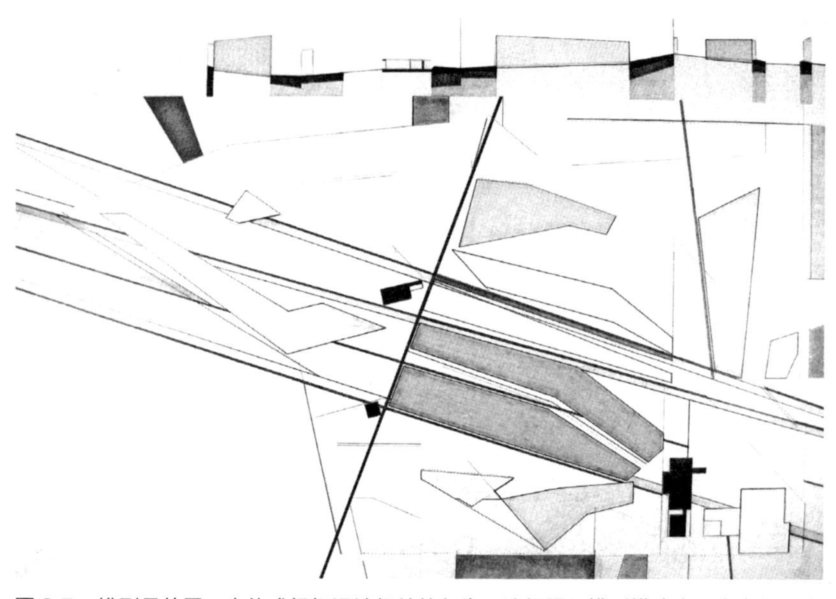

图 2.7　排列是放置、定位或组织设计组件的行为。这幅图用排列模式来研究在场景中展开方案的可能性。图中，根据规划方案、交通及交叉点的设置，来理解并强调场地的各个区域。　学生：内特·哈米特（Nate Hammitt）　点评：詹姆斯·埃克勒　院校：辛辛那提大学

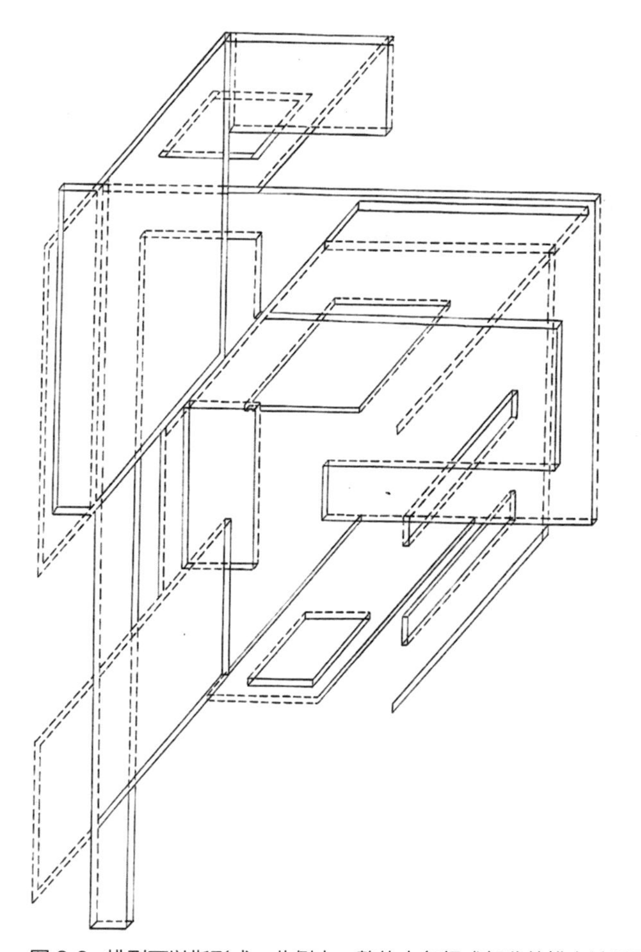

图 2.8　排列可以指形式。此例中，整体中各组成部分的排布被用于创造空间。　学生：崔智慧（Jihye Choi）　点评：米拉格罗斯·津戈尼　院校：亚利桑那州立大学

每个设计过程都包含有排列行为。排列可以是相互关联空间的位置，或空间中物件的定位。排列指的是一种组织策略。而组织策略又是如何影响物件和空间的排列呢？任何设计的组织策略都确定了组件之间的关系意图。排列行为测试了该意图的各种可能性。通过组群或联合、定位、接近或均衡等方法，在形式或空间之间建立起了关系。通过排布空间，设计者不仅能够决定那些空间之间的关系，也决定了它们的排列顺序。

排列能以一种模式呈现。排列的模式是一种组织策略。可从五种组织类型当中选一个或者混合使用几种类型。

设计的实体结构或要素也可用于定义排列。它们是设计的组件，定义了项目方案中多种要素间的关系——空间、形式、功能等。这些材料是连接其他部分并给它们排序的手段。障碍是将这些部分划分开或分隔开的方式。设计中联系多种组件的任何要素都是组织要素——是一种决定排列的结构。

图2.9 排列也可指空间的组织。此例中，它是一个开放区域周围空间的安排。 学生：乔治·法布尔 点评：詹姆斯·埃克勒 院校：辛辛那提大学

关联 / 联系　ASSOCIATE

结合或组群；
关联：通过结合或组群建立起的关系。

设计关系为建筑生成带来的可能性
Generative Possibilities in Designed Relationships

航班着陆了，你提着包站在问讯处前。在飞机上你想起来忘记预订酒店，所以你在寻找最后的办法。唯一还能入住的房间在与机场相连的酒店里。酒店并不属于机场，但在机场附近，全天有班车往来。最终你订好了房间，登上了直达酒店的班车。一到那儿，你就发现酒店有个大型空间，从大厅延伸到大街上。那个延伸出的建筑里有小咖啡馆、餐馆、旅游商品店。它们都不是酒店经营的，但通过与大厅相连，与酒店联系了起来。

为什么设计需要将要素关联起来呢？要素的关联是一种关系，使设计者能够将组件分组或分类。这种组织方法可以运用一致的形式或空间语言。通过关联或不关联这些组件，得以确认它们之间的相似和相异。另外，实体的或隐含的联系是一种组织工具，定义了一种形式或空间最重要的特点。它将那些特点用作确定相似或相异的基准，从而传达出了其重要性。

怎样设计一种关联关系呢？设计的可能性既可有形也可无形。两种相似事物之间的联系可以是实体的或隐含的。关联可以基于设定好的特点来确立，也可基于功能上的相似性来确立，这些相似性将不同空间分到一起，这样的关联就是隐含型关联。通过空间或形式结构的相似性，可以将空间或形式联系起来，这种关联就是实体型关联。

形式或空间的哪些方面能将组件群聚或联系起来呢？形式或空间的相似性是通过隐含型关联（比如美学相似性），还是通过实体型关联（比如利用空间的接合创造要素间的交叉）能更好地表达呢？

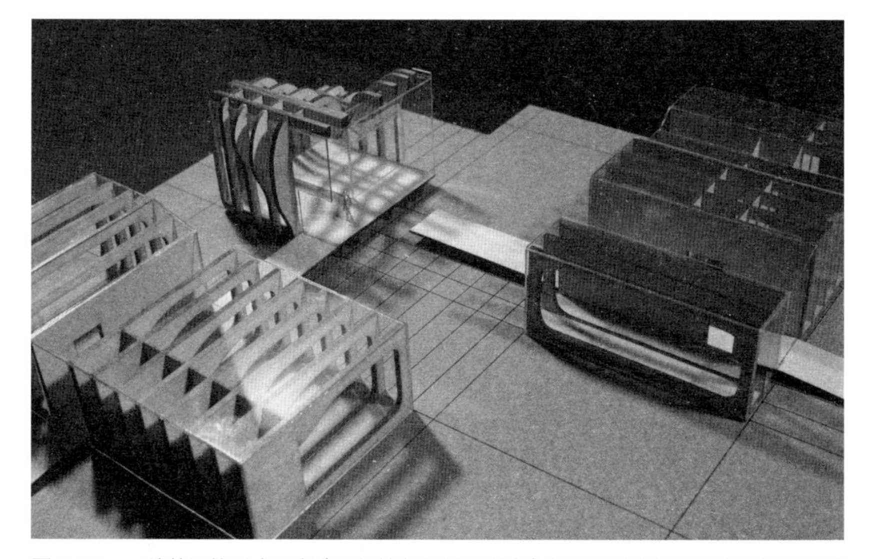

图 2.10　一种共同的形式语言（平行棱条和透明表皮）将不同的建筑空间联系起来构成此方案。组织上，它们通过带标记的网格相关联，网格决定了它们的相互位置。这种关联提供了一致性，使其易于理解。　学生：科里·科扎尔斯基（Corey Koczarski）　点评：瓦莱丽·奥古斯丁　院校：南加利福尼亚大学

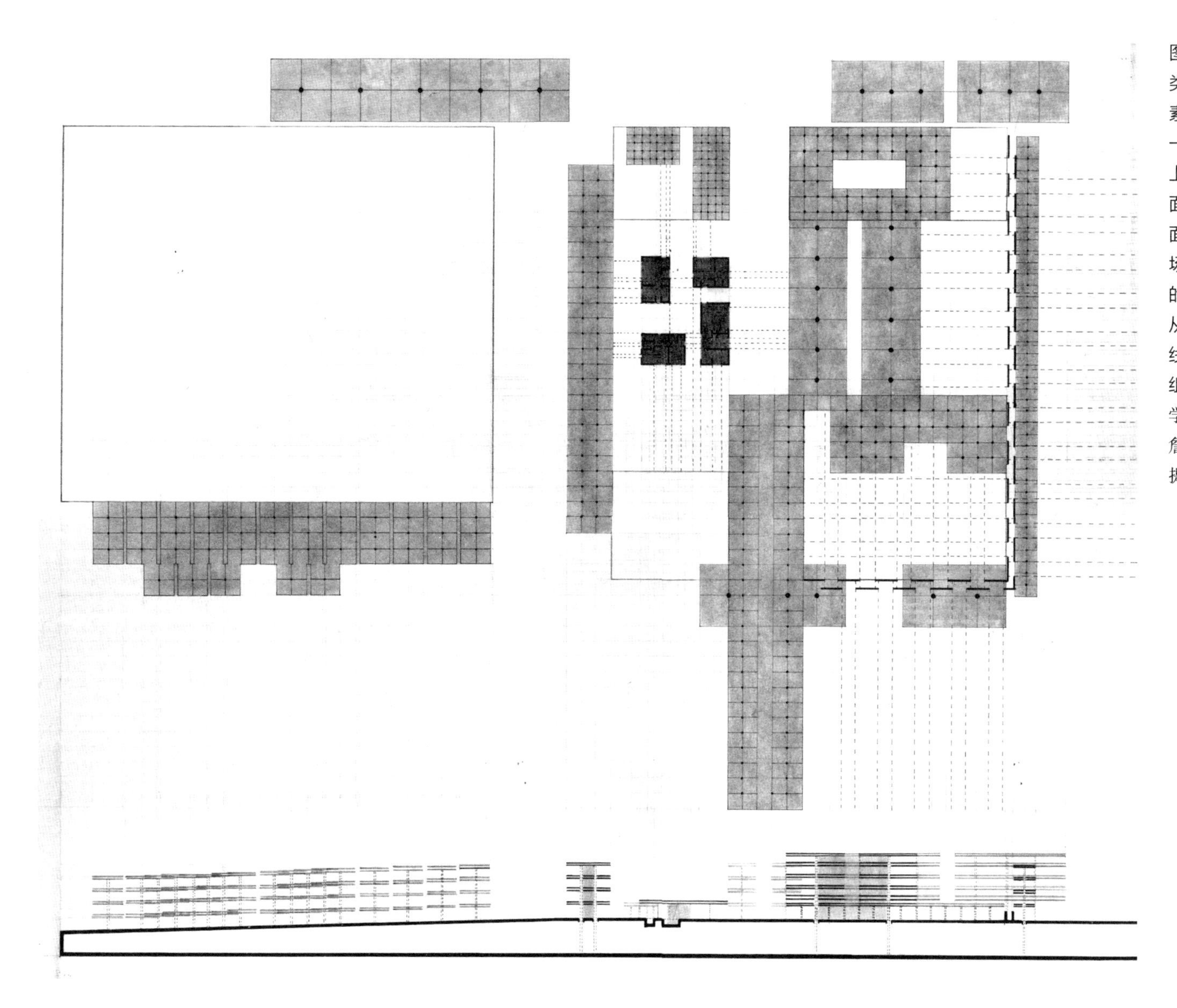

图 2.11　关联描述要素群聚、分类或相互联系的特点。此例中，要素间的关联以多种方式呈现。这是一张场地的平面和剖面分解图。图上的位置让人能同时在平面和剖面上读出特点。通过组织布局，剖面与平面联系起来。分析中发现，场地中分布了一系列要素。相似的要素使用相似的图形语言呈现，从而将它们联系起来。通过用浅虚线连接对齐的物体，显示出在一个组织网格结构中联系起来的要素。学生：布列塔尼·丹宁　点评：詹姆斯·埃克勒　院校：辛辛那提大学

轴线 AXIS

用于联系起不同部分的中心线；
排列物体或空间的准线。

准线为建筑生成带来的可能性
Generative Possibilities of Alignment

街道排布并不符合典型的城市网格模式，而是成斜角。所以，很多相邻的街区是楔形的。汽车和行人通行的大道总是拥挤不堪。它与其他大街相交的地方，都设置了圆形交叉路口。每个圆环路口都矗立着历史纪念碑或市民成就纪念碑。如此，大道从城市一端延伸至另一端，一端是博物馆，另一端是政府建筑楼群。

站在一个可供观光瞭望的纪念碑顶端，可以看见几种景象。其一是与其他街道相比，这条街道是平直的：尽管大部分街道都大致遵循网格模式，但通常有些弯曲，以配合地形或其他已有特点。从一个特定的位置去观察，每个纪念碑都整齐地排成一行；那就是确定了轴线的准线。

通过精确地排列纪念碑，博物馆与政府大楼连接起来。博物馆的主入口就在轴线上。类似地，政府大楼围绕着一个庭院，院子中心也在轴线上。

轴线是校准和联系的简单方法。它可以规模很小，也可以像以上叙述的那样规模很大。轴线只是一条直线，无论是实体的或概念上的，都可以在更大的环境中连接、组织、引导多种部件和组成部分。轴线是如何生成设计的呢？在设计过程中如何有效运用轴线？轴线简单的概念使其能在广泛的环境下用于设计。轴线可用于形成特定的视野景象，为所要创造或定向的空间构建体验意图。轴线也可以用来联系起多种成分；可以是一条路径、一个结构或只是视线基准。在此情况下，轴线作为一种组织策略，是便于设计和概念过程的工具。它本身也可以是一个组织结构，正如我们在前文叙述中看到的，它引导了设计中要素的组织布局。

针对设计的过程与工艺，轴线有多种运用方法，但它的用法反映了设计者的个人选择。在设计中使用轴线，就会产生一种内在的线性特质。有了这样的理解，用轴线就会牵涉几个问题。除了是一条假想的线，轴线还能是什么？由视线产生的轴线可以用来生成一个方案；它也可以是一条将一个要素连接到另一个的路径。存在多种用途的可能，而使用轴线带来的设计挑战之一，就是理解这个组织体系的实体含义和空间含义。

图 2.12　轴线是连接两个主要焦点的直线。此例中，基地构建是使用轴线将位于地块一端的规划区域（左侧的黑色部分）和另一端的建筑入口（从黑色矩形的后部将其与轴线连接）连接起来。这提供了一种组织要素，方案中的其他设计要素都沿着它分布。　学生：莱拉・阿马尔　点评：詹姆斯・埃克勒　院校：辛辛那提大学

怎样沿轴线分布要素呢？轴线是用于排列相似组件的，还是围绕中心安排要素的组织手段？轴线是有形地切分、穿插组件，还是提供一条共同的主线，将组件置于其上或附近？轴线是创造要素的对称，还是要素的不均衡？每个问题都指明了使用轴线可以创造空间和形式，每个问题也可用来考虑将轴线的使用作为设计的手段以及明确在已有设计中轴线的不同应用方式。

图 2.13　图像中的轴线是由穿过校准线的对比色调产生的（校准线作为轴线从左上方到右下方）。要素沿轴线两侧分布，呈现出一种平衡的组织布局。　学生：佚名　点评：杰森·托尔斯　院校：瓦伦西亚社区学院

图 2.14　除了应用于大规模建筑工地，轴线也可在小尺度的空间结构中支配空间关系和空间分布。此例中，孔径创造了焦点，而入口制造了另一个焦点。这种视觉联系可以通过空间建立起移动模式或移动顺序，也可以在组织模式中定义方向。　学生：尼克·鲁瑟　点评：詹姆斯·埃克勒　院校：玛丽伍德大学

边界 BOUNDARY

标明界线的边缘；
界定一个区域区别于另一区域的边缘。

定义界线为建筑生成带来的可能性

Generative Possibilities in Defining a Limit

这片草地一直延伸至远处的一排树木。这片地实际上是属于多位农民的几个牧场。一道栅栏横跨草地将牧场分隔开，也将畜群分隔开。沿着整道栅栏，每隔一段距离就装设有栅栏门，让农民可以去其他牧场帮忙或找回走散的牲畜。栅栏不仅将草地分成了几个牧场，也标明了不同领地之间的界线。栅栏是区域间的边界，也是划分各个牧场的要素。

在中世纪英语中，boune 指的是用于划定领地或边界的石头标记。现在，“边界”（boundary）这个词有几种微妙不同的含义，对设计很有价值。正如其词源所暗示的，边界可以是两个区域之间的分界线。在更小的规模尺度上，边界可以是一条分隔线，或是一些用于分隔的设施。然而，它也可以指被划分之物，在这种情况下（从空间角度和组织角度来说），边界是约束性要素——是一种周界（perimeter）。周界和边界的不同在于，边界表明在边界之外还有延续，边界是用于分开区域的。相反，周界仅指一个区域的界限，而不牵涉周界之外的任何东西。边缘（edge）也不同，它意味着对一个区域的限制，而不涉及该界限之外的任何东西；而边界是一种清楚的分隔线。由于这些微妙的区别，边界应用于设计过程时可能具有复杂的含义。

边界的应用给设计过程带来了哪些机会呢？怎样应用它才能创造空间，而不是作为其他设计理念的结果？任何有助于定义相互关联区域的组件构成了边界。边界可用于在一栋楼中标注出不同空间，正如它可以在景观中勾勒出地区的轮廓。边界可以是实体的分隔结构，也可以是隐含的边缘。所有这些不同都有两种共性。作为定义或分隔的要素，边界在两

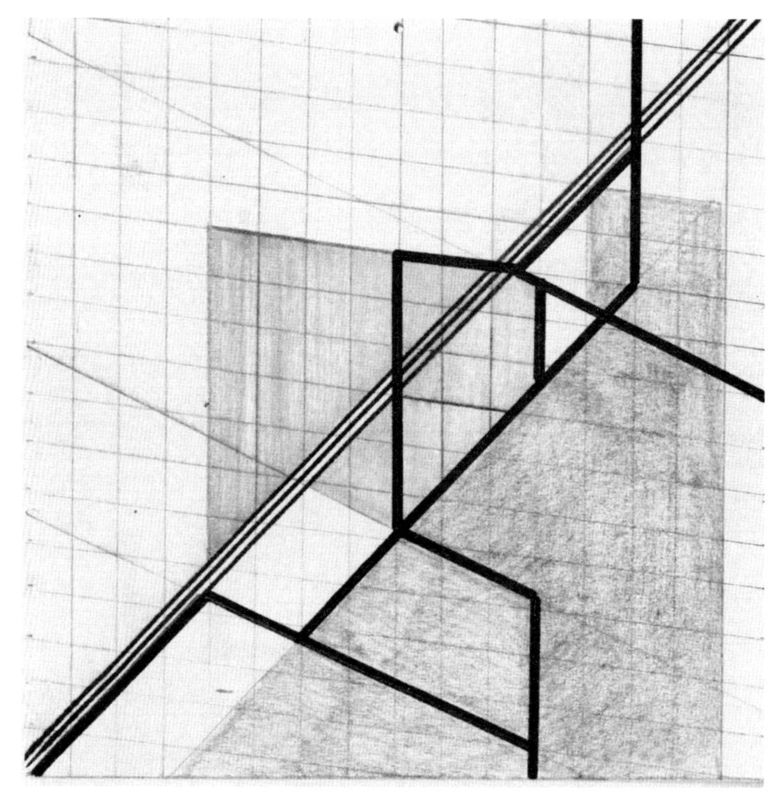

图 2.15　此示意图中，学生探索了各类场地设计方案中可能的地块组织结构。不同系统的重叠创造了边界，它们将不同区域分隔开，为建筑上的交叉提供了机会。　学生：德里克·杰罗姆　点评：詹姆斯·埃克勒　院校：辛辛那提大学

个区域间创造了一种设计关系。边界暗示了多个区域，也暗示了一种通路——某种穿越的途径。即使通过分隔，边界将至少两个空间区别开，它也通过过渡连接起那些空间。

作为一种组织手段，边界属于生成性的，它具有定义空间关系和体验过渡的能力。空间或区域间的关系可通过设计意图建立起来，也可通过边界的实体属性反映出来。边界可能较厚，以突出空间之间的不同。边界也许是渗透性的，让人们能有更多机会穿行，从而强化了空间之间的关联。或许巧妙地暗示了在不牺牲空间延续性的情况下，一种对领域的理解。

从组织方面而言，边界可用于明确更大背景下的组织与定位问题。在整个设计过程中，边界可指导方案规划的考量。空间或组织的边界功能，可通过设计意图建立起来，并在反复的过程中，用作创造空间和形式的评估标准。

* 参见“边缘”一节。

图 2.16　此浮雕模型中，凹陷区域定义了一个包含设计结构的边界。边界确定了要修建的场所，但这些边界不是绝对的。右边有一个边界被穿过的点，形成了构筑物之间的连接位置。　学生：布列塔尼·德·邓斯（Brittany DeDunes）　点评：蒂姆·海斯　院校：路易斯安那理工大学

环路 CIRCUIT

围绕中心区域移动或将中心区域围护起来的环形线；
循环路径，或由这条路确定的区域；
目的地外围的迂回路径，通常线路较长。

设计环路为建筑生成带来的可能性

Generative Possibilities in Designing the Way Around

房子坐落在一个大庄园的中央，它在这里已经矗立了很久，如今吸引了众多游客来到环绕着它的历史名园。在这所房子里，有人愿意与大家分享庄园的信息，或是充当向导。

通向房屋的碎石路上有一处交叉点。人们可以继续径直走进房屋，或是走一条迂回的小路穿过一些花园。她选择绕过主道，走花园里的小路。在花园的小路上，她看到布置有很多植物，遇到了许多不同布置的植物、休憩区和雕塑喷泉。偶尔会有一个标语牌，标示着稀有植物的品种。

没多久她来到房前，是通过迂回的小路到那儿的。与她同行的其他人在屋里跟向导说话。他们选择了走直路。

环路是一种外围的或间接的移动模式，特指围绕某物的移动模式。如果环路特指移动，那它怎么又是一种组织手段呢？如果它仅限于周边外围，那如何用来创造空间呢？环路是一个同时涉及了组织与规划方面的概念。它是一种组织策略，定义了要素的外围，因而创造了区域。它是规划性的（是潜在的创造空间策略），属于环路的构建方式。

作为一种组织结构，它被认为包含一个区域。这样，环路指出了边界——即确定了作为循环廊道所需的边界。除了用于移动，环路也指明了影响设计的区域。环路不只是移动，它是朝向某个目标的间接移动。环路取决于目标终点。目标作焦点，环路是外围边缘，其间形成了受中央设计影响的区域。作为边界，环路另一边的区域不受焦点目标的直接影响。这些运作技巧是周围环境场地中设计组织关系的手段。

图 2.17 这个空间结构被嵌套在场地的凹陷区域。进入的路径采用的是环绕凹陷圆周的环形路，而不是通向入口的直线。 学生：莱拉·阿马尔 点评：詹姆斯·埃克勒 院校：辛辛那提大学

道路和路线的规划考量直接优先于创造空间。如果环路是通向目的地的间接路径，那么这种延长的路径必然会产生体验上或空间上的结果。环路可以创造一种接近仪式，使人们做好到达目的地的准备。沿路也许有一系列事件发生，也许路径本身就提供了从一种周边环境逐渐到目的地环境的空间过渡。无论环路的规划方案特征为何，它都是有目的地创造空间的结果。

图 2.18　此研究模型的特点是有一对交叉的组件，空间和组合都围绕那个交叉点分布。一个支架在右边环绕这个复合物。如果将这个支架组件环绕中央交叉区的方式，看作一条潜在的路径或其他空间结构而不是形式组合，那么它是典型的环路。　学生：萨曼莎·恩尼斯（Samantha Ennis）　点评：史蒂芬·加里森　院校：玛丽伍德大学

基准 DATUM

通常居中的线或面，作为一种组织手段加以使用：类似脊骨；
一种组织结构的主要要素；
一种线性设计组件，其他组件都从其延伸而出。

构建参照物为建筑生成带来的可能性
Generative Possibilities of a Constructed Reference

整个结构都建有墙体，有些地方墙与墙之间的距离很大，能容人站立。在那些地方，它就作为通道，连接起设计中的不同部分。

不同的空间沿墙体向另一侧延伸开来。墙上画线并做了标记，以反映控制那些空间大小的模度。根据模度原理，墙体的尺度、高度和厚度会有所不同。

为了从一个空间移动到下一个，必须穿过围墙，沿着墙游走，或者在有些情况下，走在墙里面。它为设计提供了主要的组织结构。在每个空间都有所呈现，控制了不同空间之间的大部分关系，也控制着空间内事物的大部分关系。它是基准，这个结构像脊柱一样连接并排列起设计项目中的其他要素。

在通常使用中，“基准”指的是一个事实或一条信息，是单一的**数据**。它与设计术语关系很小，起源于一个基准线或基准点的测量学术语。此后它一般作为一种组织要素被更广泛地使用，其特点是组织布局中的其他要素都围绕一个线性组件排列。它的功能类似于脊柱对于肋骨的作用：一种线性构筑物（脊柱）作为其延伸组件（肋骨）的参照物或结构。

建筑上，基准由线性成分、空间或组合构成，它在布局中组织着其他空间或形式。基准能以何种方式用作生成手段？它能在建筑过程或思考中发挥作用吗？准线可以是空间的、形式的、组织的。空间基准由排成一列的主要空间组成，或是从其他空间延伸而出，并与之相连的单一线性空间。而形式基准，即其中的一个物件或组合变成了一种集中式的线性结构，围绕它适当布置空间或形式。组织基准是一种表现形式，在更大

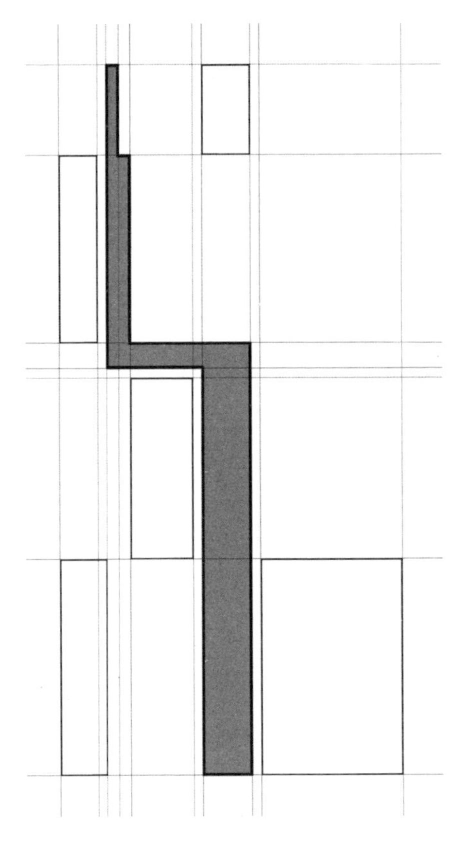

图 2.19　此图中，中央条形周围排列了几种要素。该条形的功能就是组织基准。沿着条形的不同边缘放置了一些要素。有一处除外，因为是转角处的内角。基准将每个要素合并成一个共同的组织体系。

的组织布局中用作基准线。

这几种基准中都有一种隐含的层级结构，其中基准组件是一级的，其他延伸组件是二级或三级。这种观点在本质上既是组织化的，又是分类的。可以运用过程赋予设计组件重要性，基准的功能可以成为主要部分的角色作用。那么这是一种在设计过程最初便使用的策略，更多明确的空间关系将在过程中出现。

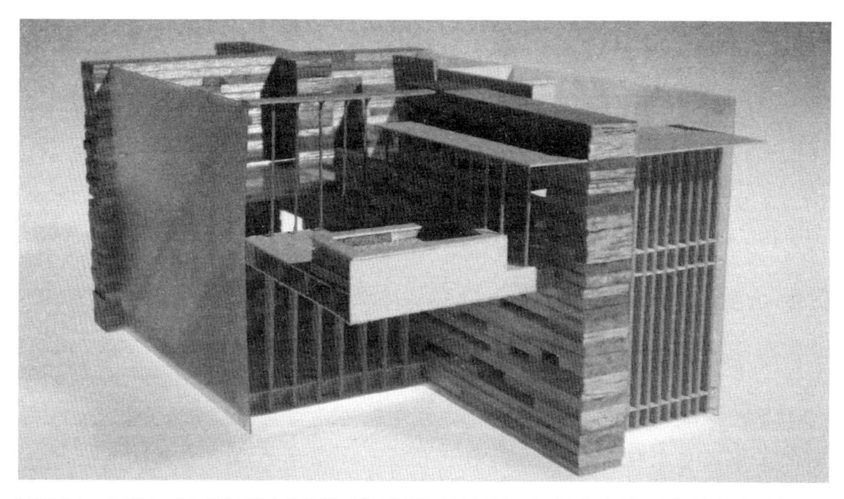

图2.21　此例中，根据规划基准墙将空间分隔。墙体被打穿，以便光线通过。墙体也被切分，在两侧的公共空间和私人空间之间创造出入口。　学生：杰夫·巴杰　点评：詹姆斯·埃克勒　院校：辛辛那提大学

图2.20　中央墙体的功能是基准线，在其两侧分布空间。选择适当位置贯穿墙体，为从一侧到另一侧的流线创造了条件，也为项目方案中的空间之间提供了联系。　学生：温德尔·蒙哥马利　点评：杰森·托尔斯　院校：瓦伦西亚社区学院

图2.22　此例中，基准线从空间结构中延伸出来，穿过建筑所在的区域。延伸出的部分沿着一条单线，与那些构成周围环境区域的各个区块的边缘关联起来。这使得空间组织排布的各方面与其周围环境条件排成了一行。　学生：玛丽—凯特·哈特（Mary-Kate Hart）　点评：詹姆斯·埃克勒　院校：玛丽伍德大学

描绘 DELINEATE

定义、勾勒或以图形方式展现。

标记为建筑生成带来的可能性

Generative Possibilities in Marking

大楼里有一个主要空间，其长度是宽度的两倍。这个空间很高，在一侧的二层楼上眺望仍可以看到它。这是为大型活动而设计的空间。成群的小贩定期来这里摆摊卖货。偶尔也有展览。空间一端有个咖啡厅，可供人们停下来吃午餐、喝咖啡。

空置的时候，房间一览无余。唯一的临时性设施是地板上的红线，描绘出了货摊的位置。永久性方案通过地板饰面材料的改变表现出来。抛光的石材变成了木料，以标示咖啡厅的领域范围。

描绘是标示出或以绘画形式定义出一个空间或区域。为了定义空间或区域之间的关系，标示出表面是一种组织行为。为了勾勒或定义而标记也是一种组织行为，因为那将一个区域与另一个分开了。描绘也可以是一种生成过程或沟通行为。如何将描绘用作一种组织手段呢？它在过程中的作用是什么？它如何帮助传达建筑理念？

做标记定义区域的行为遵循组织设计理念。正是由于标记的特点，描绘才可以确立空间与区域之间的复杂关系。尽管从本质上讲，描绘是绘图性质的，但它可以成为更大的衔接策略的组件。在这种策略中，它可能有助于非图形建构。一个表面也许能折叠，从而区分上部和下部；折叠就是构建衔接。形成区域间接合处的接缝，也许从一开始就是一种图形描绘。接缝甚至可能与设计的其他区域中的其他方面相结合，使其从构建折叠过渡回绘画语言。

分级和其他组织原理也构成了描绘线条的特点。它可以在厚度和色调上变化，可以是折断的，可以在某些特定点加倍。这些特点表明了描绘线条所标记的区域间的关系。

图 2.23　该容积被分为几个部分，每部分间有间隙，描绘了方案中的不同分区。间隙既是结构组件，又让光线可以进入空间。　学生：马修·桑德斯特伦（Matthew Sundstrom）　点评：杰森·托尔斯　院校：瓦伦西亚社区学院

作为一种过程，描绘行为依赖于创造出的惯例或广泛认可的惯例，来研究可能的空间关系或组织关系。它以一种反复的形式，迅速勾勒、定义及区分设计的方方面面。在设计过程后期，它也能对更为复杂的结构起先导作用。描绘取决于绘图惯例，使其具有沟通属性。它是一种通过广泛认可的绘图语言来展现组织方案的方式，那些没参与方案创造过程的人也很容易读懂理解。

* 参见“标记”一节。

图2.24 一道墙体与下层区域间的缝隙连接起来，描绘出不同空间类型的分隔。 学生：凯文·乌兹（Kevin Utz） 点评：詹姆斯·埃克勒 院校：玛丽伍德大学

方向 DIRECTION

与东、南、西、北相关的方位；
运动的方位；矢量或轨道的方位。

方位为建筑生成带来的可能性
Generative Possibilities in Orientation

大楼又长又窄。空间沿中轴线呈线性排列。交通动线主要位于空间之间大楼的中央位置。

由于大楼的比例，构成大楼的各色空间大多又长又窄。每个都沿同一方向排列。穿过大楼的移动都由其严格的方向性来确定。空间以特定顺序互相建立联系。从一个空间到下一个的前进都是沿中轴线方向。沿一个方向移动表明在向楼内走，而沿相反方向移动表明正在离开。

方向指的是相对于东、南、西、北的方位或移动。它提供了一种测量多种要素之间相关位置或测量周围环境中一种单一要素的方法，从而影响设计的组织。方向与方位相关，然而方位指的是要素间的最终实体关系，而方向指的是角度的测量。（方向与方位的）区别非常微妙，两者常常

图 2.25 通过比例和空间内元素相遇的顺序确立了穿过空间的运动方向。 学生：乔·瓦希（Joe Wahy） 点评：马修·曼德拉珀 院校：玛丽伍德大学

互换使用。但是方向还有一个特点，使其与方位不同：它是描述或测量矢量运动的方式。方向是怎样影响设计组织的呢？与方位的应用有区别吗？

在设计中使用方向来组织要素，与使用方位一样能产生创意。然而，运动的方向能产生独立于方位之外的设计创意。移动可以是使用者的移动，也可以是设计组件的移动。使用组织或布局原理来引导个体移动，是一种联系结构创意与空间相遇或辟建道路的方式。使用组织原理控制物件移动，是建立起组织布局中多种组件间关系的方式。

* 参见“方位”“运动”两节。

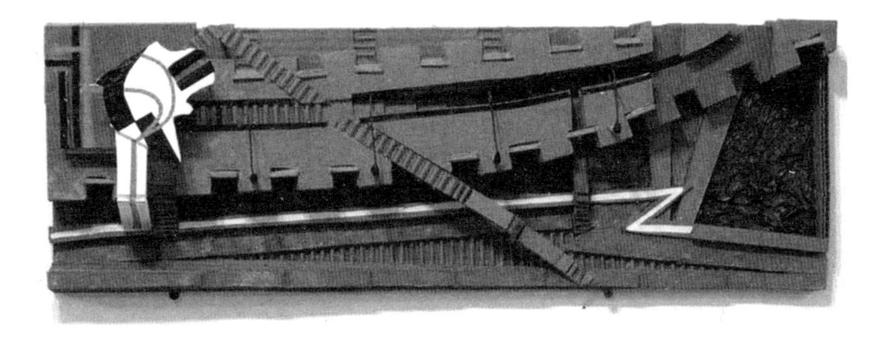

图 2.26　此例中，方向可理解成朝向一个点的方位。线性条带、切口和白色丝带共同定义了朝向（或远离）图左边黑白结构物的水平方向性。　学生：陆涵颖（Hanying Lu）　点评：蒂姆·海斯　院校：路易斯安那理工大学

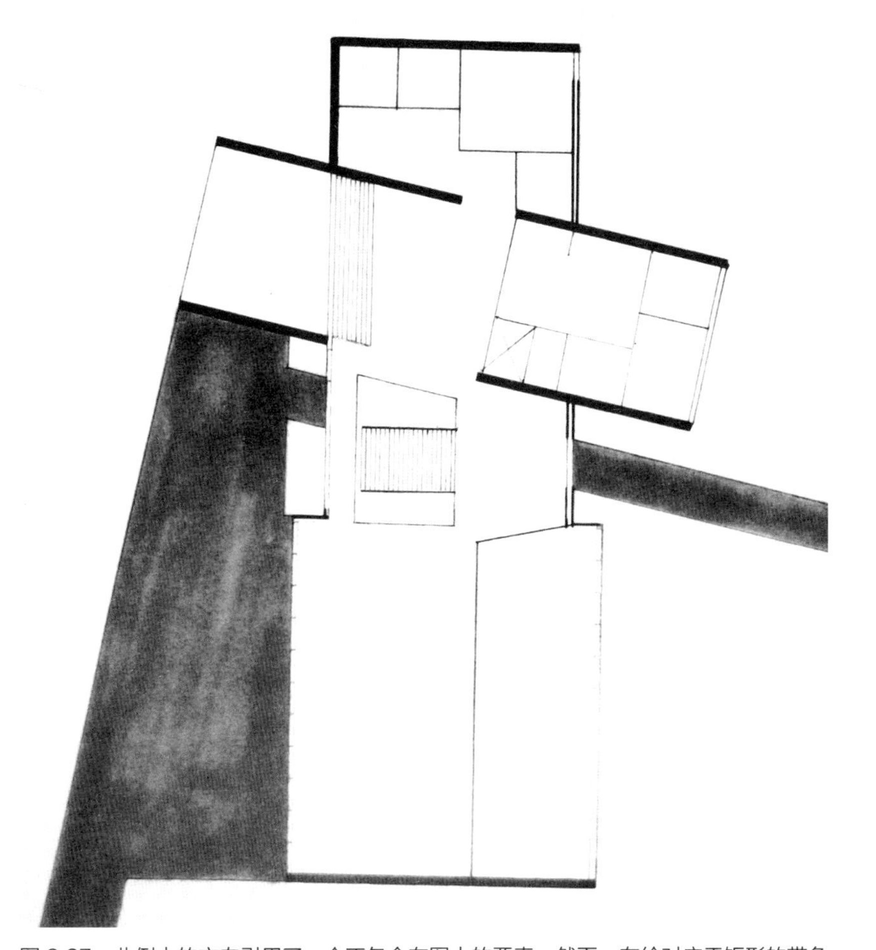

图 2.27　此例中的方向引用了一个不包含在图中的要素。然而，在给对应于矩形的带角度条状物定位时也强调了这个要素。而且，它与延伸出去的道路对齐，暗示了带角度条状物是朝向道路末端远远的一个点或要素。　学生：爱伦·菲（Allen Fee）　点评：詹姆斯·埃克勒　院校：辛辛那提大学

边缘 EDGE

最远的界线；末端。

终点为建筑生成带来的可能性

Generative Possibilities of a Terminus

对小孩子来说，花园就是他的全部天地。花园由比他高很多的石头围起来。他看不见也听不到花园另一边的任何事。

实际上另一边有相邻的花园。墙对成年人来说也不算高，但对小孩子来说，墙明确标示出了他的体验极限的边缘。仅仅因为没有通向另一边的门或入口，所以墙确定了花园的边缘。墙既标示了所有权的范围，也反映了花园的组织布局。

边缘是最远的界线，或是定义了范围的任何东西。就边缘定义一个区域而言，它与边界相似，但有一个主要的区别：边缘没有暗示与另一边的任何关系。如果边缘仅指它所包含的内容，那它以何种方式产生空间呢？边缘可分三类加以讨论：空间的组织、区块的组织、物件的实体特点（尽管一目了然，但包含组合和布局上的特点）。

由于它与空间组织有关，边缘和边界的处理在平面与剖面上决定了空间分布。边界确定了从一个空间移动到另一个的方式，而边缘是定义占用空间方式的因素之一。那么怎样占用边缘呢？边缘可以构建成空间的层面，围绕周界创造了交通流线。也许构建边缘就是为了吸引注意力：即使是处于空间中央的人都是外向型的。塑造边缘也许是为了创造互动的方式和机会。空间边缘是一种容器，它的布局定义了使用或占用空间的方式。设计边缘是一种确定空间特点的行为。

区域的边缘是范围的标记。周围环境的边界将一个领域与另一个区分开，而边缘标示出了影响的界线。那也许是一个项目方案的范围——需要设计的区域。它可能标记了领域的界线，而不考虑领域之外的东西。这种边缘的设计含义在于定义边缘。边缘如何预示出显明的终点呢？也许会竖起一道墙去停止移动、阻拦视线。也许边缘被更巧妙地暗示为设计终止的点。不管哪种情况，边缘都会成为设计的有效界线，决定了项目方案的范围，提供了设计焦点。

* 参见“边界”一节。

图 2.28　此例中，图中远处的墙面鲜明地表现了边缘。它标示了方案的范围，围护范围内的空间，而且不指涉墙体另一侧的任何东西，标志着设计空间的终结。　学生：托马斯·汉考克（Thomas Hancock）　点评：米拉格罗斯·津戈尼　院校：亚利桑那州立大学

图 2.29　由于边缘属于基地，除了它的大规模组织特性，它也指空间的终结。此例中，独立的空间明确了边缘，标记了边缘终结点。这些边缘采用组合式的墙状结构形式。它们将水平平面分隔成多个剖面并确定了空间的边缘。另外，水平平面的边缘标示出了项目方案的界线。　学生：维多利亚·特莱诺（Victoria Traino）　点评：凯特·奥康娜　院校：玛丽伍德大学

织物状结构 FABRIC

拥有纹理或图案，类似于布料；
一种基底结构或组织。

相连部分组织为建筑生成带来的可能性
Generative Possibilities in an Organization of Interrelated Parts

大楼以直角形式排列。垂直结构相互交叉，形成露天院落。除了一条混凝土铺设的狭窄小路，院子的其他地方都被草坪覆盖。小路直通露天空间的中央，连接着路两侧大楼的入口。庭院中每条路的中间都被加宽以形成一块更大的区域，在这些铺面区域的中央树立有雕塑。

整个学校是道路和空间交叉重叠的织物状结构。有些是室外的，比如中央露天空间的铺砌人行道和室外雕塑空间。其他是连接着教室和礼堂的内部大厅。织物状结构将不相干的大楼和室外空间排序、整合成一个单一、统一的校园。

织物状结构指的是一个复杂、层状的基础结构。它有像布料中丝线一样的组织图案。错综复杂的相连成分使人联想到了编织物，通过重叠、交叉的形式多种组织结构同时存在。如果织物状结构指的是一组精细缠绕的组织图案，那么它作为设计手段，是否不同于基本的网格状、放射状、集中式、群组式及线性的模式呢？

织物状结构是结合了至少两种基本模式的结构。由于很少以纯粹的状态存在，织物状结构是理解多种类型如何结合的方式——它们之间的组织关系。织物状结构是一种分析手段，主要用作理解或呼应周围环境的手段。

一种建成环境仅仅由五种基本组织结构中的一种构成，这种状况几乎是不可能的。几乎任何区块都可以看作不同组织结构的综合。街道网就可能是一种织物状结构，它控制着通路，协调移动的不同尺度和模式。建筑物的分布也许与街道网有直接关系，也许与其有设计偏差。在那个网

图 2.30　有时所谓“城市织物状结构”即街道区块系统，决定了基础结构，指导着穿插其中的建筑物的位置、规模、密度和规划。考量由不同形状建筑物构成的片区及其功能，可以决定城市区域的变化。　学生：崔智慧　点评：米拉格罗斯·津戈尼　院校：亚利桑那州立大学

格和物件领域中，也许还有一块公共中心或商业区。也许分为人口区或文化区。每片区域都可能采用不同的组织模式，而且每一个对场地的运筹都有很大影响。

织物状结构可用作辨别周围通过结构性重叠、重合点与偏离设定的环境信息间的关系。那类信息也可用于确定在复合建筑环境中，一种新建筑设计的作用。织物状结构可反映出那些呼应多种组织形式的建筑策略。

* 参见“变余构造”一节。

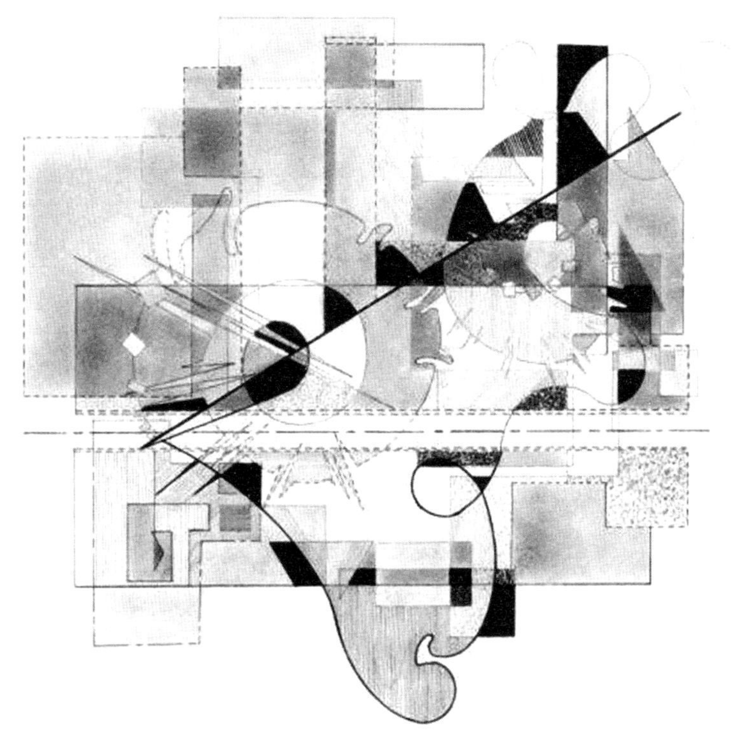

图 2.31　涂色、重叠的矩形反映了构成这个分析性示意图的织物状结构。斜线和曲线图形穿过并打断了基础织物状结构，但它们确实主导了周围的阴影区域，将非直角形状重新融合到直角织物状结构中。　学生：丹尼尔·古铁雷斯（Daniel Gutierrez）　点评：杰森·托尔斯　院校：瓦伦西亚社区学院

领域　FIELD

一片露天风景；广阔的区域；
包含较小组件的平面或表面。

位置和开放性为建筑生成带来的可能性

Generative Possibilities in Placement and Openess

设计团队为接手的方案想出一个构思。他们决定不创造一个单一建筑来容纳这么多不相关的规划方案，而是尝试制造一组跨场地排列的建筑。每个建筑结构都去实现设计任务的要求。通过一系列延伸横跨场地的铺面道路，建筑结构物互相联系起来。一组较小的结构物将围绕一个中央露天空间排列。

这种组织逻辑让团队重新评估了他们理解场地的方式。他们开始将它看成是成排布置物体的领域加以考量，而不是只包含单一建筑的区域。它被细分为多块容纳小型建筑结构物的场地，而不再是大面积城市平面图中的一个组件。

图 2.32　此例中，建筑插入了周围的环境领域。领域几乎没有为容纳建在其中或其上的建筑做什么调整。　学生：休斯顿·伯内特（Houston Burnette）　点评：彼得·王　院校：北卡罗来纳大学夏洛特分校

图 2.33　此例中，领域为建筑插入提供了机会。同时，对领域加以调整从而接纳插入并与其互动，最终实现了建筑与领域的融合。　学生：尼克·杨　点评：杰森·托尔斯　院校：瓦伦西亚社区学院

从最字面的意义上来讲，领域是指所有开放区域。然而，假设领域能包含很多不同的组件，则可以将其理解成一种周围环境的组织排布——物件构成的领域。这种理解更加宽泛，可以指任何形式的广阔区域。那么，如何更广义地使用领域这个术语来辅助设计思维的形成呢？其目的是剥离内涵以创造机会，发现之前没有考虑过的设计可能性。

领域作为一种广泛空间，是可以放置新设计的地方。它可以是平坦的概念平面，在这种情况下，它是生成设计环境策略的载体。或者领域可以解读为由一批反映实际环境的要素所构成，在这种情况下，它类似于环境以及环境策略应用的试验场。

保持对领域的通用理解，可以通过增加过程中的潜在用途的数量，帮助引导设计思维。它可以用作读懂已有环境的手段，也可以是加工过的环境。它可以由预先确定好的组织结构构成，也可以是一块有待标记、连接或重构的空白石板，以满足建筑的需要。作为一种环境概念，随着设计过程的推进以及主导的设计观念更加明确，它将能反映更具体的信息。

* 参见“环境”一节。

纹理 GRAIN

一种由纤维的积聚产生的肌理；
由构成部件或颗粒排列产生的肌理图案或方向；
暗示了主导方向的排列或组织；排列的方向性。

方向图形为建筑生成带来的可能性
Generative Possibilities in Directional Patterning

市中心所有的主要街道都是南北走向的。它们是双向通行的道路，每条都有几条车道那么宽。大部分人沿街停车。人行道很宽，足以容纳行人。因为这些街道交通繁忙，这个地区的商店总是尽可能多地留出门前空地。街区的长边与这些主干道平行。这样的效果使城市有一种明确的纹理结构，与南北向的街道相呼应，决定了街区结构、建筑朝向及居住模式。

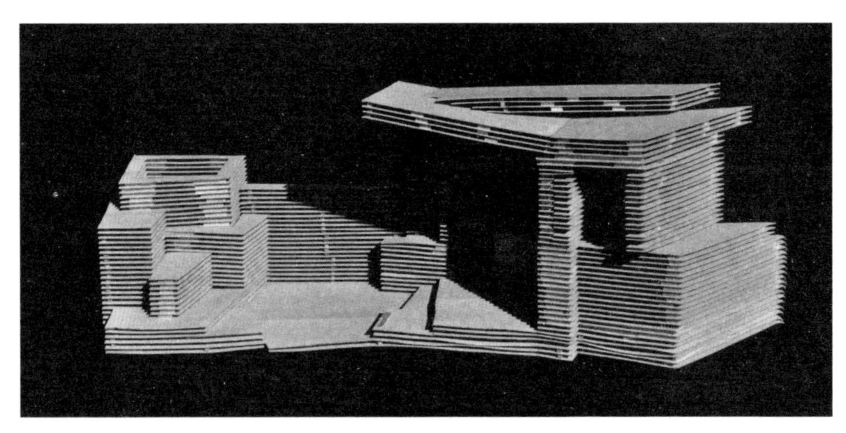

图 2.34　纹理将方位朝向相似的要素积累起来以暗示方向。此例中，构建的方法是堆叠，堆叠的要素形成了一种鲜明的水平纹理结构。　学生：托马斯·汉考克　点评：米拉格罗斯·津戈尼　院校：亚利桑那州立大学

纹理指的是组织结构中要素间的一种共有模式。正如一片木头的纹理是由捆扎的长纤维束显现的，纹理属于一种组织结构，意味着在一捆木片中大范围的方向性。那么纹理对设计或设计过程有什么影响呢？

纹理暗示了一种等级系统。尽管大部分组织模式在某种程度上是多向的，但一种方向也许比其他方向更突出。作为一种等级系统，纹理既可在大范围的组织布局尺度上，也可以在单一物件尺度上确立设计参数。

根据纹理结构放置设计的要素，确立起那些要素间的关系。它也为设计中要素间的空间发展创造了机会。比如，如果将一种纹理结构用于部件排列，则可以通过设计决定调控那种结构的方式。界定沿纹理运动和穿过纹理运动存在的空间和体验差异，是一个考虑因素。这些区别强调了等级，可以建立起相遇的次序、道路或顺序。使用纹理可以是一种发现道路的手段。

方位的小范围含义也可以对方向的大范围含义产生影响。通过设计过程，纹理可以在组织布局中用作放置和导向空间或形式组件的策略。那么这些组件被单独加以考虑，随着设计变得更明确，将更好地理解方向性策略的影响。这一过程可以发展出非线性的思维模式及发展模式。它在大小尺度上都促进了决策，这两种尺度也相互影响。既定决策将不断受到挑战和反思，从而在组件与布局之间发展出一种综合关系。

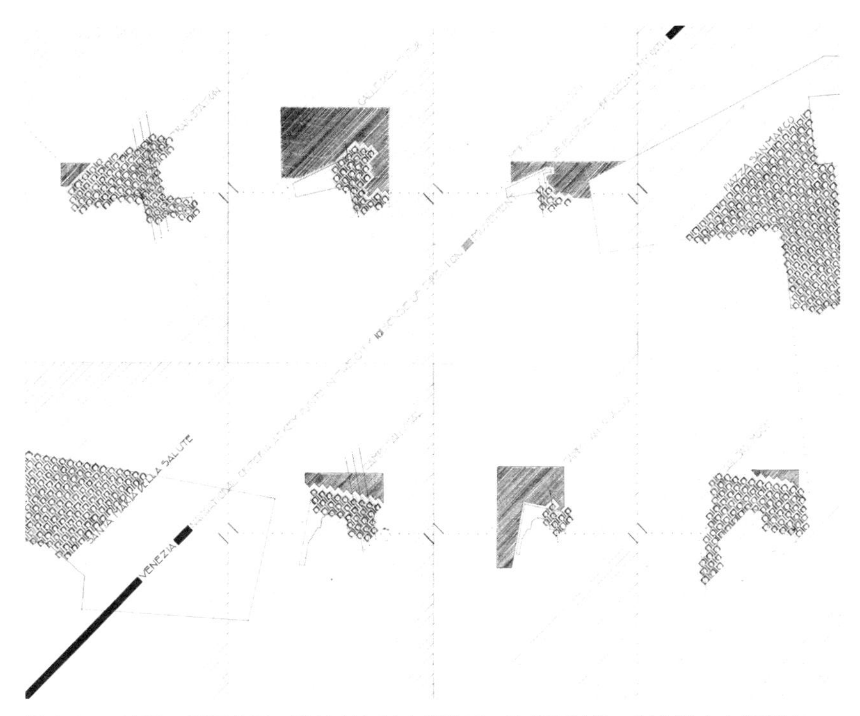

图 2.35　这是一幅示意图，设计者在其中创造了一种纹理结构，以传达方向和顺序。　学生：布雷顿·奥查德（Brayton Orchard）　点评：约翰·亨弗里斯　院校：迈阿密大学

图 2.36　此例中，纹理不仅用于确立方向，也作为一种组织结构。环境组件有一种明确的纹理，引入建筑要与环境纹理协调一致，或与之相反。环境纹理的功能是引导项目组件的放置和方位。　学生：斯塔奇·卡里尔　点评：詹姆斯·埃克勒　院校：辛辛那提大学

等级 HIERARCHY

要素的排序；
以图形方式呈现要素重要性的系统。

指定相关重要性为建筑生成带来的可能性
Generative Possibilities of Assigning Relative Importance

现代图书馆与以往相比有了很大改变。图书馆的主要功能是储存信息，并使其可供人们使用。但是信息不再唯独以书籍形式存在了。

这种考量帮助设计团队提出了图书馆项目议案。在图书馆中，书架和阅读区仍然是主要功能，但它们周围会有一系列的二级功能。每个都以不同方式定义，可以存储和使用信息。有一间互联网室、一间视频放映室和一间音频室。像休息室和维修间这些支持性空间，在这种排列布局中分散布置。组织设计的方式直接反映了图书馆方案要素的等级结构。

最初，"等级制度"（ierarchi）是一种宗教术语，指天使的等级。后来它指事物的排列组织。这种基于重要性或类型的排序观念，在建筑设计过程与交流的每个阶段都有展现。这种观念定义了设计开发、建筑意图和方案参数。为什么像等级体系这样简单的观点能如此彻底地渗透到建筑设计中呢？怎样使用它才能为空间产生创意构思，而不只是记录观点而已呢？

等级是一种相对重要的体系。它只是确定与沟通项目中一类、二类、三类重要性元素的行为。这种重要性取决于许多标准，比如，研究和实验的主题、设计目标、沟通的重点。一类要素是最重要或最相关的要素：一个重要的空间或剖面图中的黑线。二类要素是一种重要的、服务于一类要素的更高目标的要素：一种支持性空间或剖面图中毛面墙的中等程度黑线。三类要素是针对设计目标或文件沟通时发挥次要作用的一种要素：一种存储空间或剖面图中的构造线。

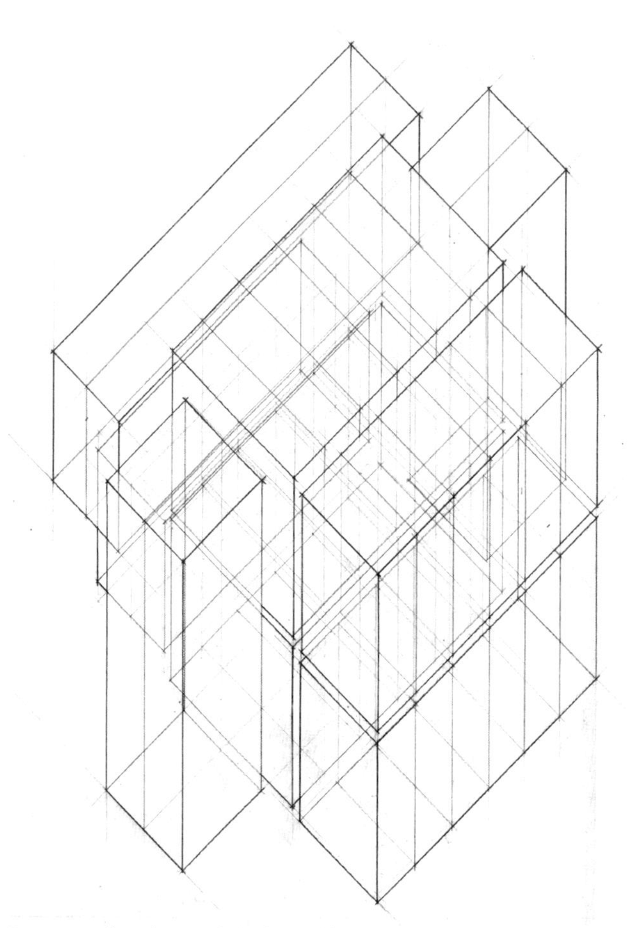

图 2.37 草图中以两种方法运用等级。首先，作为一种绘图惯例，线的粗细将一类线和二类线区分开来。一类线表现了物件或空间的外部边缘，而二类线表现了那些较大容积空间的划分位置。其次，等级是通过容积空间的相对大小建立起来的。这也许体现了不同容积空间对于整体设计意图的重要性。 学生：米歇尔·阿诺丁（Michelle Arnondin） 点评：吉姆·沙利文 院校：路易斯安那州立大学

等级以多种方式建立或呈现。设想一种规划设计方案等级，一栋大楼必定有多种类型的空间，然而它可能只有一种主要目标来推动设计。剧院将有多种空间，发挥不同的功能，但最重要的或许是礼堂，它比其他空间都大，能容纳更多的人。礼堂也许拥有更多的细部，或者装饰着更好的材料。它应该是最容易找到的，其他空间都服务于那个主功能。如果没有等级策略，同一建筑里礼堂（一类）、售票处（二类）、维修间（三类）面积大小相等、细部相同、以同样的材料装饰、一样的可达性。这带来的很多问题之一就是会迷惑使用者。

等级也涉及对展示的考量：它用于表达不同情况或不同空间信息组之间的关系。它融入了主导建筑记录方式和建筑理解方式的惯例之中。线条粗细是一种明显的等级惯例。但是存在于陈列中的等级也可以通过很多其他方式建立：线条的密度、色调的加深或绘图中颜色的策略性使用。这只是几个例子，还可以创造更多惯例来体现重要性。夸张的要素所建立的等级体系是研究或生成新思路的工具，用于测试可能性。

等级是设计中不可避免的一个方面。然而，作为设计开发的策略时，等级能够揭示空间特点、组织结构或沟通技巧等方面的各种可能性。

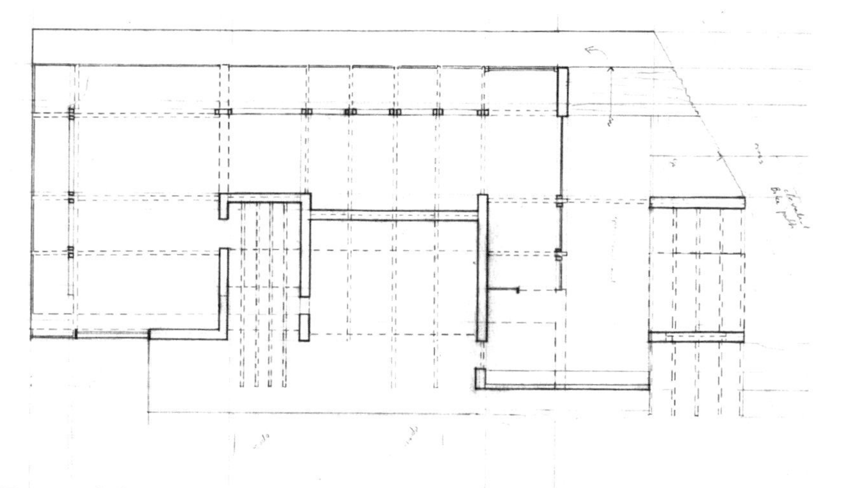

图2.38　在绘图惯例中，可用粗细线条和不同类型建立起等级。这些标准有助于表达建筑信息。　学生：玛丽乔·米内里奇　点评：卡尔·沃利克　院校：辛辛那提大学

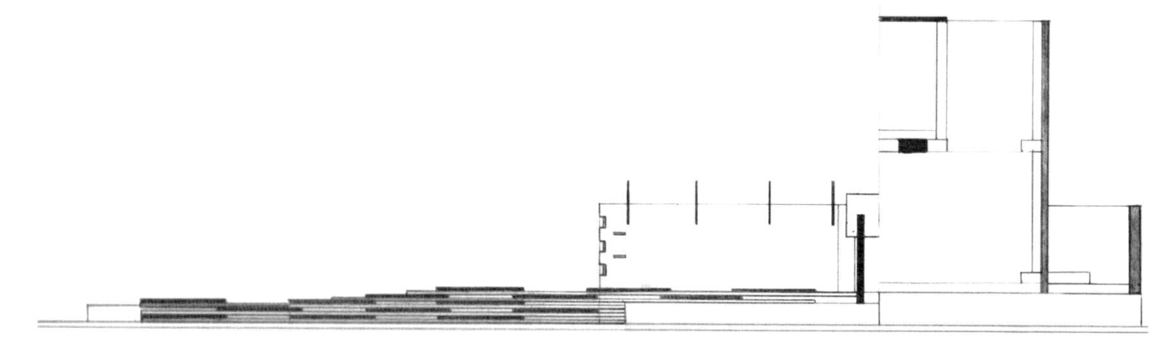

图2.39　除了使用等级作为绘图传达建筑信息的标准惯例，该设计者将其用作一种定义设计中重要组件的手段，强调那些对整体建筑意图贡献最多的要素，以体现它们的重要性。考虑到从绘图左侧延伸到中央的黑色区域，它是与项目周围环境的主要关联，因此对设计中的这一部分加以突出。　学生：伯尼·古尔卡（Bernie Gurka）　点评：詹姆斯·埃克勒　院校：玛丽伍德大学

并置 JUXTAPOSE

将两个以上的要素互相放置以做比较；
通过比较的方式排列要素从而将它们联系起来。

比较为建筑生成带来的可能性

Generative Possibilities in Comparison

自建城以来，市政厅一直在同一栋大楼里。随着城市的发展，对大楼的要求也随之提高，而楼却太小，不足以容纳所有的新功能。这个社区的市民面临一个两难的境地。他们可以拆除旧建筑，盖栋新楼以满足当前的需求，可以把市政厅迁移至新地点，或在现有结构上扩建。几乎没有人喜欢以上这几种方案。拆除大楼会抹去这座城市的标志。迁移市政厅的功能会造成现有大楼废弃无用。大部分人勉强同意扩建，但担心由于建筑转变而失去其在社区中的重要性。

设计者将市民的顾虑放在首位，决定创造一个与原建筑明显不同的增建物。在不牺牲旧楼品质的前提下，它将容纳新方案的所有需求。它高度透明，功能是展示原有建筑结构。这个加建物与旧楼接触最少，以便在尽可能大的程度上保护它。最终方案是由并列的两翼组成的一栋单体建筑。

原始的法语单词 juxtaposer（并置）是拉丁语 juxtÇ（意指“在旁边”）与古法语 poser（指“放置”）的结合而成。在现代用法中，并置仍然取决于邻近和放置，但它是用于比较。位置和比较间的相关性对建筑设计的组织结构有直接影响。一种比较如何影响项目的组织方式呢？更重要的是，它怎样成为一种设计手段？

两个以上设计组件的并置，将放置和表达联系起来。以突显它们之间相似性或差异性的方式来确定它们的位置。于是产生了两种并置：比较和对比。并置作为一种展现用法一致性的方式，可用于说明要素间的相似性。它也可以是设计中呈现不同要素类型的方式。两个并置的要素也可以清晰地表现以要素类型为特征的区域间的交叉。在任何情况中，并置都是一种组织设计的手段，给设计中的各类关系制定策略、构建与沟通关系。由于它是基于特征的比较，它建立的关系可以是空间的、形式的或方案规划的。

图 2.40　并置是以比较为目的放置两个及以上的物体。此例中的处理方法是两种表面并排放置，以便理解它们之间的差别。并置反映了相似的表现语言，也反映了大小和比例的变化。　学生：塞斯・特罗耶　点评：詹姆斯・埃克勒　院校：辛辛那提大学

图 2.41　此例中，两个塔状结构并置在共同的底座上。由于相互邻近，这两个结构在大小和复杂程度上的变化更加明显。　学生：伊丽莎白・西德诺　点评：米拉格罗斯・津戈尼　院校：亚利桑那州立大学

图 2.42　并置可以是联系设计中多种组件的一种组织手段。此例中，两个独特的要素在一个点上相连。它们在很多方面不同，但是可以通过比较以理解材料、尺度和大小上的相似性。　学生：崔智慧　点评：米拉格罗斯・津戈尼　院校：亚利桑那州立大学

测量 MEASURE

为了比较目的而使用相同单位的一种评估标准；
一种手段或单元体系，用来评估要素的单一特征。

标准化为建筑生成带来的可能性
Generative Possibilities in Standardization

他步测这个方案的基地尺寸。这种量测系统也贯彻了设计过程的其他阶段。为该方案起草初稿和建模时，他仍将步测作为一种测量单元。这最终成了他的一个设计目标：将人体比例作为空间配置的基础。

为此，他开始研究臂展、人体高度、握取的范围和步长作为丈量空间的手段。最终该方案的各设计方面都是由人体比例来决定的。空间根据手臂伸过头的高度来确定高度，根据走完这段距离的步伐数或者所需的时间来确定长度。书架和橱柜根据臂展的限制来摆放。手柄和门把根据手掌的宽度或五指张开的距离来测量。正是因为使用了这套测量系统，才能比其他情况都更大程度地考虑了形式与使用者之间的相交界面。

最初 mesuren（测量）指的是“控制、统治或规范”。测量后来指基于一种实物特征来评估要素的一种方法。作为建筑设计过程中的组织手段与整理手段，这两种用法彼此关联。和它的前序步骤一样，测量是一个过程，那么它又如何成为一种组织手段呢？

组织是一种复合结构，它取决于一组参数。建立一种测量单位是一种可行的参数，组织结构能以这种参数为基础。这种应用回溯了词源，测量用于规范或统领排列与布局。

要这样操作的话，测量单位必须明确，必须是**可量测的**。该单元是一种标准化的模度，用于评估实体特征。该模块由惯例支配，或基于一种方案的具体计量方法。

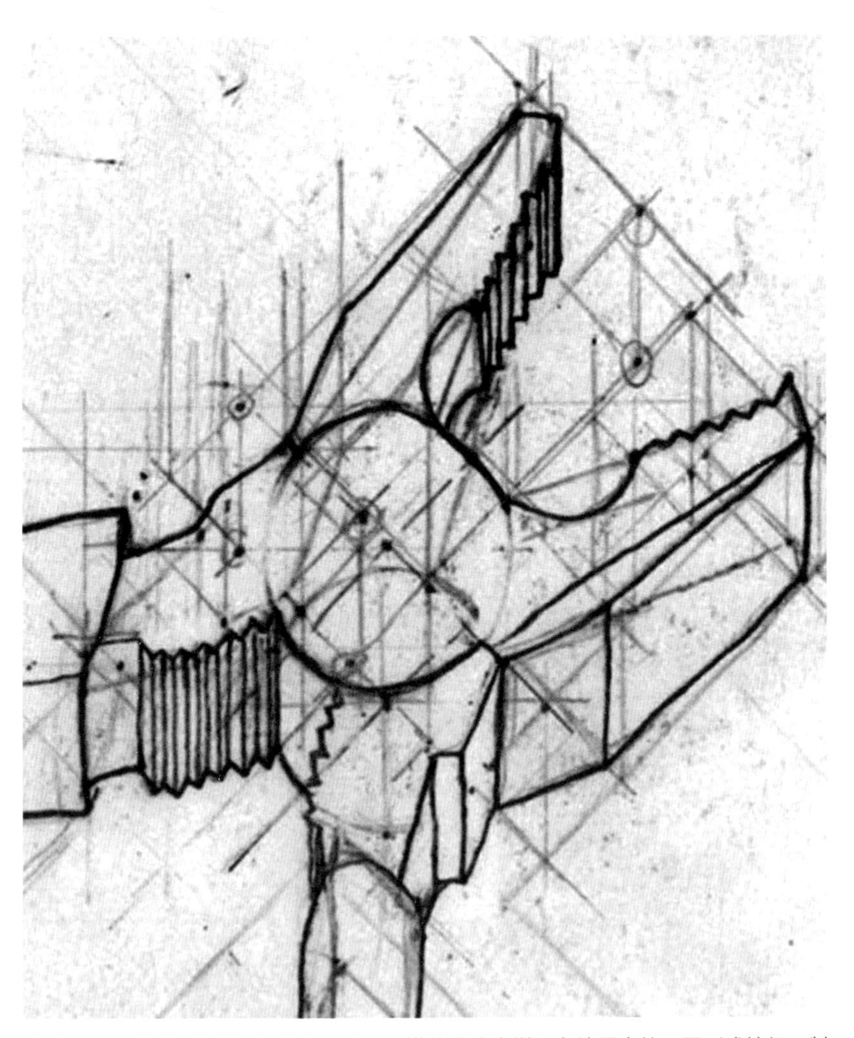

图 2.43　构造线反映了一种结构，该结构描绘出这个钳子在绘图中的不同形式特征。制作时，它被用作绘制草图的一种测量系统。　学生：凯瑞·吉文斯（Carey Givens）　点评：吉姆·沙利文　院校：路易斯安那州立大学

在生成空间方面，测量单位是确定和呈现比例的重要手段。并不需要严格地用它去评估既定决策或现有环境，它可以在设计过程中被用作一组可变的指导方针。例如，如果空间的高度是根据居住者的尺度确定的，那么居住者的高度就是测量单位。在剖面研究中，测量单位可用于确定空间轮廓的很多特征。测量不仅仅是一种评估技巧，也是一种由策略、概念或意图决定的设计标准。

* 参见“计量方法”“模块”两节。

计量方法 METER

用于测量的技术或手段；
使用单位或模块的一种调控原理或手段。

重复为建筑生成带来的可能性
Generative Possibilities in Repetition

整个楼前立面是一条柱廊。柱子有两层楼那么高，柱距相等，而且外形都一样。为了进入大楼，需要登上柱廊边缘的一段台阶，在巨大的柱子间穿行。两根中心柱间的距离正好是前门的宽度。

大楼围绕前门对称展开，被分为多个开间，每个开间都有一扇窗户，窗子正好位于立面柱子之间的间隙中。柱子的重复提供了一种计量方法，整个大楼都能依此量测。从一根柱子到下一根的距离完全与开间的大小相呼应。大楼的其他分区也都按照这种模度进行。楼前的柱子是一种调控和测量结构中各个方面的手段。它们是一种测量单元，也是那种单元的一种实体表现——即计量方法。

计量方法是用于量测的任何一种系统或手段。作为一种手段，计量方法是量测的实体表现，通过要素的重复或在一个测量单元基础上的接合展现出来。作为一种系统，计量方法是一种组织逻辑，调控要素的比例和位置。一种测量手段是否有可能影响设计思维或理念吗?

作为一种组织逻辑，计量方法可以引导过程——在这里它是一组指导设计思维的规则或限度。与其在诗歌中的应用相似，计量方法可以是一种韵律，作为排列或整理成分的框架。当以这种方式应用时，计量方法成了一种程序公式；测量单元实际上是设计的组件，是公式中的变量。这种用法要求把设计组件划分为几种类型。类型间的关系由公式决定。

使用这种组织逻辑导致了同质化。为了使每个组件符合其所属的变量类型，往往会牺牲空间功能的独特性或特征。而且，设计过程中通常不考虑、不测试成分间的关系，而这些关系是那种公式的结果。无论如何，计量系统都有充分的机会用作程序框架，甚至是过程中行为的协定。

计量方法对设计的应用更多变，有时更微妙。它的基本特征是韵律或要素的重复。这可能表现为一种常量模度，被安排以满足设计目标。它可以是重复成分的独特组合，这些成分在人占用建筑时，提供了一种测量空间和形式的方式。这些手段能以以下几种方式在设计中运用：确立居住者可理解的尺度、描绘空间、传达一种联系着组织布局成分的秩序系统。它甚至可以像一种作为刻度测量手段的形式衔接那样微妙。

这些设计要素以及针对空间和物件组合方式的决策，是设计中建立尺度的方法。它们能影响占用者感知空间的方式，能传达空间比例关系。正因为有这些潜在的影响，计量方法的观念可以对设计过程中的空间调查发挥催化作用。

* 参见“测量”“模块”两节。

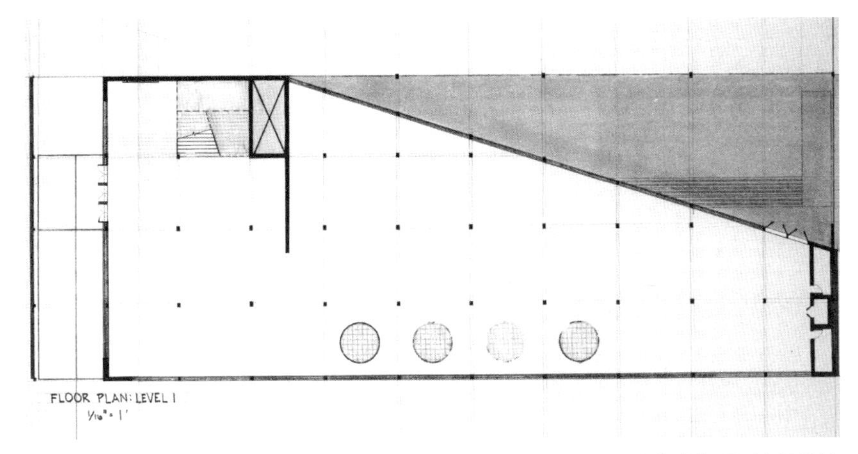

图2.44　图中柱状网格所展现的是实体与组织结构。要素的重复使之成为量测空间的计量方法。柱子将空间分成多个部分，居住者可以测量其所占环境的距离和尺寸。　学生：塞斯·特罗耶　点评：詹姆斯·埃克勒　院校：辛辛那提大学

图2.45　侧面的结构支架用作量测道路的计量方法。　学生：温德尔·蒙哥马利　点评：杰森·托尔斯　院校：瓦伦西亚社区学院

模块 MODULE

一种用作测量、重复使用的单位；
一种基于重复的要素组织布局。

单元排列为建筑生成带来的可能性
Generative Possibilities in Unit Arrangement

建造房屋犹如建造一系列层叠的体块（volumes），每个体块都支撑房屋设计的不同部位。体块尺寸不同，但它们有共同的测量方法。睡眠空间的大小在长和宽上使用相同的测量尺度。集会空间的长度为三个单元，宽度为两个单元。厨房的宽度为一个单元，长度为两个单元。就餐区与睡眠空间的大小一样。空气在体块间流动并使之连接。它的宽度为四分之一个单元。

整个楼宇就是一个模块化构造。用于规范体块大小的尺寸是模块，可用于以一定方式将不同部分连接起来。因为整个建筑是基于此模块，因此各部件可互换和重构。在整个设计过程中，空间布局历经多次反复排列才找到满足项目要求的排列方法。

模块是测量的标准。因为它直接与建筑和设计有关，所以模块是可以互换的部件或单元。模块与计量紧密相关，构成一个系统，此系统中整体被分割成许多单元。这些部件可按尺寸、比例或类型进行分类。作为测量的标准，模块是个简单的概念，但严格用于记录和评估。有没有方法将模块变成原则用于产生设计理念呢？

在模块化构造中，部分与整体（part-to-whole）的关系是设计的主体。在整个设计过程中，建筑师需确定此项目内各个部件所起的作用。部件的作用可直接指导模块组合的方式以及它们与其他要素（多用于多组件构造中）的连接方式。因此模块成为表现大小比例关系独特理念的一种方式。

图 2.46　将单一薄板材料分割成均等正方形从而形成图中的空间布局。设计者只允许切割或折叠方形的边缘。利用该模块，设计者使用特定尺寸或结构创造出一系列相互连接的空间。在所创造的空间内，模块仍很明显。　学生：卡莉·威廉姆斯　点评：詹姆斯·埃克勒　院校：辛辛那提大学

模块可能是根据人体比例、特定设计方案所需空间，或是空间内物体的尺度而创建的。模块的基础与模块各组成部件的排列情况可创造出表达其目的（与模块的基础实体联系）的建筑式样。

模块化系统本质上是有组织条理的，因为它创建了设计要素间的关系。同时它也是组织系统，能提供一种组织策略或是排列模式。在模块化系统中，连接两个模块的方法有限。因此编写这些联系的方式可指明每个单元的具体作用或是为单一目的进行的部件连接关系。

* 参见“计量方法”“测量”两节。

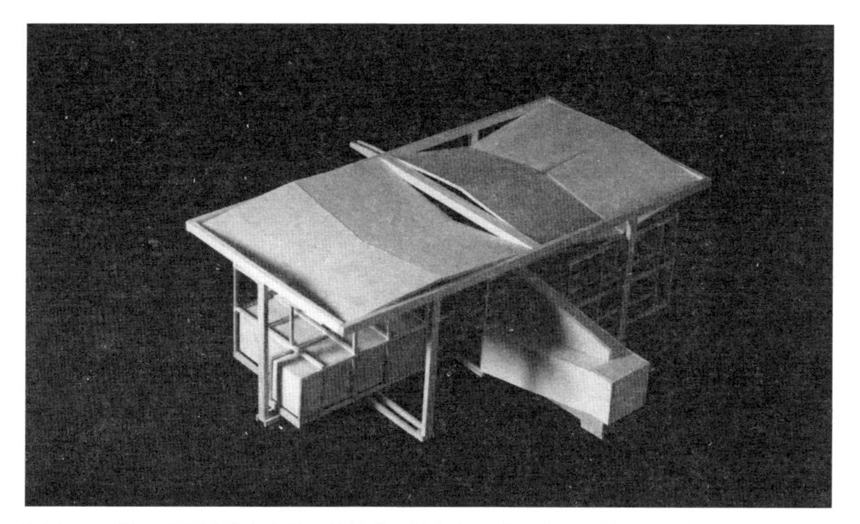

图 2.47　这一项目设计完全使用模块化系统组织而成。在顶上的平面，每一嵌板被平分为四个象限，然后这些象限被再次均分。空间组织布局遵循模块化的组织结构。　学生：麦金利·默茨　点评：约翰·亨弗里斯　院校：迈阿密大学

时刻 / 场合 MOMENT

一个特定的时间点或空间点；
一套较大条件内的单一条件。

单一性质为建筑生成带来的可能性
Generative Possibilities of a Singular Occurrence

两幢大楼间的广场上有家三明治店。每天早餐和午餐时间，会有很多人在这家店前排队。店两侧的建筑都是高层写字楼。其中一幢高楼后有一家宾馆。在广场的一角，游客被引向不远处的几个娱乐场所。行人穿过广场这个捷径到达有娱乐设施的大厦，一些人驻足广场，一些人在广场稍事休息随后去往城市的其他地方。他们大多数是从宾馆或写字楼内走出来的。

所有这些周围的建筑物都要比三明治店大很多，但是三明治店却充当了所有这些建筑的组织与规划的锚固点。这便是在复杂系统中的单独场合。

“时刻 / 场合”通常用来指一段有限的时间，然而它还可以用来指一段时光、移动或事件。这是该词的广义潜在含义。那么这么多样的含义如何影响设计，或更具体地说，影响设计组织的呢？该词的每一个含义都

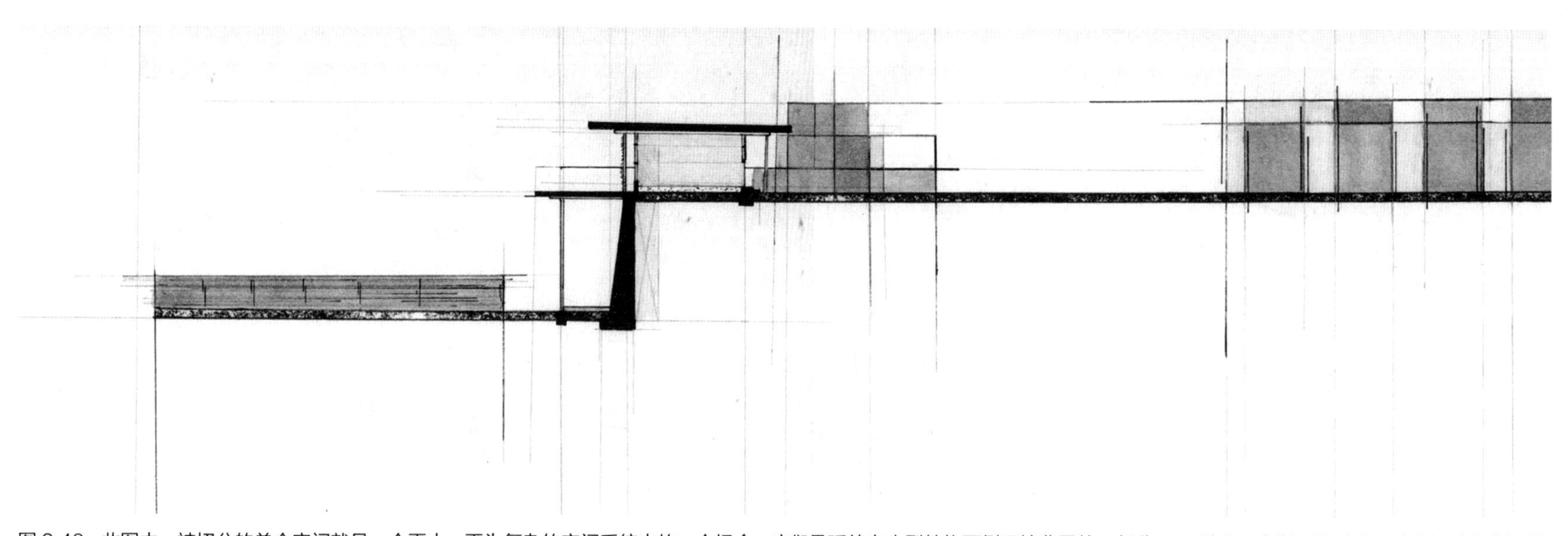

图 2.48 此图中，被切分的单个空间就是一个更大、更为复杂的空间系统中的一个场合。它们是延伸在小型结构两侧环境背景的一部分。 学生：塞斯·特罗耶 点评：詹姆斯·埃克勒 院校：辛辛那提大学

图 2.49　图中，小型曲线空间是较大构造内的单个场合，其中一部分在图片的右下角。
学生：佚名，团队项目　作品点评：蒂姆·海斯　院校：路易斯安那理工大学

有共性，这些共性都蕴含着一个设计原理。设计中的场合是被设置在较大排列样式中的相对较小的空间事件（通常与运动相联系，比如一条通道或是旅行路线）。

事件与时间段相联系，特征是有明确的开端与结尾。它存在于叙述一个故事的其他事件和体验的背景中。就像一个片段（vignette），它是构建于其他场景之上，展现一个更长久图景的单一景象。建筑在本质上是相似的，是空间的合成物。每一片空间都有指定的功能和体验条件。当人们在空间中移动时，他们正在经历一种空间叙事，这种空间叙事是将他们在移动中的各种体验，以体验顺序进行排列的。其中的每个空间——每个事件，都是一个场合，为设计提供了机会，也为建筑师塑造空间体验提供了机会。这些场合的编排方式就暗示着一个排序系统或是一个基于个体的空间与规划关系的组织。

网络 NETWORK

一种相互连接的要素间的组织策略；
一种将多个要素相关联的组织策略；
一种基于此策略或方式的较大构造。

相互连接性为建筑生成带来的可能性
Generative Possibilities of Interconnectedness

整个公园被布置为点和小路组成的网络。在每一点上又修建有个亭子，展现某一特定交叉点的信息。因为这是一个网络，只要在每遇到一个交叉点处做出正确选择，我们就可以沿着公园内任意一条路线到达任意一点。我们参看地图并找到感兴趣的对象。我们设计好从一个节点到另一

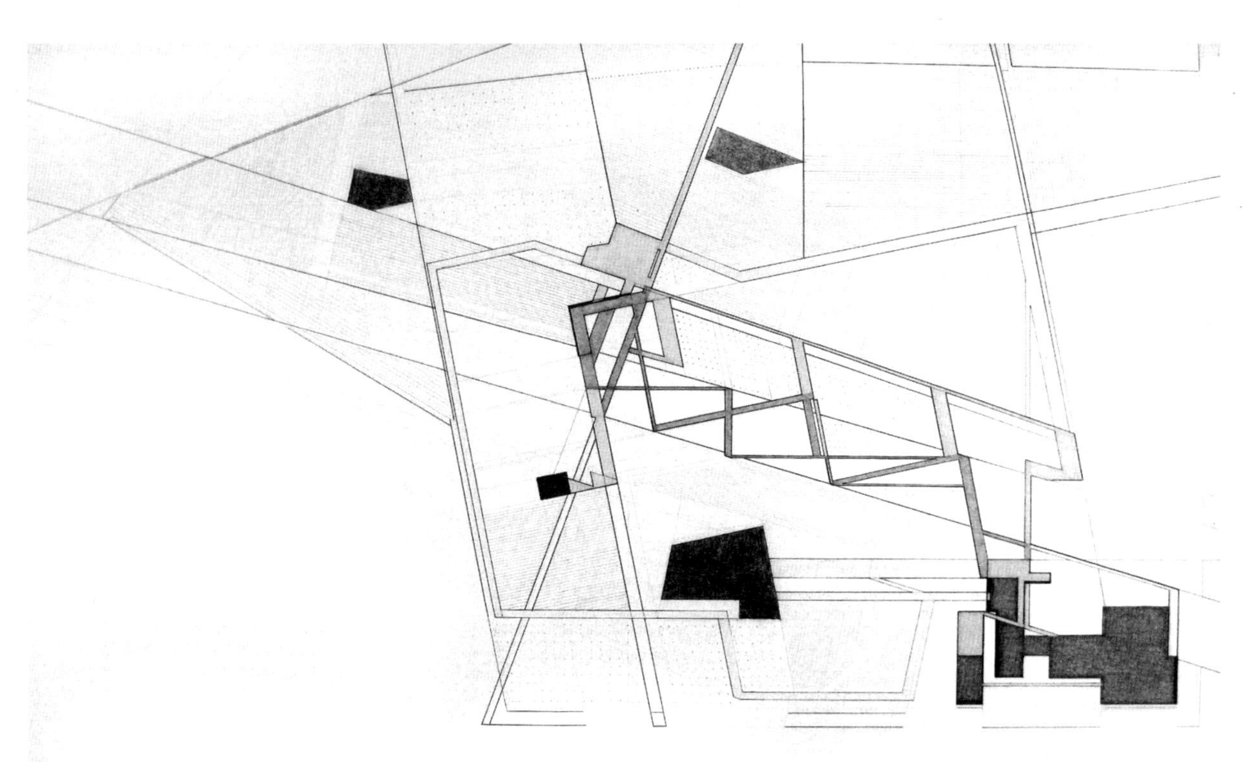

图 2.50　该平面图是由横穿场地的小路网络组成。每条小路都是围绕着较大场地的一小部分，此后被用作特定的场地设计规划。
学生：内特・哈米特　点评：詹姆斯・埃克勒　院校：辛辛那提大学

节点的路线。从正门向外看，我们发现了合适的路线，开始在营造公园活动的人行道系统中穿梭。

网络是一套散布在场地上且相互联系的要素。分散对网络很重要，其组织结构暗含了开放空间与构筑物的组织排布：实—空排列（mass-void arrangement），其中虚空面积（void area）较大。这一结构类型看似简单，甚至不言自明。但是网络是如何成为创造建筑的一种策略呢？一个网络中的要素是通过排列或者相关特性连接起来的。

对于通过排列而连接起来的要素，是网络结构界定了连接。它们可能位于某一轴线上或是其他组织结构上，或是有其他一些实际位置或参考。通过一些相关特性联系起来的要素，如规划则依赖于成分间组成凝聚力的网络。在以上任意一个例子中，要素的分散都会在网络与领域之间形成关联。

网络结构可通过几种方式影响设计。它可用作解释现有要素领域的手段，在此情况下，网络可以作为分析工具，决定一个新要素是否适合现有结构。网络还可用作组织策略，将设计中的要素联系起来；这是与建筑意图相联系的策略。网络还可作为运用设计要素间的关系描绘出地区、领域或项目范围的方式。

图 2.51　此模型中，空间网络通过一系列小路和阶梯相联系。网络间相互联系的部分阻止建立任何单一具体的顺序或空间秩序。取而代之的是每个场合都依赖其周围的部件。
学生：丹·莫伊萨　点评：里根·金　院校：玛丽伍德大学

节点 NODE

多线条或系统间的交叉点。

交叉点为建筑生成带来的可能性
Generative Possibilities in Intersection

我们沿着公园内众多小路中的一条前进。它们从一边蜿蜒曲折到另一边，将吸引人们去往该地的不同目标兴趣点连接起来。在小路间的每个交叉处都修有一座亭子。拓展的小路创造了比标准宽度更宽的铺砌矩形路面。在铺砌区域的一侧垒砌起一道厚墙。墙上的信息板详尽说明了在公园内，从所在地点能看到或可走入的景点情况。展示信息的墙的对面有支撑屋顶的廊柱，与亭子相连。

小路仍在延伸。我们知道如果选择任意一条现有的路，我们一定会遇到另一个相似的亭子。在每个目标点，总会有座亭子充当小路和兴趣点构成的网络之间的节点。每座亭子处都有信息板，每处都有两条小路通向公园内的不同节点。

单词 node 来自拉丁语 nŏdus，意为“节点”。在设计中，node 一般指一个交叉点或是中间点。节点可能成为较大网络中的一部分，使其与中央结构区分开来。在组织图形中，节点作为一个中枢，将不同组件联系起来并包含有助于交叉结构的任何要素。

节点的使用是如何成为一种设计策略的呢？正如其他任意组织图形，节点是定义设计组件之间实体与空间关系的方式。在更大的相连焦点网络中，它通常是其中的一个焦点。这一焦点可能是规划性质的，如一处公共集会空间，是将布局在其周围的规划组件都锚固下来。节点也可是一种空间策略，意为同时在多空间之间创造复杂的过渡。或许它也是在基于类型学系统之上，将不同设计要素分组或联系在一起的组织手段。

使用节点网络作为组织策略，在设计上有几点需要考虑。明确要素与某一个节点相关而不与其他节点相关，这涉及设计语言、表达方式和类型上的问题。将空间、规划以及从一处节点到另一处节点的过渡体验记录下来是开发与设计组织布局内的组件所必需的。

图 2.52 节点是一个系统内不同部分间的交叉点。此例中，在不同系统内可用几种方式将节点凸显。要素间的实体交叉点形成节点。然而，与这些实体交叉点临近的空间也在该点相交和重叠。这便在空间组织中创造了一个节点。 学生：萨曼莎·恩尼斯 点评：史蒂芬·加里森 院校：玛丽伍德大学

通过设计过程，构建的要素将被用于解决建筑架构中的这些考虑。这创造了一种可能性，即作为组织策略，节点也可能成为小规模空间设计理念的出发点。

* 参见“组织”“网络”两节。

图 2.53　此项目中多个空间在中央阶梯处相交。上部、下部及临近的空间都通过这一共同点连接起来。　学生：马修·桑德斯特伦　点评：史蒂芬·加里森　院校：玛丽伍德大学

秩序 ORDER

一种基于顺序或排序的部件排列；
一种使部件按顺序排列的逻辑。

设计顺序为建筑生成带来的可能性

Generative Possibilities in a Designed Sequence

在一个体育场的入口建有售票处。检票后，人们走过覆顶看台内的旋转式栅门进入体育场。人们从那里登上长长的封闭坡道，到达他们座位所在的层。走出坡道，他们就看到围绕体育馆一周都是小商贩。人们停下来买点吃的或是纪念品，然后继续绕着体育场走，找到正确的大门，最后来到自己的座位。

体育场的入口便是依一种秩序逻辑而建的。这里的空间排列包含了观众即将观看比赛前所有要做的事项。

秩序指的是一种排序的逻辑。在决定要素排列时使用该逻辑是有组织的。当给一组组件赋予秩序时，组织系统就应运而生。在组织系统中，每个组件都对建筑布局中组织逻辑的创建有所作用。因此，根据组织结构来说，若组件排列无序，则整个系统也是无序的，恰好与建好的已有顺序逻辑相反。

秩序系统（ordering system）是如何应用到一个组织结构中的呢？或许是出于设计意图的考虑，秩序系统创建了要素的“等级体系”（caste system），并将其纳入设计当中。在设计中秩序系统可能按要素的空间和体验关系来编写。在以上任意一种情况中，建立秩序时可基于等级或顺序，并且指导检验各种排列样式。

基于等级的秩序是一种等级制度。在设计过程中，秩序以对主要设计目标的作用程度为基础，划分设计组件。作为衡量设计作用的秩序，它为确定要素间的关系提供了一种逻辑。这对确定一个组织图形内要素定位的方法来说是很重要的。

或许顺序是将秩序系统运用于设计要素组织中最直接的方法。确定先后会遇到哪些空间或物件，直接指明了它们在一个组织方案中的位置。基于规划、空间运作或组织节奏确定顺序。顺序可指明空间之间的占用与移动情况。或者也可指明方法论和在其间发生作用的秩序。

* 参见“等级”“顺序”两节。

图 2.54 这张混合剖面拼贴图是沿特定路线展开的设计图，探究了规划组件的顺序和秩序。人们遇到一个空间的秩序是由该空间与路径上其他空间之间的关系确定的。秩序是一种组织逻辑，确定一项设计中各部件之间的关系，而顺序取决于人们从一个空间转向另一个空间所选择的路径。主剖切面的差异记录了顺序的变化。 学生：杰西卡·赫尔墨（Jessica Helmer） 点评：詹姆斯·埃克勒 院校：辛辛那提大学

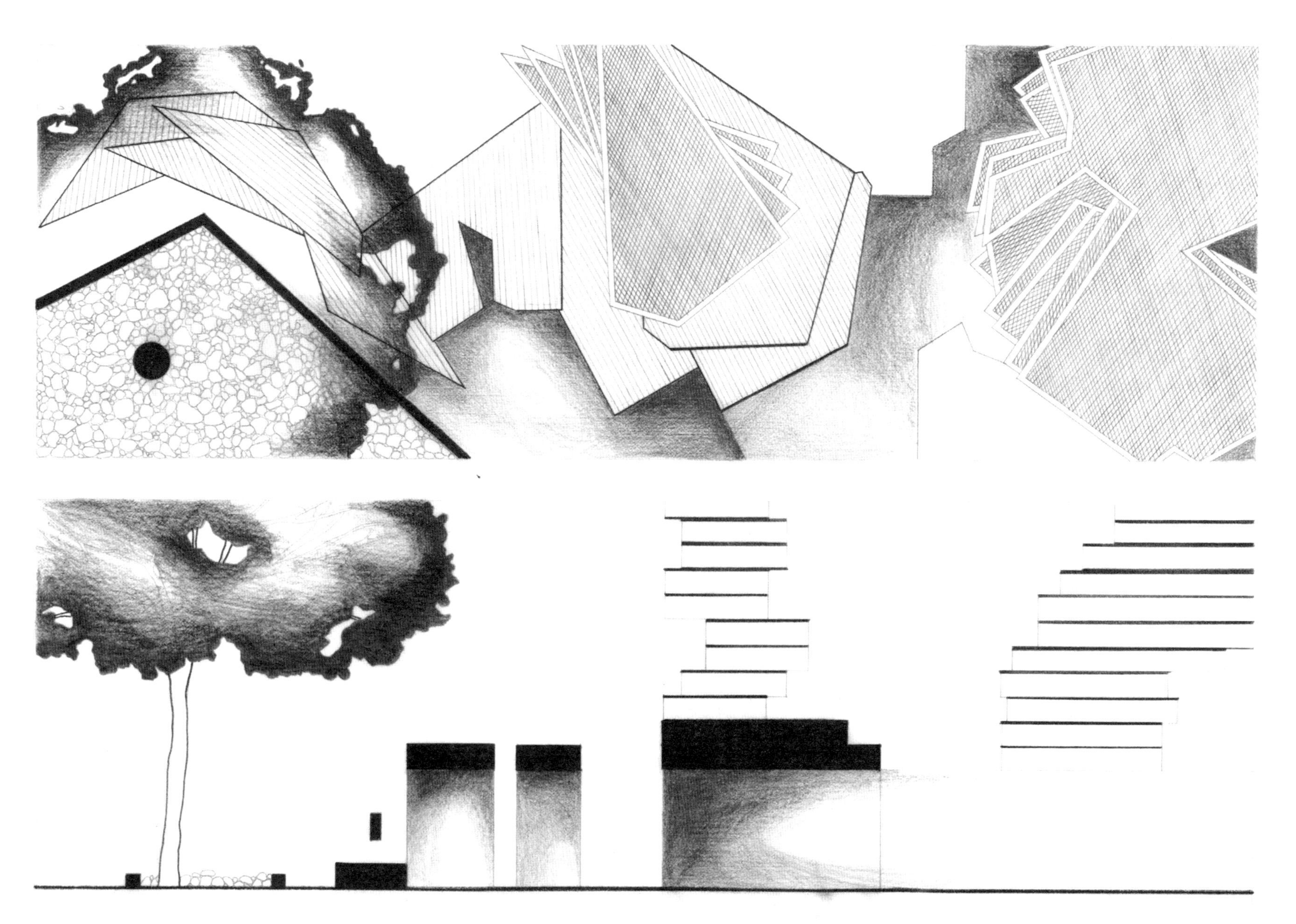

图 2.55　此图中，秩序是排列设计中三个部分的逻辑。最下面设置树木。与之相邻，构筑了一片较高的区域。在柱基处摆放空间构筑物。尽管这可能并未定义居住者遇到设计中这些构筑物的顺序，但是它确实说明了一种秩序逻辑。　学生：伊丽莎白·西德诺　点评：米拉格罗斯·津戈尼　院校：亚利桑那州立大学

组织 ORGANIZATION

一种指导各部件排列的结构或系统；
多个不同组件之间的一组关系。

结构清晰的排列为建筑生成带来的可能性
Generative Possibilities in Structured Arrangement

在参观城市时，每个学生都要寻找并记录不同组织类型的案例。该学生选取的第一类型便是网格，并以城市规划为例。他测量了几个街区的长度和宽度，发现它们彼此相同——该城市是以规则网格来规划的。

在游览过程中，他发现一座长长的建筑物呈水平带状分布，并把它记录下来。在建筑内部，每个空间是沿循环走廊有顺序地排列。他将此建筑物作为线性图形的例子记录下来。

他遇到了另一座建筑物，正好符合他正在寻找的类型之一。该建筑物内有个大大的中庭，从中庭伸展出五个侧厅。每个侧厅之间都有一片草坪，这是某种形式的公寓式建筑。他将此作为放射状规划的例子记录下来。

他收到了一位同学的提示，说有另一个建筑可用于他的项目。当到达时，他发现这不是一个建筑物，而是一个建筑群。整个街区分布着四栋相同的写字楼。他丈量建筑的尺寸及楼间距，并将此作为组团式组织模式的例子。

他们下榻的宾馆可用作集中式组织模式的例子。所有的客房都沿着中央核心排列，并容纳有餐厅和前台。

在 15 世纪时，organysen 一词的意思是“赋予结构”或是“提供器官”。同样的，organizacioun 指的是“身体的结构或组织”。该词的起源涉及组织器官之间的生物构造或关系。该词现在的意思有所不同，已不仅仅局限于指生物结构。而现在指的是实体排列模式，或是指导组织布局行为的原则。它是一种组织策略。该策略可能是一套组织原则或是形态上的秩序系统。

布局原则（compositional principle）是描述组织布局意图的一组规则。它可能会给规模尺度设置一些限制范围，如：设计不能超过一定的尺寸，不能越过一条特定的线。举例来说，若两个设计规划必须相联系的话，那么布局原则就可能为设计要素的定位提供条件。这些原则可为相关要素建立一套程序——新的空间必须与现有空间保持一致。有许多可能的组合原则支配设计要素的分布，这是由每个项目的性质决定的。这些原则可用于确定空间呼应周围环境的方式，或项目中要素的关联方式。一套布局原则代表了一组规范策略，其中的组织模式代表着形态上的秩序系统并以此排列设计要素。

程大锦（Francis D. K. Ching）归纳出以下五种组织模式：集中式、线性、放射式、组团式及网格式。这些排列模式可用来描述任何规模尺度下的空间与形式之间的关系。也可用作描述小空间的连接或关系，或是市政建设规模中不同建筑物的定位。在这些排列系统中有多种不同的类型、变化与混合。网格可以是规则的，也可是不规则的。线式排列可以是沿着轴线，也可以是曲折的。集中式模式也可能表现为组团式。然而这些排列系统对于解读与生成空间和形式至关重要。

项目要素如何分布才可彼此产生联系呢？如何在现有的组织结构中接纳

新要素？这些排列模式是一种通过相近性、等级以及配准等将要素联系起来的方式。根据一个组织结构的布局逻辑，要素的分布会在设计中指导设计决策。一个组织系统可能会支配从一个空间到另一空间的移动、设计规划关系或与周围环境相呼应。同样的，在现有条件下发现组织结构对理解空间关系或是确定与之呼应的新设计方式都至关重要。

集中式 Central

一种由主要核心和外围构成的组织模式；
处于内部的；不属于周边范畴的一部分区域；
在等级体系内重要的内容；主要的元素。

中央或集中式模式的特点是有线条或线式元素的相互交叉。作为组织结构，集中式模式的主要用途是决定设计要素的摆放以及要素间的关系。集中式组织样式是一个秩序系统，包含了可用作周边环境锚固点的主要核心。

集中式组织模式可用以两种方式影响设计：作为中心设计和朝向中心设计。设计一个排列的中心可赋予现有要素区域结构，或也可用作之后对区域内要素的预测。前者可以暗示出：使用模式的中心可以定义之前未被定义的现有要素之间的关系。或许这是改变要素彼此关联方式的一种工具；后者意味着设计可以预测未来的设计发展，并成为确定此发展模式的一种方式而存在。

设计好的中央与周围的要素是什么关系呢？它是否被用作改造工具重新建构现有体系？它是否被用作生成工具，便于延伸拓展？同样地，设计可以呼应现有的中央秩序系统。因此建筑物的设计与中央有若干种可能的联系。此模式可被视为产生合并式设计的一种方法。该模式也可被视作由于新要素的引入而发生了改变。还有一种可能：在秩序系统中纳入一个新成分将会作为该结构的对照物（counterpoint）而存在，被视为异常的不规则要素。相对已有的组织结构，新设计起到什么作用呢？通过空间组合该作用是如何定义的？

在此逻辑中，设计是可作为一个中心或依赖于组织结构的中心而存在的，那么还有一个规模尺度问题。怎么来定义领域呢？要素领域可被视作一个环境，可接纳新要素。然而，它也可被视作要素内部设计的一套限制条件。集中式组织结构可以应用于空间和形式的关系，就像它可以应用于更大范围内物件间的关系一样。这样来说，集中式组织结构也指的是一种等级系统。核心具有主要价值，而外围则是二级和三级价值的排布。哪些空间、形式或事件对整体设计最重要呢？其他空间组件是如何在关键时刻排列的呢？

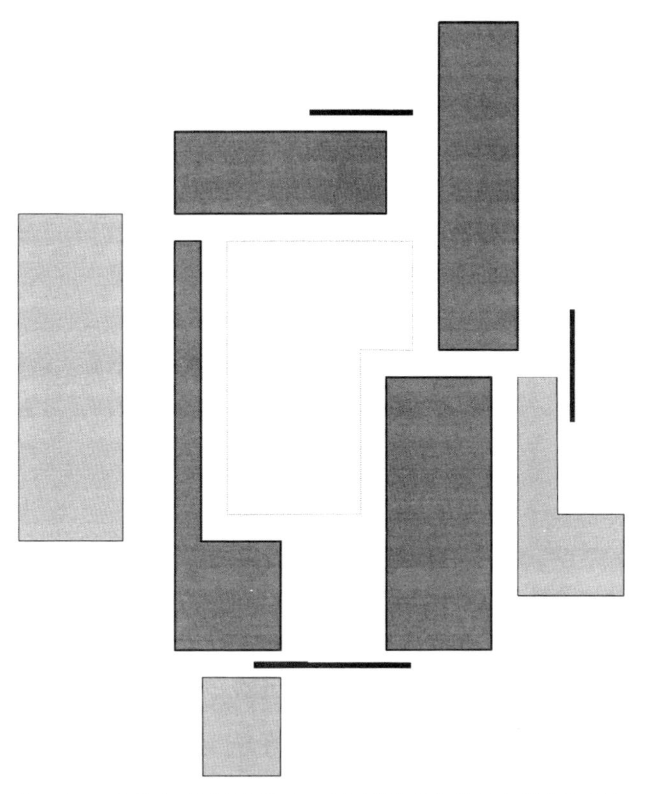

图 2.56　在集中式组织结构中，通过分布设计的各个组件从而确定核心。当组件不能被合成到其他模式中时，集中式模式不同于其他模式的特点便是焦点，此焦点被其他设计组件从四面围合。

图 2.57　此例中，各边阴影部分定义了中间的空白。经过中央的线条进一步缩小和明确了中央空间。两条粗线与侧面之间的小块区域以及顶部和底部的几组细线，强化了集中式组织结构。当直角线条重叠时，可以看到在其间仍有一个小空间。这个交叉处便是集中式示意图的焦点。　学生：德里克·杰罗姆　点评：詹姆斯·埃克勒　院校：辛辛那提大学

组团式　Cluster

一组相似的事物；
区别于其他群组或要素的要素结合而成一个群体。

组团式模式是一群要素。作为一种组织结构，该模式主要用于确定设计要素的位置以及要素间的关系。组团式组织模式是一个秩序系统，包括定义领域或一种样式，并区别于周围其他系统。

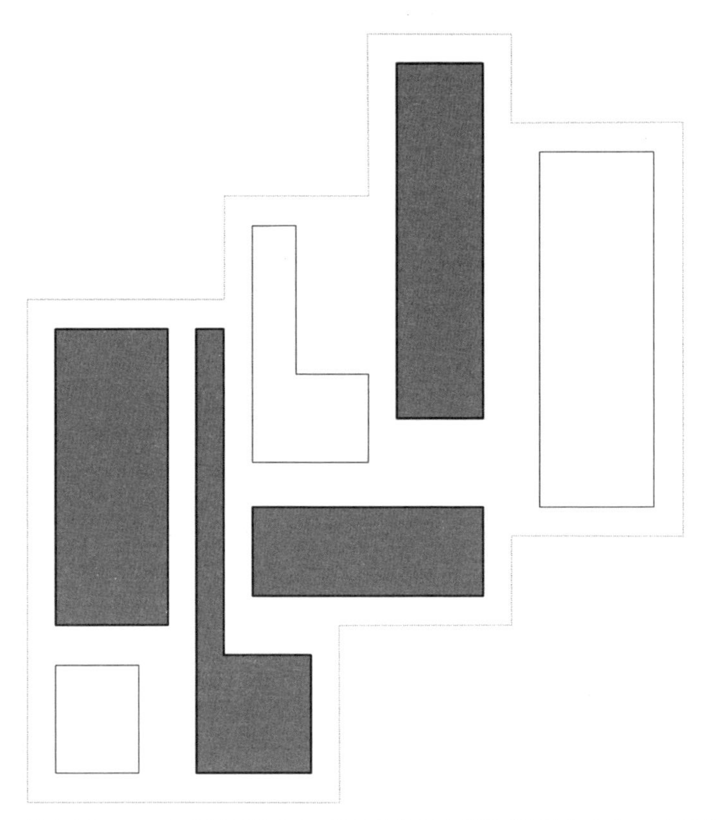

图 2.58　在组团式组织模式中，设计的组织成分以群组进行分布。每个群组由要素的周边情况及差异性来定义。

组团式模式与集中式和放射式组织模式有一些共同的特点，所以有必要确定它的一些特点使之与以上两种模式区分开来。组团式与集中式不同，因为组团式不依赖于一个已明确规定的核心。它与放射模式也不同，因为组团式不依赖于一个有明确方向性或纹理的模式。但是组团式与以上两种模式不同，主要是由于它由外围，而不是核心来定义。作为要素组群，组团式主要由其周界（perimeter）或外部轮廓（outer profile）来构成。这样组群可能缺少明显的内部结构，但由于要素的距离及特质类型，仍被认为是一个组团。通过要素密度（距离）或是要素的相似性（类型）两种方式来界定组团。

作为一个生成器，组团式可用作构建设计内部组件的一种方式，或是作为解读周围环境、接纳设计的一种途径。当定位设计组件间的关系时，组团式模式可作为整理和描绘空间领域的一种方法。基于组团式的类型或组织布局，形态要素或空间要素可定义设计内的区域。当对要素划分群组时，用什么特点使之分类呢？如何使群组彼此联系起来并生成特定的空间关系呢？作为一个周围环境模式，组团式可以确定设计需呼应的场内空间、形态或类型情况。从组织布局上来说，插入式设计在周围环境模式中起到了一些作用。它是置于一个组团还是另一个组团中的呢？是什么决定了它位于哪个组团？它是在组团内使用，还是作为一种重新定义组团外围的一种方法呢？它是作为打破原有模式的一种方法，还是与之前明显不同的群组沟通连接的一种方法呢？在现有周围环境场地中，设计的作用便是决定模式内设计物的摆放以及与构成模式的要素间的关系。

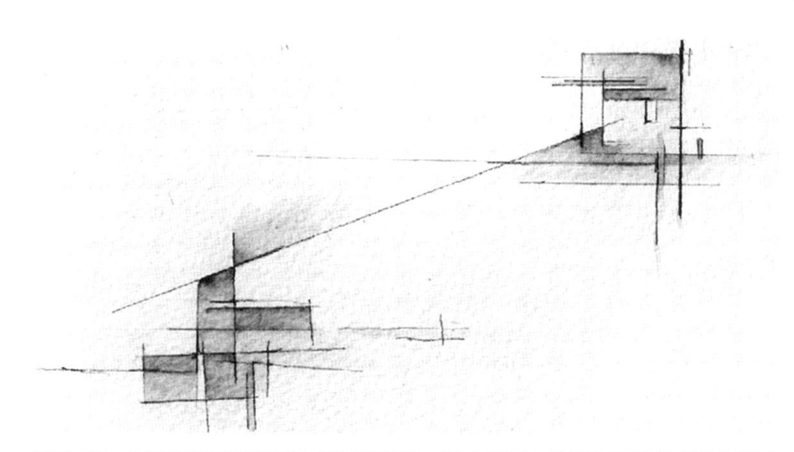

图 2.59　此示意图展现了两个组团的要素。每个组团中并没有明显的组织逻辑支配要素的摆放，但存在一定的方式来相互定义。此例中，以组团式出现的群组保持分离状态。　学生：克莱尔·肖瓦特（Claire Showalter）　点评：约翰·亨弗里斯　院校：迈阿密大学

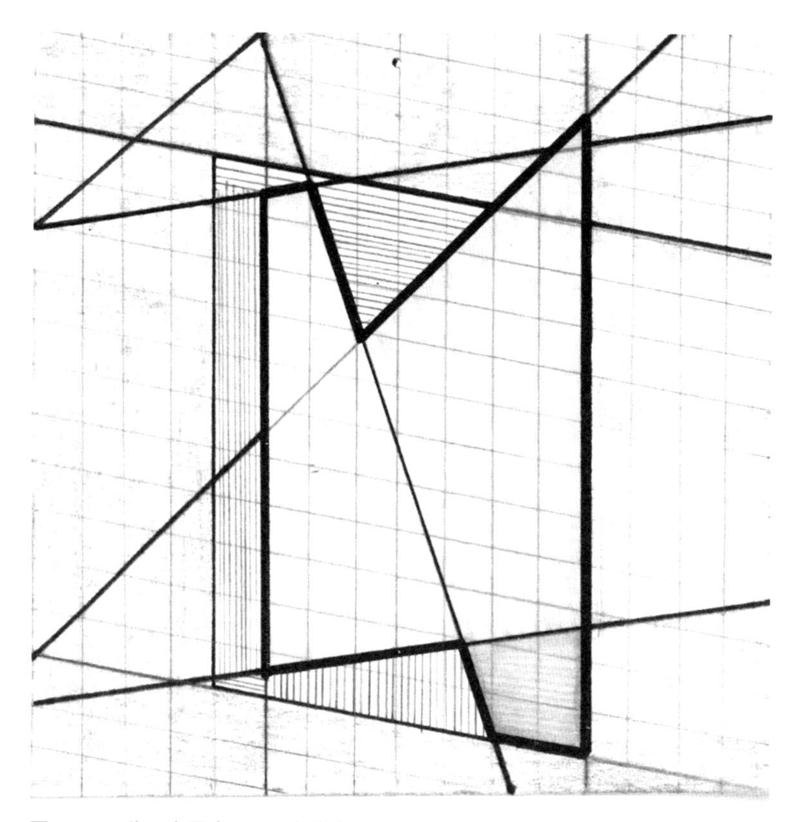

图 2.60　此示意图中，重叠线条与阴影区域群组在一起，延伸线定义了组团的外边缘。学生：德里克·杰罗姆　点评：詹姆斯·埃克勒　院校：辛辛那提大学

网格式　Grid

一种水平与垂直线条相交的模式；
一种源于相互交叉要素得来的组织结构。

网格是由相互交叉线条或线性要素组成的一种模式。作为一种组织结构，网格主要用于确定设计要素的摆放位置及要素间的关系。

有两种网格结构类型：规则的和不规则的。在规则的网格中，用来定义线条与模块是统一的；规则网格线条的间隔相等并彼此平行，模块也是大小一致。相反，不规则网格线条的间隔不等，并产生众多尺寸大小不等的模块。不规则网格并不一定意味着线条彼此平行。

设计含义是：规则网格赋予秩序，在自然界中很少出现；不规则网格是对现有秩序的呼应。在被平均划分的区域内，现有周围环境被新的秩序系统所替代。然而，丰富多变的网格结构可能呼应现有的系统：网格是作为将新系统与现有系统结合的一种工具。不规则网格是不考虑现有结构的人为组织布局；然而，在设计过程中，网格最大的潜力是在新要素和现有要素之间产生一种特定的呼应。在网格结构中，哪些是彼此联系的呢？定义这些关系用到了哪些原理？在系统中，要素间的关系可确定网格类型和布局情况。

网格结构可以确定组织等级。特定模块、交叉点或线条可能比其他要素更为重要。因为网格协调空间和形态，进而呼应现有条件，等级可能是现有一级和二级条件的结果。因为网格协调内部的空间和形态关系，网格结构自己便可产生要素间的等级。通过网格结构内部元素的摆放位置及其彼此关系来表现出等级，使线条或模块更为突出，网格内的密度变化更为鲜明。

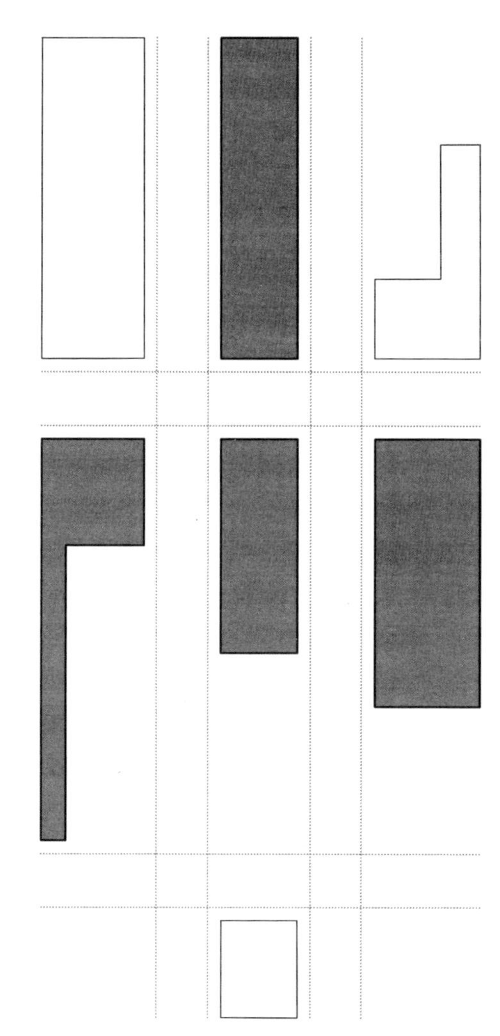

图 2.61　图中为规则的直角正交网格。

在单一空间条件的开发和更大领域的组织上，网格可影响设计过程。网格模块是适用于建立测量、尺度或组合的单元。此类单元可用作划分一个空间以及在结构内重复规划的模块，或是在现场领域内的布局。网格适于设计过程中几乎所有阶段或规模上的组织布局与决策过程。

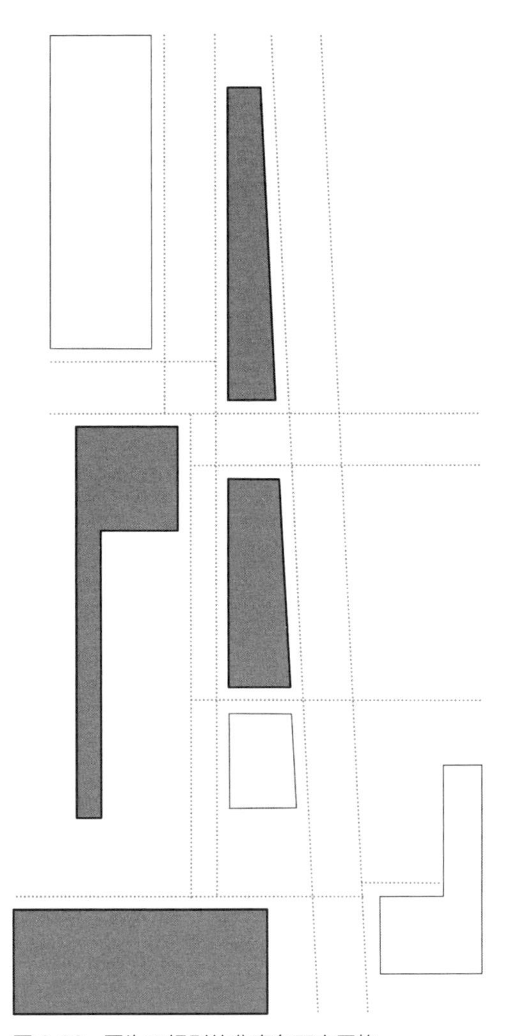

图 2.62　图为不规则的非直角正交网格。

图 2.63　此例中，具有不同截面值的网格结构与图片左侧的另一组织结构相交。此示意图可能是对现有条件的分析，也可能是制定新设计的组织策略的开始。　学生：克莱尔·肖瓦特　点评：约翰·亨弗里斯　院校：迈阿密大学

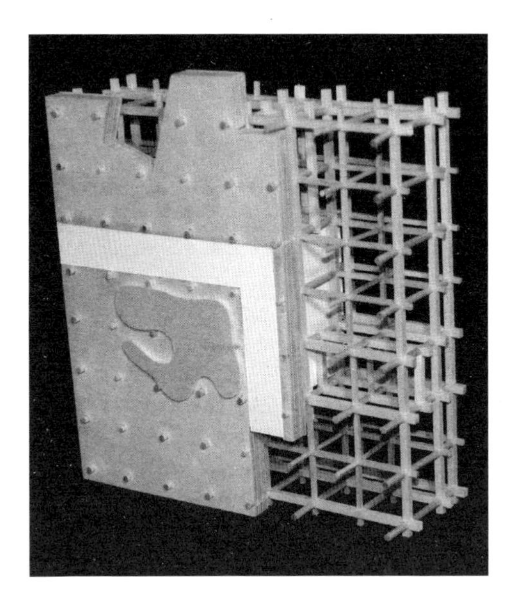

图 2.64　此例中，网格被转化为三个维度。图中网格为脚手架结构，支撑着空间内的要素。它也是鲜明的表面标志，网格结构控制处理其表面。此模型显示了项目中的策略性发展过程。设计者正在检测组织利用网格的不同方式。　学生：亚历克斯·霍格瑞特（Alex Hogrete）　点评：约翰·亨弗里斯　院校：迈阿密大学

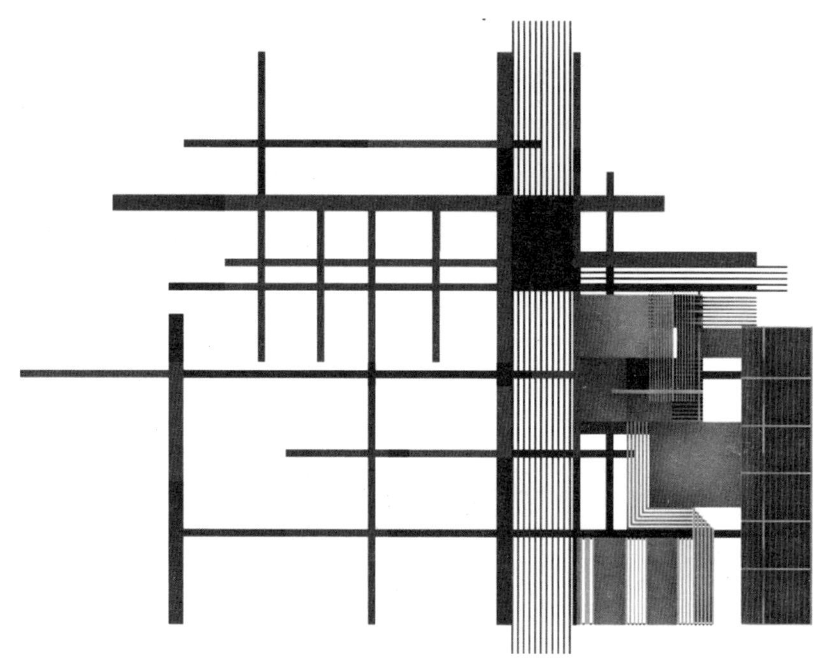

图 2.65　分析一个周围环境内现有的网格结构可洞悉其周围环境内介于该环境中的策略。网格也能规范新的设计，它由图像右侧密密麻麻的网格线表示。中间的网格是由其环境而来并将设计编入周围环境中。　学生：斯蒂芬·多伯　点评：詹姆斯·埃克勒　院校：辛辛那提大学

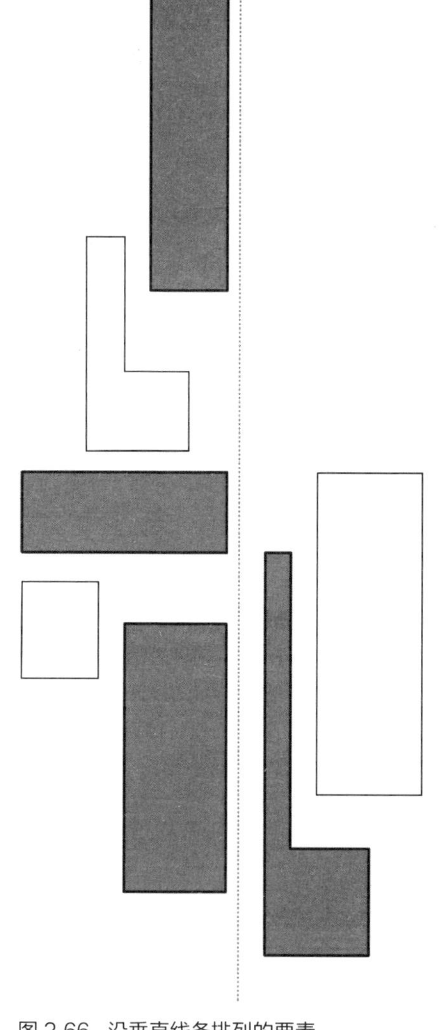

图 2.66　沿垂直线条排列的要素。

线性　Linear

针对线条建构的一种组织模式；
一种由直线定义的形态；
没有转向或分支的一种形式、空间或序列。

线性模式是一组元素围绕一条直线排布或排布成一条直线。线性模式作为组织结构，主要用于确定设计要素的摆放位置及要素间的关系。

线性组织结构沿着一条直线，或是促使构成系统的各个要素排成一条直线。此线条可以是轴线、向量线或曲线。在轴向线性秩序系统中，要素围绕直线排列；方向由轴线的朝向决定。向量的线性组织与轴线模式相似，只是轴线沿着单一方向有起点和终点。在曲线组织结构中，方向沿弧线不断变化。要素仍沿着连续的线条排列。

线性模式可用来组织设计，或从计划接纳设计的现场中解读或提取周围环境信息。线性秩序系统代表了在规划中连接不同组件的一种简单形式。不论是轴线、向量线或曲线模式，多种组件沿线条排列。被排列的是哪些组件？它们该以何种方式摆放呢？导向与方向的可能性将决定秩序结构中的顺序。

线性模式是指导要素或模块重复的工具吗？作为测量空间单元的一种方式，可对线性模式加以划分。从周围环境的解读上来看，线性组织可能是一个现有的指导形式和空间呼应的系统。根据在周围环境中确定的线性结构的类型，新设计将在该模式中发挥不同的作用。这个新设计会成为向量系统的起点或终点吗？它会是沿轴线的一个单元吗？沿着曲线它会确定怎样的方向？为确定设计在排布的背景图案中所起的作用，就要确定设计的空间与其周围环境的关系。

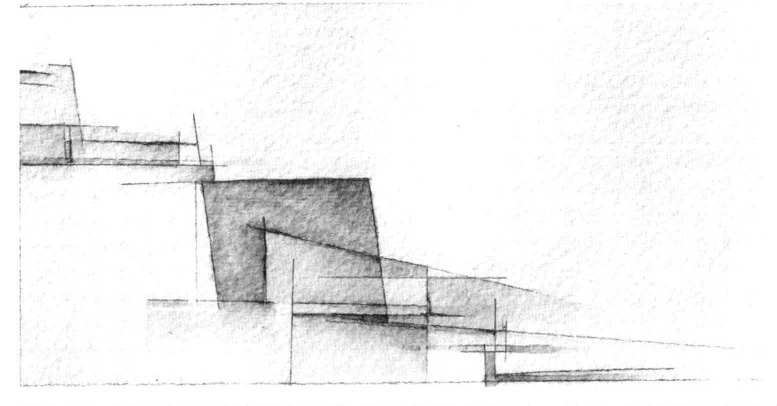

图 2.67　该示意图是线性的组织模式与网格模式的混合。然而，网格剖面图是以线性形式分布的。此示意图可能是对现有条件的分析，也可能是制定新设计的组织策略的开始。
学生：克莱尔·肖瓦特　点评：约翰·亨弗里斯　院校：迈阿密大学

图 2.68　该项目中，在建筑构架内，空间是以线性模式排列的。建筑构架是通过对周围环境的方向和纹理的观察得出的。线性结构旨在引入元素的尺度规模上强化周围纹理。
学生：劳伦·怀特赫斯特（Lauren Whitehurst）　点评：詹姆斯·埃克勒　院校：辛辛那提大学

放射式　Radial

与一个共同中心相关联的排列系统。

在放射式组织模式中，要素可从焦点位置四处移动或游离。移动应该有多个方向，或者相对于焦点排列要素。作为一种组织结构，放射式模式主要用于确定设计要素的摆放位置及要素间的关系。

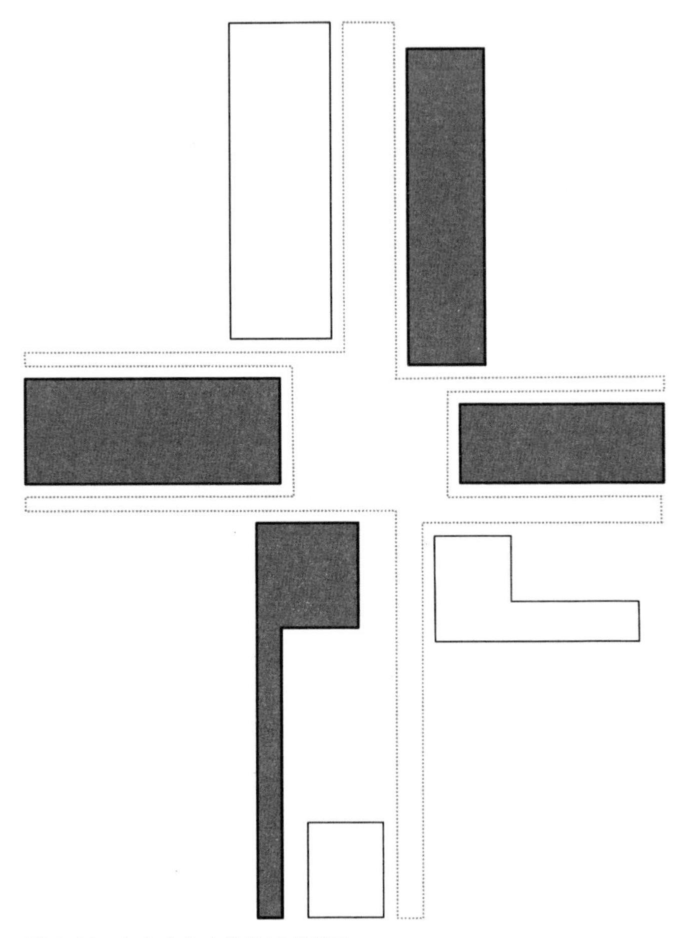

图 2.69　自中央焦点的放射式延展。

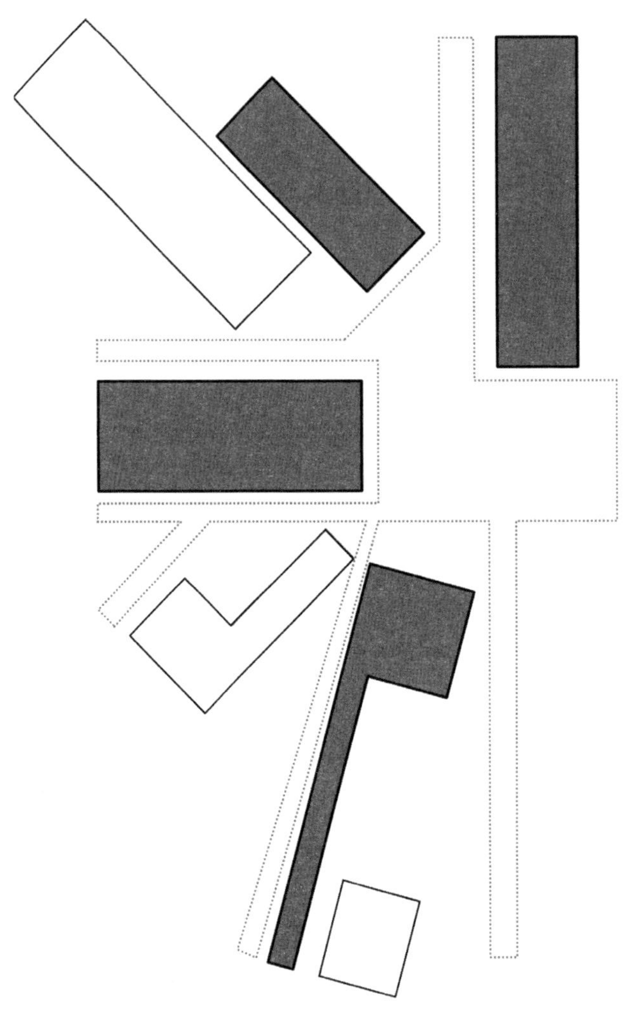

图 2.70　自非中央焦点的放射式延展。

放射式系统中的焦点并不一定是指向模式内部，这是其区别于中央秩序系统的首要因素。放射式模式的主要特点是要素可以围绕焦点移动，或是在多个方向游离于焦点。同轴延展（concentric expansion）或者以焦点为核心的连续螺旋状运动描述出了一个要素围绕焦点排列的系统。在从焦点辐射出不同轴线的系统中，要素从焦点处朝多个方向排列扩散。在以上任意一种情况中，方向远离或靠近焦点区域，是认定放射模式的主要因素。

放射式模式属于设计流程的一部分，它可作为设计内部空间关系的生成器，也可作为解读与呼应方式来接纳引入性设计。当被用作内部设计时，它可通过指导组件摆放来促使要素间产生联系。放射式模式本身就是一个等级概念。由于各要素都依赖于焦点，构成焦点的东西就比组织布局中的其他组件更重要。

什么样的设计组件可定义焦点呢？其他组件相对于它如何定位？在设计中还会出现其他什么样的等级分类，以及它们是如何支配组件摆放的呢？放射式秩序系统允许设计师通过确定顺序、设计规划、空间关联以及形式组织的方式来定位单元和组件。从周围环境的解读上来看，放射式组织可以是一个现有系统，来指导形式上与空间上的呼应。根据周围环境中确定的放射式组织结构的类型，新设计在该模式设计中会发挥不同的作用。新设计会成为焦点或者是沿焦点延展的单元吗？它与焦点或周围领域有何关系？为确定设计在环境排布中所发挥的作用，就要确定所设计的空间与其周围环境的关系。

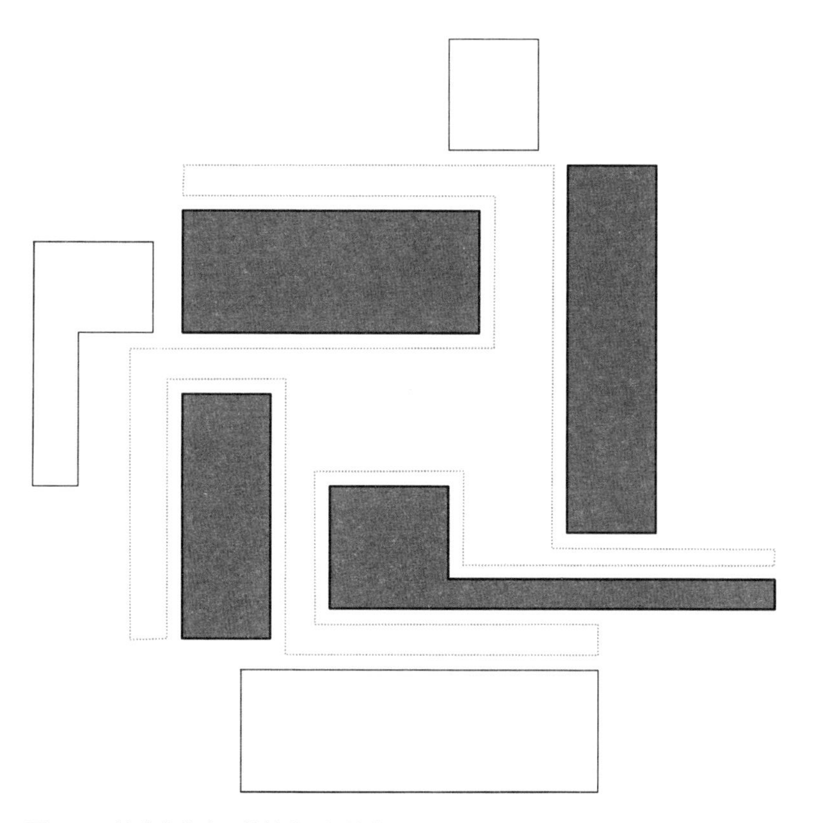

图 2.71　从中央焦点呈放射式、螺旋状延展。

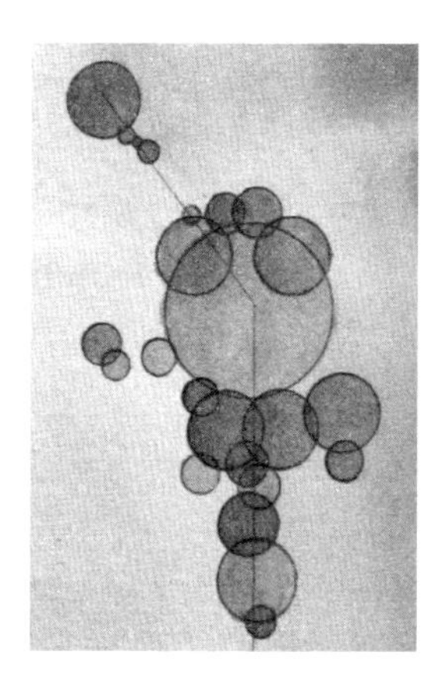

图 2.72　此示意图中，每个色调值都不同的小圆圈以大圆圈为焦点呈放射式排列。此示意图可能是对现有条件的分析，也可能是制定新设计的组织策略的开始。　学生：克莱尔·肖瓦特　点评：约翰·亨弗里斯　院校：迈阿密大学

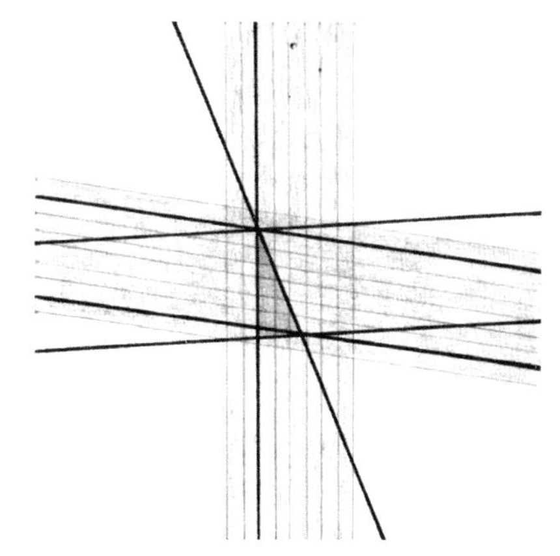

图 2.73　此示意图中，线条在中央核心处交汇，在交汇处勾勒出一小片区域，其作用是组织焦点。每条线都有不同的等级值，它决定了由模式排列的要素间的秩序关系。　学生：德里克·杰罗姆　点评：詹姆斯·埃克勒　院校：辛辛那提大学

方位 ORIENTATION

相对于某一参照点的位置或方向。

指向为建筑生成带来的可能性

Generative Possibilities in Directing Toward

此基地的一侧曾有一条街道；其他三面与周边住宅相邻。这条街道曾是进入该基地的唯一通路，并且以此为起点在基地上建造建筑物。考虑到这一点，建筑师将项目导向街道边缘。那里将会是人们面对建筑物的地方，是正面。

该城的街道网格沿主要方向旋转了几度。知晓这项新工程与东、西、南、北的方位关系是设计环境应对策略的起点。其相对于太阳的方位决定了将窗户安放在某处能获得的采光质量。这只是建筑物相对于太阳的方位所产生的影响之一。

方位是一种将物件与场地关联起来的组织原则。由方位提供的关系基础就是方向。需要有外部参照物来判断物体是朝向或远离它，即确定方位。物件和参照物可以确定物件之间的方向性关系。参照物可以是实体的，例如一个物件相对于另一物件；它也可以是概念上的，例如指向一个基本方向。在设计组织要素中，方位起到了什么作用？它是如何影响设计过程的？以上所列两种方位模式指明了要素间的组织关系或者与场地环境特点的关系。

大方向为与建筑设计相关的各种环境因素的测量提供了参考。根据确定方向的成规来设定设计方向，使设计师能够控制各类因素对空间的影响。方位决定了光线、温度、视野、风向等问题。这些影响意义不单单局限于施工方面，相反，还可运用于与环境呼应的策略来控制空间的实用特点。比如，设计中涉及的空间中光量与方向问题可利用方位加以解决。通过反复的方位研究，可以完成创建一个有理想空间效果的内部环境。

确定向内或向外的方位是一种组织布局形式。它使组织结构的设计意向变简单了，同时也建立了组织内部要素间的具体联系。要实现这一点需要做到：通过定位，彼此相连的物件须有明确的正面与背面、主要朝向或由其他参照物来确定它们所指的方向。

* 参见“方向”一节。

位置 POSITION

要素的落位；
有目的或策略性地放置要素；
在更大的、可能的落位网络内确定一个位置。

位置为建筑生成带来的可能性
Generative Possibilities in Placement

项目要求大部分场地保持开放，作为公共聚会空间。项目所需的场地面积不大，所以这不是一个难以满足的需求。然而设计过程的一个初始步骤就是必须制定项目在场地上的定位策略。

若干项分析研究阐明了周围环境和建筑物对拟议的新建筑物选址的影响。人们决定将设计方案拉长使之成为在场地一侧的线性建筑。第一个研究的就是此方案，因为它可最大限度地开放场地，用作公众聚集地，此项设计也为将来的扩展提供了可能。然而，人们还是对方案进行了修改，因为这样新建筑离邻近的建筑物太近，将限制向内部空间提供自然采光。最终，该建筑方案被定为沿街而建。这样不用过多限制场地的开放面积就可以产生一个面向公共区域的正面。

定位是主要的组织行为。该含义说明行为意图指导位置摆放。设计定位或其中一个组件是如何影响其功能的呢？位置是一个组织概念，将要素之间或要素与周围环境联系起来。在一个组织结构中，对要素定位是一项包含技巧与决策的过程。

方位（location）仅仅指的是地理空间上的一点。而位置（position）则是要求已摆放的要素与周围环境的一个方面产生确定联系。这不是语义上的差异。对要素定位是产生组织联系的一种策略。此策略可明确周围环境的呼应形式、空间的连接方式或设计方案的分布。当位置是基于某些设计标准时，它就成为一种通过反复改进过程推进设计的策略。

位置也可参考设计意向。对于一个特定的话题，人们可以采取不同的立

图 2.74 此模型是针对诸多场地特征中如何确定引入元素位置的系列研究中的一部分。作为调查的一部分内容，通过道路网络将这些特点与建筑相联系。为接纳建筑物和道路而调整改变了地形。 学生：布列塔尼·丹宁 点评：詹姆斯·埃克勒 院校：辛辛那提大学

场态度，从现有的信息中陈述一种观点或意图。它是设计概念的基础。在建筑领域，定位是指在更大的知识（社会、文化或技术）环境中设计所发挥的作用。陈述了一个特定的设计应该以哪种方式发挥作用。

对于一个设计主题，人们必须确定一种趋势。设计师的任务就是确定未来该趋势的走向。所做的选择是为了呼应预测的结果、呼应现有状态或是试图改变该趋势的进程。这种逻辑模型可应用于许多与设计相关的问题。从某种意义上讲，定位的这一方面是相对于建筑学科当中的其他观点来组织设计行为。

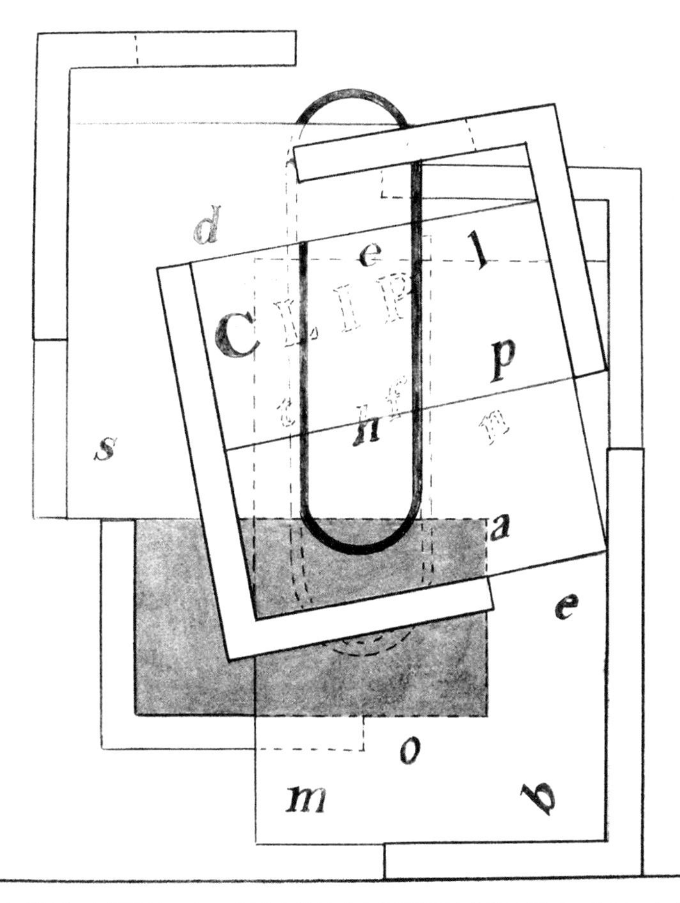

图2.75 此图与上例相比，在一个更小的尺度上以图解形式分析说明了位置。在此图中，整体组件是以不同定位和再定位的形式展现出来。该研究侧重将别针作为连接与沟通部件的一种策略。使用别针可以排列组件，以便将包含的部件放在一起，或重新定位使它们分开，但是我们仍可看到其间别针的作用。 学生：乔·瓦希 点评：马修·曼德拉珀 院校：玛丽伍德大学

邻近性　PROXIMITY

部件相联系的接近度。

远近为建筑生成带来的可能性

Generative Possibilities in Being Near or Far

这一带城区的房屋鳞次栉比。这一街区也是如此，房屋被狭小的窄条间隔，它以前是通往街区内部的通道。居民们共享同一个内部空间。从技术角度来说，共享空间被划分为配属每家住户的小地块，但没有设置栅栏或小门来界定区域范围。

在这种非正式的情况下，邻近性决定了各家各户的所有权和责任。人们关心并维护围绕自家房屋的那部分内部空间。大家知道，内部空间中任何物件的归属是根据它们与房屋的邻近程度确定的。

邻近性界定了一种距离的组织关系。更为具体来说，因为彼此邻近，就建立了一种要素之间的相关联系。如何使用邻近性生成建筑理念呢？根据彼此间的临近性设置元素的简单行为是如何成为一种组织策略呢？

邻近性是设计项目的组织结构原理。将彼此相邻的要素定位，将是影响因素之间进行有组织、有规划地联系在一起的方法。因为距离对感知和体验有直接影响，所以邻近性可以作为一种开发空间理念的方式，与道路、路线或通道相关。

邻近性可以是空间之间更复杂关系的一个促成因素。考量彼此邻近摆放的要素，首先就是物料、组合及体验，通过它们将短距离连接起来。如此做是在设计内部嵌入特定空间操作的一种方法。

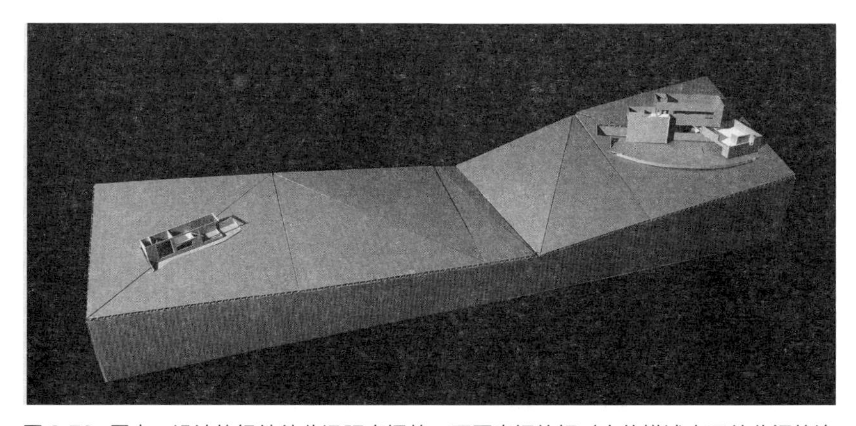

图 2.76　图中，设计的组件彼此远距离摆放。两要素间的相对定位描述出了彼此间的连接领域。然而，由于存在距离，它们彼此间的相关性较小，而个体差异更大。　学生：特雷弗·赫斯（Trevor Hess）　点评：彼得·王　院校：北卡罗来纳大学夏洛特分校

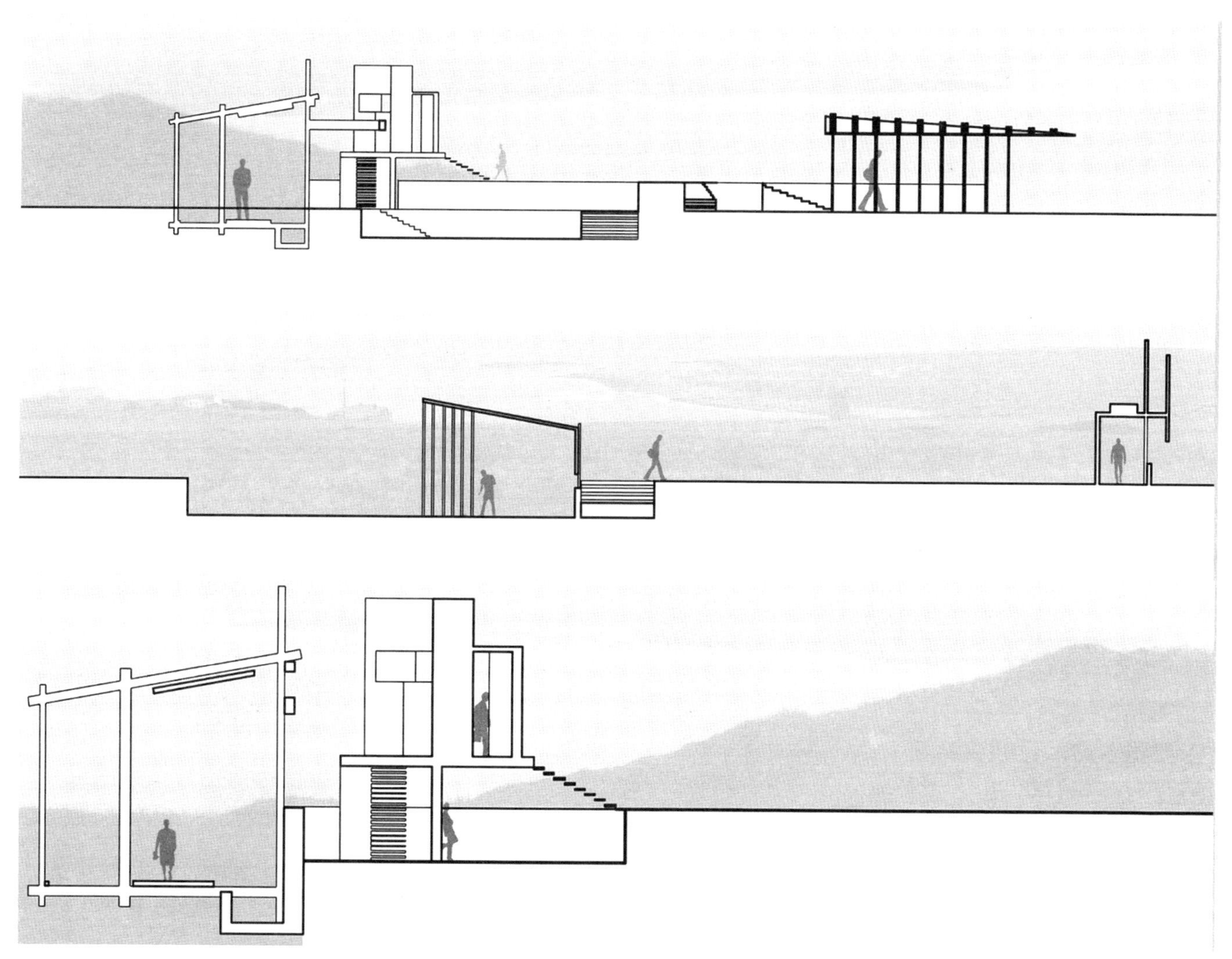

图 2.77 邻近性是理解设计内不同部件的作用和联系的重要工具。在此项研究中，学生根据设计中部件彼此间的距离，对不同部件加以记录。这些影响不仅是组织布局上的，也是空间与形式上的。根据交通流线或部件之间所占区域的方式，考量彼此间的距离。此外，通过整体界定空间之间的空隙。 学生：佚名 点评：约翰·梅兹 院校：佛罗里达大学

相关 RELATE

通过一组特征将各部件连接或结合起来。

联合为建筑生成带来的可能性

Generative Possibilities in Association

进入一座建筑物后，客人首先会进入一间小屋子，主人在此迎接客人。在此空间内，人们自我介绍，有时还会交换礼物。早到的客人可以坐在安排好的椅子上，这样他们便可以交谈，等待进入主客厅。一切准备就绪后，他们移步主客厅，展开更大规模的用餐和社交活动。

这两个空间通过排列及其功能作用相互关联。它们相互紧邻，空间的开口使空间彼此通达。小空间是人们在通往最终目的地途中停留片刻的地方。它的功能是使客人准备进入后面的空间。各个空间确定了实体与规划之间的关系。

找出各部件关联的方式或设计的功用是建筑师的主要动力之一。这是组织布局与设计过程的一项原理。通过排列空间和形式使它们相互联系起来，是组织布局的一项功能。将设计组件相联系的行为是设计程序的一部分。设计思路一直贯穿于反复过程的各个阶段。接下来的问题就在于生成。一个组织关系能否生成空间呢？如何使要素相关联从而生成或决定一个设计概念呢？

在组织布局模式中，通过实体连接或实体特点的相似性，形式的排列产生了设计关系。这种组织关系属于组织布局的。这有助于界定或反映用来分布组件的秩序逻辑。反映这种逻辑不仅有助于传达固有的设计理念，同时也有助于向居住者传达空间的功能。另一方面，根据多种潜在的实体、体验或者规划设计特点，空间可以在组织模式内部相互联系。界定空间彼此关联的方法可以为项目提供若干帮助。它可为包容空间的形式组合提供标准，也可以帮助设计者在建筑布局中确定空间的相对位置。在陈

图 2.78　此模型中，语言是描述空间相互关联的一种方法。贯穿始终的组织与布局的策略很少，并通过相似性产生了关系意识。空间也通过它们之间的连接和分离联系起来。
学生：维多利亚・特莱诺　点评：凯特・奥康娜　院校：玛丽伍德大学

述组织与排列的空间条件时，设计师也可考虑居住者的路线和体验问题，进而展开设计规划。

通过为设计决策提供概念框架来考量相互关系和组织，并参与到此过程中。这些考量确定生成思路，有助于引导项目推进。考虑设计要素之间的各种关系成为同时联合并创造空间、形式和组织的一种方式。这些关系都有助于形成设计组件之间的关系，因此它们可以被理解为相互关联、相互依赖的设计特征。

图 2.79　关系指明了要素相联系的方式。这并不意味着这些要素是直接连接或出于共同目的而排列的。此例中，分隔定义了两个空间之间的关系。空间之间的划分是通过分隔墙建立的，并通过墙体与位于图像右下角空间的较低面之间的空隙得到加强。两个空间虽然是分离的，但仍然通过邻近性与相近性联系在一起。　学生：卡莉·威廉姆斯　点评：詹姆斯·埃克勒　院校：玛丽伍德大学

韵律 RHYTHM

反复出现或重复的要素模式；
可以量测的顺序。

顺序模式为建筑生成带来的可能性
Generative Possibilities in Sequential Patterning

音乐厅赞助了当地音乐家们的一项活动。在参加活动期间，音乐家们将有机会练习自己的技艺、作曲或表演。随着此活动在年轻音乐家中的开展，并越来越成功时，需要建造一座新建筑来举办这项活动。这座新建筑物内应有一个供当地音乐家表演的大厅。练习厅和卧室围绕着大厅。

人们不是将不同类型的空间集合在一起，而是决定将这些空间混合在一起。设计每两间卧室后设置一个练习厅。这样的话，每个练习厅都可以分配给距离最近的当地音乐家。围绕表演大厅，以每两间卧室旁有一间练习厅的韵律连续排列。这是一种将设计要素有序排列的方法，以促进设计规划作用以及形成住所与创作之间的关系。

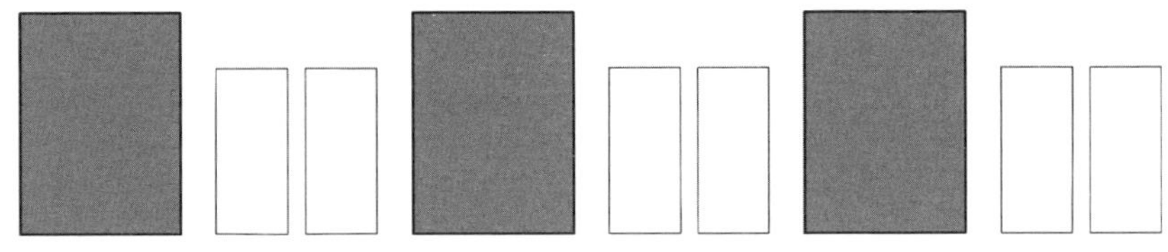

图 2.80 韵律是一种基于秩序与重复的顺序结构。此例描述的是 abbabb 韵律，其中的秩序是 abb，重复是不断复制 abb 组群。

韵律是一个序列逻辑。它定义了一种对设计要素进行排序的方法。要素是通过间隔的重复，或是按类型排列要素的原则建立的。韵律是如何成为生成空间的一种工具的呢？它如何促进设计构思或空间观念？韵律不仅仅是重复性的，它是在组织模式中重复的测量方式。韵律可被用作生成或排列空间的一种逻辑标准，用作测量空间的一种工具。并且作为一种测量工具，韵律可被用于识别或量化某区域形式类型的转变。

韵律指的是一种用以测量重复的标准单元。它是重复所遵循的一种模式。就像一首诗可能会使用特有的押韵模式进行创作，空间也可使用一种押韵式结构来阐明其组织布局。在 a–b–a–b 模式中，a 和 b 是以间隔排列的。这些类型可能指的是用于构成空间的部件。如果是这样的话，那么空间特点便是一系列的片段。这种规划也可指涉空间类型，此种情况下，韵律是一种可以建立系统的方法，通过该系统，空间在一个更大的组织布局中相互关联。

将韵律作为组织布局的标准可以提高解读或分析现有空间及排列的可能性——将其作为一种测量手段。所以，发现运用于一个空间或组织模式当中原始生成的韵律逻辑可以为生成与韵律的相关观念提供信息。

韵律也是一种可以表现出来的结构。在使一个空间体验的韵律结构变得明晰或显著时，人们强调了变化多样。因为韵律是一个顺序，其秩序内部发生改变或打乱顺序对于观察者来说则更为明显，从而可以将韵律用作测量区域变化的工具。可以通过使用韵律，以连续模式来理解秩序中微小的变化或对类型特点加以操控。不是先界定一种类型然后在组织布局中改变它，设计师可以界定以韵律形式排列的一系列转变步骤。这使观察者可以体验到改变，能够了解原始状态与现有设计之间的关系或关联。

* 参见“顺序”“重复”两节。

图 2.82 上层嵌板的尺寸及位置的韵律很明显，它们描述出渐降的下层与柱基之间的关系。它们的宽度以及向一侧突出的长度是不同的。 学生：格蕾丝·戴维斯 点评：史蒂芬·加里森 院校：玛丽伍德大学

图 2.81 此例中，材料组合的韵律十分明显。这是一个 a-b-a-b 模式，而且阐明了在物质材料和组合中韵律所起的作用。 学生：奥莱亚·季尔诺（Olea Dzilno） 点评：瓦莱丽·奥古斯丁 院校：南加州大学

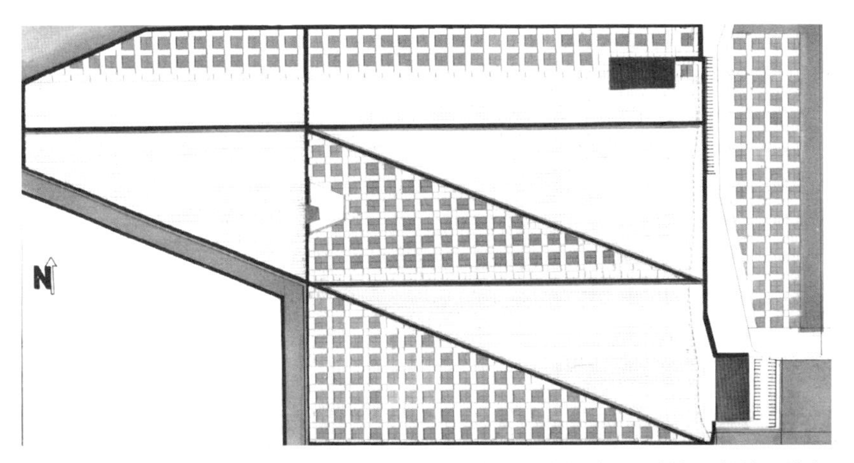

图 2.83 在一个区块中，韵律用来分配不同的场地设计规划。每一区域都是按地形特点划分的结果，有利于设计规划。 学生：塞斯·特罗耶 点评：詹姆斯·埃克勒 院校：辛辛那提大学

结构 STRUCTURE

一种构造；
一个支撑系统；
一种编排的系统或策略。

组织模式为建筑生成带来的可能性

Generative Possibilities in Organizational Patterning

民用建筑地基的模式可以明显体现组织结构。规则几何形状的小山丘、成排的树木和小路都在此场地上重复延伸开来。摆放在一侧的要素与设置在另一侧的要素有序排列。这些有序排列形式同时也与主导平面的形状模式相关。

这种排列设计组件的策略贯穿于该建筑的设计与构建的过程。场地的样式也为建筑设计定义了一套需遵循的规则。建筑物沿轴线定位，此轴线是由图案形状所决定的。内部要素与外部要素有序排列，在更小的建筑尺度上继续沿用结构策略。

结构是指所有构建的事物。作为建筑形式的参照，它与建筑有明显的联系。然而，由于结构指的是人类制造方面的内容，它可以与设计过程和组织紧密联系。什么是程序结构（procedural structure）？什么是组织结构（organizational structure）？

不论在组合与建筑的尺度上，还是在周围环境的尺度上，设计都是进行构造的行为。此行为可能出现在惯常的墙体组合上，或是创造一种排列模式上。大部分过程都致力于逻辑——系统和模式的创建。为原来无结构处提供结构、确认并适应现有结构，或是替换一种已经无用的结构，是任何尺度建筑设计的根本。此外，结构也是一种秩序手段。将结构应用于设计过程时，结构可能是技术或方法应用的秩序，是程序的一个阶段，或是在设计过程中一套指导设计发展的原则。结构就是一种编排的创造性。

图 2.84　这幅图展现了基于维度、比例和排列方式的组织结构。这是一种隐藏结构。此框架的逻辑是将有形之物以无形方法绘出。　学生：凯瑞·吉文斯　点评：吉姆·沙利文　院校：路易斯安那州立大学

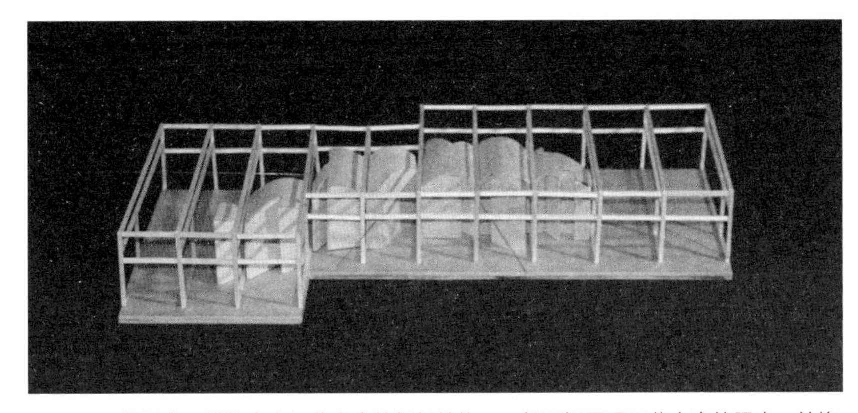

图 2.85　此图中，模块定义了此方案的组织结构。一组开间展现了此方案的限度，并将其分割为与设计标准相对应的小块。在此结构中，设计要素被插入开间对应处。　学生：玛丽·迪克森（Mary Dickerson）　点评：约翰·亨弗里斯　院校：迈阿密大学

将结构理解为一种秩序直接涉及了组织。组织结构通过构成要素的秩序从实体角度鲜明地表现出来。它包括了定义排列模式的要素或策略。

系统 SYSTEM

一组相互作用或相互连接的要素；
一种组织方法；一种策略。

合作功能为建筑生成带来的可能性
Generative Possibilities in Cooperative Function

房屋设计者开发出一种组织策略，需要将各设计方案拆分成不同的群组。她设计出一系列示意图，将房屋分成三部分：睡眠、吃饭和娱乐。每一部分都有一组按规划排列的空间。对于睡眠部分，她将三间卧室与一间浴室排成一线。对于就餐区域，她将就餐和储藏空间邻近厨房和备餐区设置。此时，厨房就是一个中枢，其他空间分布于厨房周围。娱乐空间则被缩减为一大片形状不规则的区域。它像个支架，将其他两部分连接起来。通过实施此策略，她创造了三种不同的空间系统。为将其统一，她把它们置于统一的结构体系之下，即一个屋顶覆盖了此三片区域。

在建筑中，系统是广泛使用的术语。它指的是一组相互联系的空间、形式或设计操作。在设计过程之外，建筑力学也被指作系统。建筑物中的力学系统与更广泛运用于设计方面和设计过程的系统有共同特点；它们由多个相互关联的部分组成，以执行一个单一的功能。这一典型属性影响了我们对建筑组织的理解。按照定义，任何组织模式或策略就是一个系统。如何将一个系统作为设计原则使用呢？不论将其运用到一组空间、形式或是操作上，系统的作用如同秩序策略。这是基于用途的组织逻辑。

空间系统由一组相关空间组成。通过设计规划或实体属性，这些空间可以相互连接。比如，一项设计方案使用空间涵盖主要设计规划组件，使其作为周边环境的锚固点，并支持此设计规划形成系统。同样地，依顺序结合在一起的空间（以压缩的走廊作为起点，并以巨大的立柱作为终点）形成了一个体系。第一个方案是排列和事件的系统。第二个方案是空间转换的系统。每种方案都包括了单一目的的一组空间。理解空间系统的可能性将会赋予设计者另一种解读和创造空间关系的技能。

形式系统是服务于更大设计理念的组织布局。它们由相互关联的物件组成。比如，在更大的组织模式中，使用一些标记可以描绘出一个区域并进而形成一个系统。建筑物的柱状网格可以理解为一种形式系统。第一个例子是标记和交流的系统，使居住者意识到区域之间的界限。第二个

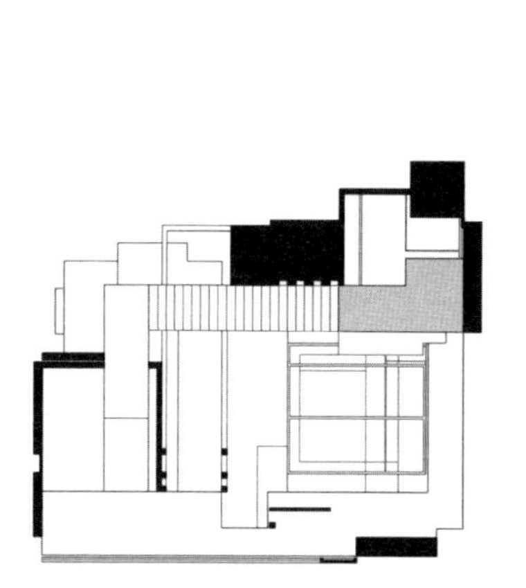

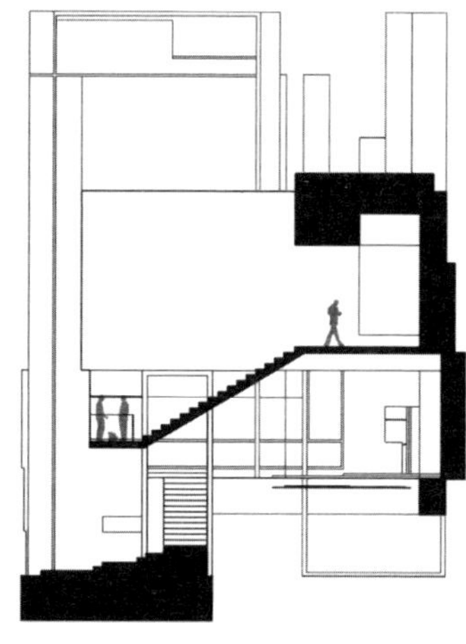

图 2.86　此例中，空间与形式上使用系统构成设计是显而易见的。空间系统是根据形状和设计规划来堆叠、区分并连接不同的柱子。此外，不同的组合使形式系统变得明显，这些组件本身就是为空间服务的组合。正是形式的排列与形态促进了空间在平面（左）与剖面（右）上的分布。　学生：佚名　点评：约翰·梅兹　院校：佛罗里达大学

是结构系统，意在支持建筑物的各种负荷。

操作系统可以是力学上的，也可以是方法论上的。一个机构（除了通常所说的建筑物的力学系统）包括任何可操作的组件。安装可移动百叶窗的墙体或是可以通过滑动开启走到另一空间的墙体都是可操作系统。它们所包含的多种组件及其组合方式实现了移动功能。然而，操作逻辑也可运用到设计程序中。在此设计过程中运用的方法和技巧属于行为系统。从这种意义上来讲，有秩序的行为是为了产生特定的结果。比如，切割、塑形以及装配木材的技巧是可以预测的，也会产生可预测的结果。这些技巧形成了一个操作系统——生产的方法。

* 参见“组织”“秩序”两节。

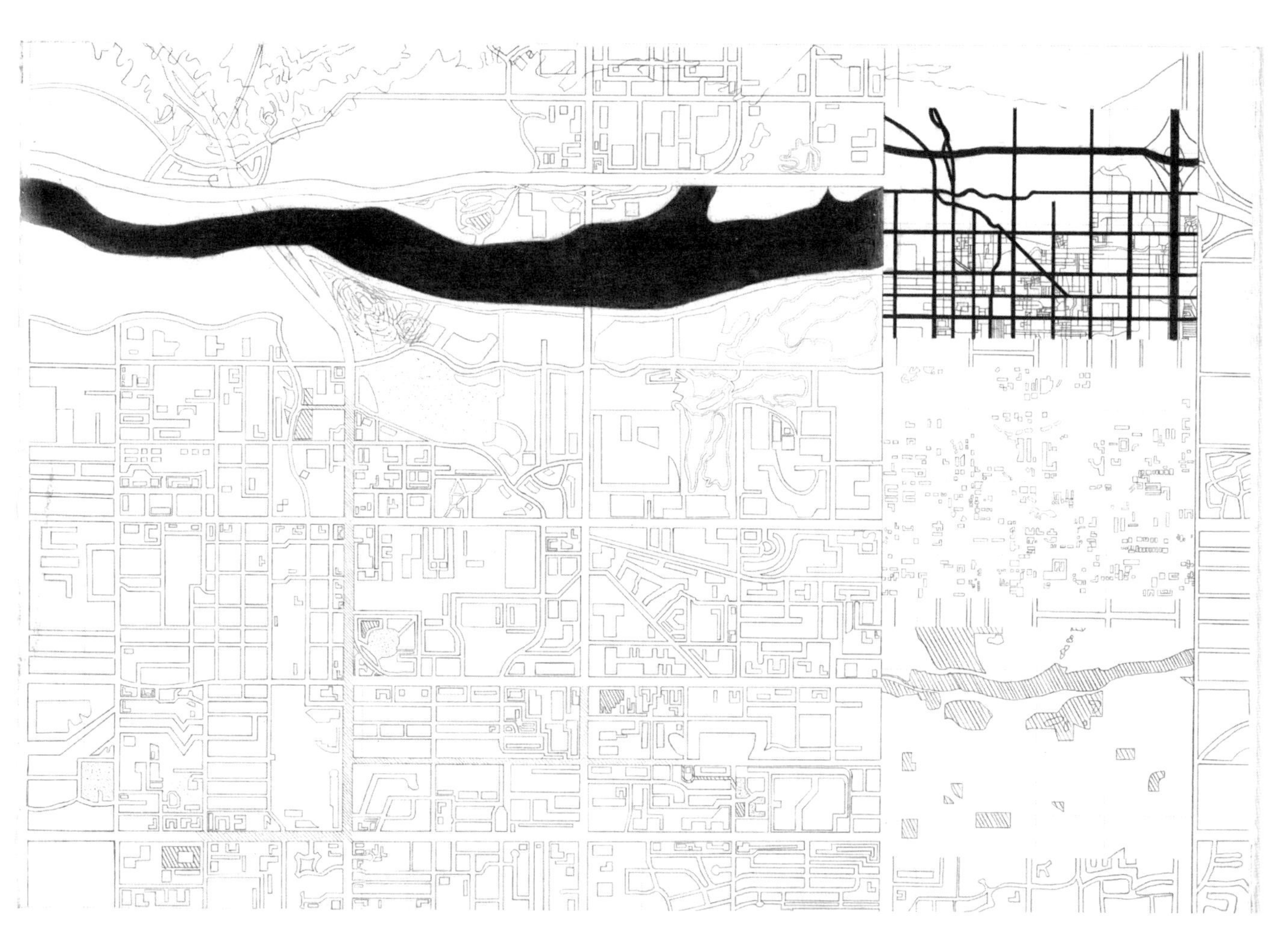

图 2.87 该市地图实际上是既不相同又相互联系的组织、空间及形式的系统集合。在这张图纸中，我们可以看到与研究相关的系统集合，并将其分离出来在图中右栏里分析。 学生：崔智慧 点评：米拉格罗斯·津戈尼 院校：亚利桑那州立大学

区域 ZONE

以某一特定特征区分的区域；
以某一特定特征界定的空间区域；
为某一特定目的而设立的区域；一个已规划的区域。

空间划分为建筑生成带来的可能性
Generative Possibilities in the Division of Space

以不同方式划分博物馆。每层都致力于展示不同的历史年代或不同的艺术风格。然后每层被划分成单独的展示区。这种分区策略帮助我们不论何时都可以在博物馆内游走参观。

第三层专门用来展览印象派画作，这里是展示印象派风格和那段历史时期的区域。这正是我们想去的地方，因为博物馆刚刚获得了几件新的印象派作品。下了电梯，我们走向第一间展室。每间展室都是更大领域中的一个区域，突出强调一位艺术家的作品。偶尔，一间展室中会陈列有几位艺术家的作品，但是只有在他们的作品有显著相似性的情况下才会如此安排。

一般来说，区域（zone）是指一个地区（region）或领域（territory）。任何一种组织模式都是区域的组织布局。不同区域划分或区分的方式建立了它们之间的空间和组织关系。一旦确定了功能的广度以及区域的定义，它是否对设计或设计过程有特定的应用呢？问题的答案就在于不同类型的区域。

地区代表了一个较大实体中的子集。此定义几乎可以运用于任何尺度范围，从单个空间中的一片区域到被拆分成较小部分的广阔地域都是如此。它可以是绘图或构造的产物。作为细分部分，它不是通过表面的急剧转化或组合，而是通过描绘进行巧妙定义。若区域是通过大规模构建来定义的，那么较大的实体就会变得不易区别。在此情况下，区域就被孤立了，不能解读为较大整体的一部分；相反，它变成自我独立的存在了。区域的连接方式决定了相邻区块的关系。这正是设计过程的核心作用。它可用来指明空间内的使用模式或是在更大的组织布局内区分不同的空间。它也可用来区分设计规划中轻微的变化，或是表明在周围环境区域尺度

图 2.88 区域是一个地域、地区或是领域。此示意图根据该领域的各种组织布局特点将之分成区域。其目标是在现有条件下确定引入的机会。 学生：乔·吉布斯（Joe Gibbs） 点评：詹姆斯·埃克勒 院校：辛辛那提大学

上用途或靠近进入方面的巨大变化。区域的连接与连通方式决定了其个体特点，也决定了其与周围环境的关系。

领域类似于区域，只是它是一个单一的实体。这是根据产权或影响力来界定周围环境条件。此点暗示了领域是依赖于锚固点或焦点的。以产权来看，此锚固点可能具有文化意味，或是构筑物周围影响区域的实体定义。领域是组织结构的组件，决定了哪片区块与哪个要素相联系。这可以是紧临一栋建筑物的基地，或是项目方案能够产生设计影响的一片区域。同区域一样，领域的特点在很大程度上依赖于分界线的组织布局。然而，领域也可以通过对类似要素进行分组来定义，在此情况下，领域特点由群组的共性来确定。

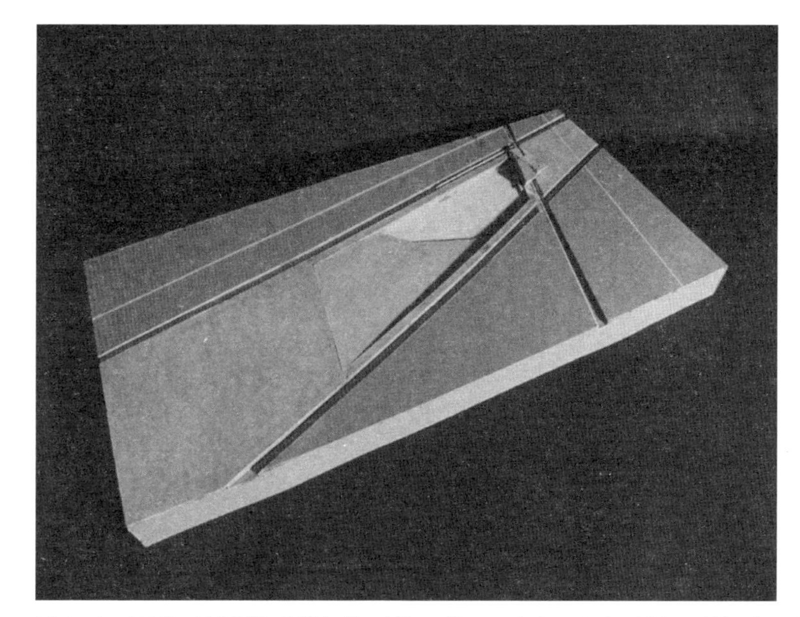

图 2.89　周围环境领域与有棱角的区域相互连通，确定了影响区域以及其与引入建筑的关系。　学生：尼克·杨　点评：杰森·托尔斯　院校：瓦伦西亚社区学院

3. 操作与体验术语

TERMS OF OPERATION AND EXPERIENCE

学生：内森·辛普森　点评：詹姆斯·埃克勒　院校：辛辛那提大学

孔洞 APERTURE

任何形式的开口。

开洞为建筑生成带来的可能性
Generative Possibilities in Opening

一个男子站在漆黑一片的房间里。房子高度是他身高的两倍，宽度也是两倍。在漆黑之中，边界逐渐消失，长度也是模糊不清。仅有一小片明亮的光线穿透黑暗，隐约照亮人的四周，一条明亮的光带从地面延伸直至墙体，使他无法看到其他东西。在那片明亮的亮光中有一个摆放着玻璃制品的基座，光线透过玻璃折射，破碎、多彩的光线，映射到附近的地面和墙面。

这个空间的功能仅是为了展现那件玻璃制品。开洞就是为了让光线照射进来。入射光线的目的是使展品一览无余，别的什么也看不到。穿过天花板和基座对面墙壁的缝隙恰好在参观者头顶上方，这样参观者完全看不到这面墙。

裂缝很窄，所以展品只能在白天的某个时刻被照亮。参观者惊叹于展出的玻璃雕塑之后，他进一步走进黑暗空间。他调整视线，转至另一处空间和其他展品上。

孔洞能做什么呢？怎么用在空间里？窗户是一种孔洞，门也是。孔洞用于允许进入，使光线、声音或气流进入空间。它们可用于查看特定事物或提供地平线上的远景。孔洞可以是固定的，也可以是活动能操纵的；它们可用来形成韵律、量度或其他构筑表面的组织特质。孔洞似乎有无数的变化可能性，这也产生了这样的问题：你打算创建的空间中需要什么？孔洞对构造空间又起了什么作用？

“孔洞”这个词很有用，因为它没有大多数的形式内涵或先入为主的概念。孔洞可以成为设计者所需要的功能。“窗户”这个词，基于先前的经验，

图 3.1　孔洞提供进入空间的通道。此例中，光线通过孔洞直接进入空间。确定孔洞的位置，这样便形成了由光线和阴影打造的图案，从而看清空间与形式。　学生：麦金利·默茨　点评：约翰·亨弗里斯　院校：迈阿密大学

意指一特定意象；“门”这个词也是如此。设计师的描绘方式是将标示空间的开口认定为孔洞，而不是参照某个物体的形象绘制（例如，挂着窗帘的单悬窗）。因此，孔洞服务于由设计师设计的带有特定目的的空间。

人可以通过孔洞吗？如果可以，需要有针对人体的明确尺度。孔洞可高可矮，可能需要人闪避进入，或吸引目光向上看。它可以窄到仅容一人或者很是宽敞创造出一个延展空间。通过孔洞的障碍物也是可薄可厚、可轻可重的。孔洞的表面设定有助于决定建筑空间从一侧到另一侧过渡的表面特征。

光线可以通过孔洞吗？孔洞可以控制光线，可以过滤或者引导光线。基于孔洞所穿透的障碍物的朝向和厚度，在白天的某些特定时刻，光亮就能投射进来了。由此，可以通过不同形状的孔洞设计来实现控制光线。

它是否能让人看到空间内部或者空间之外的天地吗？一个开口可能会让人从一侧看到另一侧，空间使用者可能是观察者又或是被观察的对象。一个开口的目的也可能意味着观察一个特定的对象或事件——框景。也许宽大的、广阔的透明度就是用来给进入或离开一个空间提供完整的视觉通道。

孔洞是否标记、定义或影响空间体验或者形式布局的其他方面呢？孔洞也是空间或形式组织布局的功能，决定着视线或景象。同时，它也划定了光线区域与投射阴影的界限。孔洞的这些要素与空间内的事物直接相关，也常被用来表述建筑居住与交会的方式。

图 3.2　孔洞的目的就是创造出光线，以此照亮塑造了空间形式的特定方面。光线本身也成为表面衔接的另一个工具。　学生：莱恩·博格丹　点评：詹姆斯·埃克勒　院校：玛丽伍德大学

图 3.3　建筑整体各组成要素的间隙构成孔洞，照亮了空间的各方位以及包容空间形式的装配方法。　学生：约翰·凯西　点评：马修·曼德拉珀　院校：玛丽伍德大学

通道 APPROACH

接近某物体；
通往目的地的道路。

抵达为建筑生成带来的可能性
Generative Possibilities of Arrival

你朝山上眺望，山峰上矗立着一幢白色建筑，没有其他的建筑物——至少从这一侧看是这样。你站在山脚下，高大的墙体将你与花园隔开，花园从那幢白色建筑顺着山坡延伸下来。向左或向右，你都能沿着道路到达目的地。道路是围绕着建筑物前面的花园对称划分的。

顺着向右的这条路，在树丛遮挡之下白色建筑渐渐消失不见。两旁都是树木和植被的道路成为一个压缩的空间，你能看到的只有前方抬升的小路。向前走不多远，道路拐向花园的中心，树木的间距拉大了，白色建筑又清晰可见。

继续前进，小路又折回植被丛中，白色建筑再次从视线中消失。在抵达目的地之前，这种景象重复多次。每走过一段距离，位于地平线上的目标逐渐变大，并可以更清楚地看见建筑的立面细部了。这些道路像举行抵达仪式一般，为你直面目标建筑物做好准备工作。

在设计中，通道有何作用？通道可以帮助完成多项任务。最基本的，它是一个交通系统的开端或者说是将室内交通系统延伸至室外。作为交通的组成部分，它为创造空间提供了怎样的可能性？通道可能是一组复杂的室外空间或事件的序列，引导人们向室内空间的过渡转换。通道也可以是简单地宣布建筑物在一个场地的存在。设计通道作为一种工具是控制人们直面建筑物的方式，无论它是短或长，简单又或复杂，都是一种抵达仪式。

抵达仪式也可为居住做好准备。那么，怎样才能为进入空间或栖息于空间之内做好准备呢？抵达的顺序——通道，为个体进入或居住做了准备，是设计的外部环境与内部空间的新环境之间的一种缓冲。空间特征或规划意图将决定采用哪种通道。对于大型民用房屋而言通道可能是由连续的、不间断的从外到内的长廊组成。相比之下，通往后门的通道可能是隔绝隐蔽的，以保证排他性。由此也提出了以下问题：如何将通道与建筑相连？内部与外部的空间过渡是怎样设计的？

图 3.4　通道是一个路径或行程路线的组成部分，是一种空间上的相遇。此例中，通道重点关注的是目的地。它是一组空间特征过渡到另一组的标志。这种路径是从一个开放的宽阔空间移向封闭空间的过程。　学生：内森·辛普森　点评：詹姆斯·埃克勒　院校：辛辛那提大学

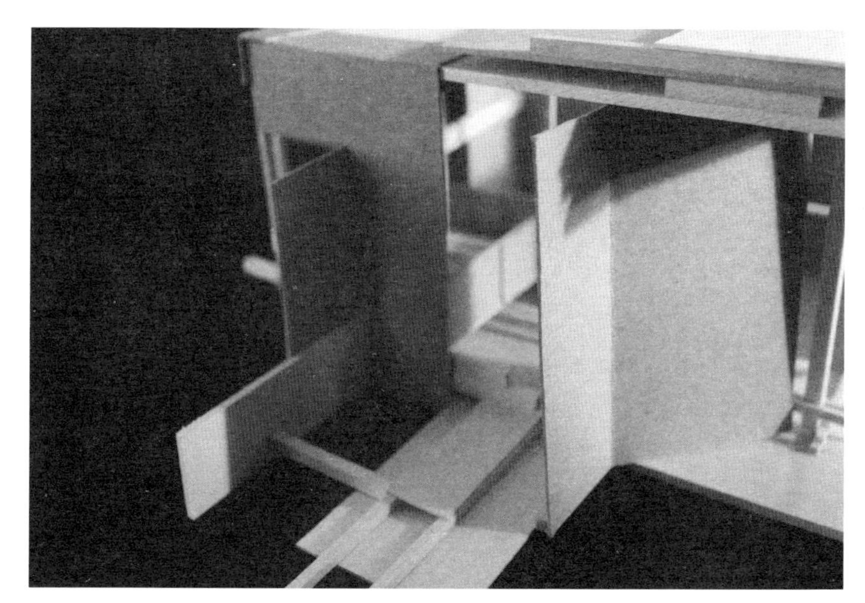

图 3.5　通道也受到面对建筑场合时的控制。此例中，它标志着从室内、外之间门槛处空间的向外短距延伸。这种延伸也是通道，它容纳了跨边界事物的过渡。　学生：尼克·鲁瑟　点评：詹姆斯·埃克勒　院校：玛丽伍德大学

图 3.6　通道是直面交会的场合。此例中，一道门槛插入了向上通往一堵厚墙的一组台阶，以此来表示通道。　学生：托马斯·汉考克　点评：米拉格罗斯·津戈尼　院校：亚利桑那州立大学

障碍 BARRIER

障碍物；
分隔物；
阻拦、限制或调节通道的构造。

分区为建筑生成带来的可能性
Generative Possibilities in Division

你沿着一条两边栽种着树丛的道路行走，树木都是同一品种，大小大致相同并且排列整齐。随着路径转弯，你遇上了一扇上着锁的门。你没有钥匙，不能继续前行。于是你决定寻求另一条路线。你转身离开之前的树间路径，走下短坡来到一片破旧的绿草地。回望大门，从被践踏的植被和路径痕迹来判断，你意识到这条备用道路已经被人多次走过了。这条新的路径不是铺设而成的，而是走的人多了成了路。

你继续沿着这条小路走一小段，只剩一侧有树木。小路沿着斜坡向下，走不多远，原先人工铺设的小径和你当前的小路之间的陡坡令你无法再返回了。抱着沿着这条小路最终会到达目的地的信念，决定继续走下去。

上锁的门是你前行道路上的一个实体障碍，之后，两条相关联的道路形成了空间上的障碍。

障碍是一种物件或者条件，用来阻隔或者减缓从一侧向另一侧的接近，也通常指阻碍运动的物件或者实体障碍。但是，障碍也可以视为是空间的运作。对移动加以限制或者重新定向的空间布置也是一种屏障——所有阻碍事物运动的都是一种屏障。路径的中断如何激发设计过程？障碍怎样不同于其他形式的空间容器，例如：一面墙或者一个隔板呢？

这种阻断是一种对空间和组织布局的操作。它可能意味着一条路径的终止，同时却提供了另一条路径的视野。障碍也是一种基于准则和特征，对路径进行限制筛选。这种阻断也是组织与联系空间的一种方法。

然而，障碍最主要的作用就是阻碍，是不需要完全阻断整个过程便可对路径进行中断的过程，它的主要特点就像处在交叉口，将移动转向多个

图 3.7　短壁是将内部的构造划分成为不同的空间。它作为一个屏障，提供了可以通向另一方向的视野和意识，但会阻隔通道。每一空间都可能是可居住的，因此总有方法越过障碍到达另一边。　学生：尼克·鲁瑟　点评：詹姆斯·埃克勒　院校：玛丽伍德大学

方向。障碍可能迫使人绕其运动——重新定向，寻找其他路线。这拥有着穿越空间路线的体验内涵。例如，选择就可能是障碍的一种作用。直接路径不顺畅，建筑使用者将被迫转向另一条路线。

一个障碍可能是片刻的停顿或移动的减缓，因为人们被迫找到一种方法来克服这个障碍。障碍物的设计摆放可能参照其他空间元素或设计规划。当缓慢穿行于这些障碍物时，使用者应该感受到了某些方面的设计。同样地，改变使用者通行的方向是个体相对于其他空间或事件重新加以定位的方式。障碍就像是路线沿途的某一点，作为一种空间结构，在更为复杂的路线中连接起不同路径。

与墙体不同，障碍是暂时的。障碍的阻隔最终是可以克服的。墙体都是阻止运动或划分空间；其目标是单一的，是一个永久的固定设施。改变或者移动墙体，空间都会发生转换。障碍是空间里的附加之物，可以克服或移除。

* 参见“边缘”“边界”两节。

图 3.8　图片前景中的窄带状结构作为一个屏障分隔了内外空间。　学生：詹妮弗 · 赫斯特　点评：詹姆斯 · 埃克勒　院校：玛丽伍德大学

图 3.9　此例中，有几个障碍阻止或限制通道。第一种是带状结构，它也出现在图 3.7 中。第二种屏障是由密集的线性要素构成，它会阻碍但不会永久阻挡通道。　学生：詹妮弗 · 赫斯特　点评：詹姆斯 · 埃克勒　院校：玛丽伍德大学

容纳 CONTAIN

控制在一定的限制之内。

持有和居住的生成可能性

Generative Possibilities in Holding and Inhabiting

看着桌子上的玻璃罐，里面装了半罐的钉子。许多钉子都生了锈，使罐身都蒙上了橘红的铁锈颜色。装在罐子里的钉子已经好多年都没有碰了。阳光从一个高窗洒向玻璃罐，把罐子投影到工作间的桌子上。墙上还悬挂着工具，机器也早已闲置。

我决定重新开始运营这个店铺。我环顾四周，评估店铺运营所需完成的工作。机器上覆盖着落满灰尘的白单子，多面墙壁的钩子上挂着工具，零散的几张桌子也都摆放着机器，在空间的另一侧有一堵矮墙，上面没有悬挂工具，也不及天花板高，与两侧的墙体也没有联系。

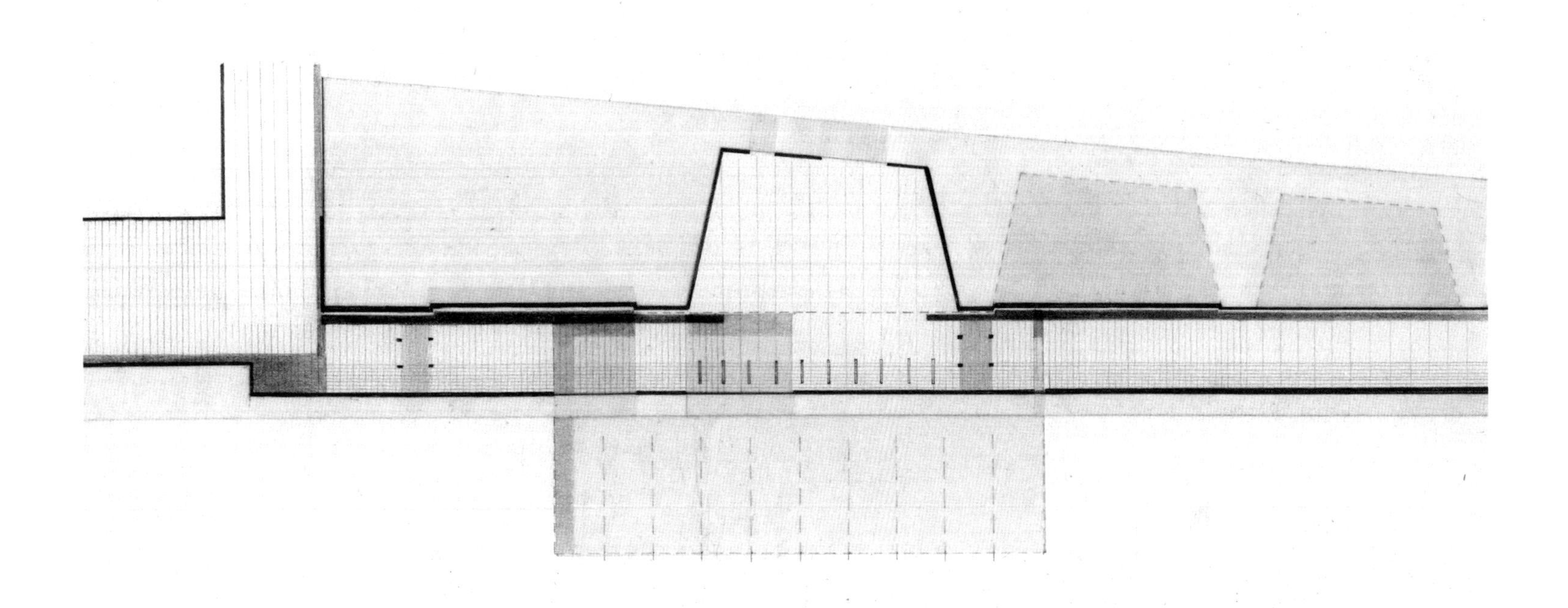

图 3.10 这张图考察了先前建筑空间的容积，结合构成空间轮廓的构造要素记录下空间轮廓。 学生：刘柳 点评：詹姆斯·埃克勒 院校：辛辛那提大学

我评估着店铺的条件，查看需要处理的空间范围。我可以感觉到空间的边缘并了解设备摆放位置的理由。光线从宽大的窗户洒向机器所在的位置。工具都悬挂在工作间中央的墙上。就像盛满钉子的玻璃罐一样，这个空间容纳所有的设备和所需要的工人，从而构成了一个商店。它是一个专门的容器，在适当的地方提供光线、视野、存储和入口。但它仍然是一个容器。

“容纳”（contain）这个词的来源要追溯到拉丁语 continïre，意思是“整合到一起”。同样的，空间容纳是由定义空间外部界限的各种元素构成的。建筑包括空间和物体。如何区分“容纳”与建筑的“围护结构”（envelope）呢？它是否谈及设计思路问题？

容纳其实是空间的外部界限，它可以是隐含的或构造的。而围护结构是一个掌控空间的实体组合，容纳更多地强调界限的定义。围护结构是一个区分内部与外部的密封概念。容纳却不局限于外部边界。它可能区分一个到另一个的室内空间。或者说围护结构也可以用来容纳空间，区分内部与外部，围护结构某种程度上来说也可以称作是容纳的一种。空间容纳并不一定表明是一个完整的封闭状况。它可能通过创造突出点或接合点的方法，标示出空间的边缘或者空间之间的边界。

容器的实体特性决定了空间组织布局与居住的多个方面。它是容纳空间的形式组合体，决定着建筑的轮廓，从而决定使用者与环境互动的方式。空间中的各种组合体决定着空间与周围的关系。建筑材料、构造类型和比例将决定空间体验、操作、功能以及使用者与建筑物之间的接合。

* 参见“空间”“围护结构”两节。

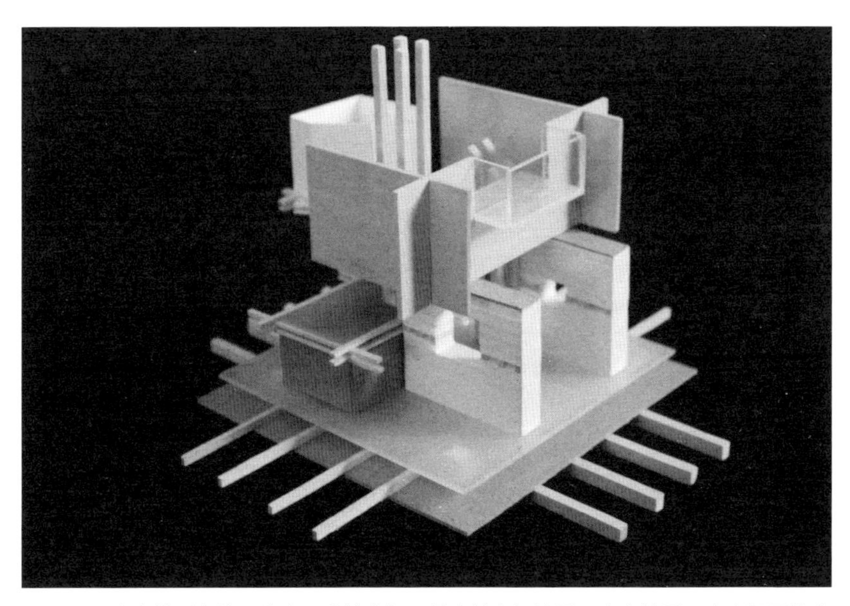

图 3.11　这个模型容纳了多个尺度的空间。较大的空间被置于中心位置，小空间围绕它延伸出来。不同尺寸的空间显示出组织布局的等级结构。围合是通过标明空间的外部界限实现的，而无须将其完全封闭。　学生：金・科米索（Kim Commisso）　点评：史蒂芬・加里森　院校：玛丽伍德大学

密度 DENSITY

大或厚；密实的材料；
每个计量单位中的实例数量。

增厚或填充为建筑生成带来的可能性
Generative Possibilities in Thickening or Filling

建筑本身非常巨大，走廊空间从一头扩展到另一头。除了分隔空间的巨大柱子，这个房间是空的。外墙完全由玻璃制成，使四周的城市景象一览无余。这个空间的容量巨大，与其说是建筑物，不如说更像是一片宽广的田野。

一场艺术展览将在这个空间举办。准备工作已经就绪，临时性的分隔将空间分成几个部分，也不能全方位地浏览城市；相反，只能透过白色的墙体少许一瞥。在空间里，为展出雕塑艺术品安置好展示台。

在场景的布置过程中，艺术品被送达并等待展出。当空间划分好，为每件展品腾出充足的空间，大批工作人员开始悬挂书画、摆放雕塑。夜晚，参展的人们陆续到来。渐渐地，展厅挤满了艺术家、评论家及感兴趣的公众。原本空旷的大厅也变得拥挤热闹，此时几乎看不到城市的景象。隔板之间狭小的空间里人们摩肩接踵，长廊可以说是被空间密度挤得改变了形状。

密度以两种方式与建筑思想有力结合。因为是指一个给定区域中对象的相对数量，它具有空间含义。它又指一个对象的厚度或重量，它有形式和材料上的涵义。对象的密度是如何表现空间的呢？建筑材料的重量以及形式的厚度对项目开发会产生什么影响？

人或物不可避免地占用建筑空间。这些物件用于重新配置空间，以及感知这些空间的方式。它们中断了空间的连续性，遮挡了视线，重新定向或减缓运动，并且感知的空间规模和比例会发生变化。在一个充满人或物的空间里，不同模式的运动徘徊于障碍之间，在人群中穿梭。空间本身似乎更小、更紧凑。为了满足特定的空间条件，设计师可以有意地控制这些因素。

空间中物件的数量也隐含着密度对建筑组织的影响。在一个组织模式中，将元素彼此接近摆放就是通过联系组件的方式阐释出密度。

材料的密度可以经常被使用者察觉和感知。一个人可以发觉一个巨大的建筑物与建筑物框架或中空建筑物的区别，显示了空间的形式层次结构。当使用者穿过墙体开洞时，墙体被解读为一种结实宽大的屏障。在密度特点的影响下，会造成开洞显得更为厚重。又或者当一个空间跨越一片轻便的、相对脆弱的建筑分区隔墙时，会显得空间在延续。

图 3.12　该草图记录了空间中人物和物件的密度。人物密度的空间边缘界定出空间。
学生：凯尔・科伯恩　点评：约翰・亨弗里斯　院校：迈阿密大学

图 3.13　此例中，模型两侧的密度存在差异。元素密度高的一侧显示了错综复杂、更为精确配置空间的方法。密度较低的左侧仍然保持了较大的开敞空间。两侧之间的关系本质上可以被认为是相互联系的——密集的空间构造被定位在大的开放领域内。　学生：戴安娜・罗伯森（Dianna Robertson）　点评：约翰・梅兹　院校：佛罗里达大学

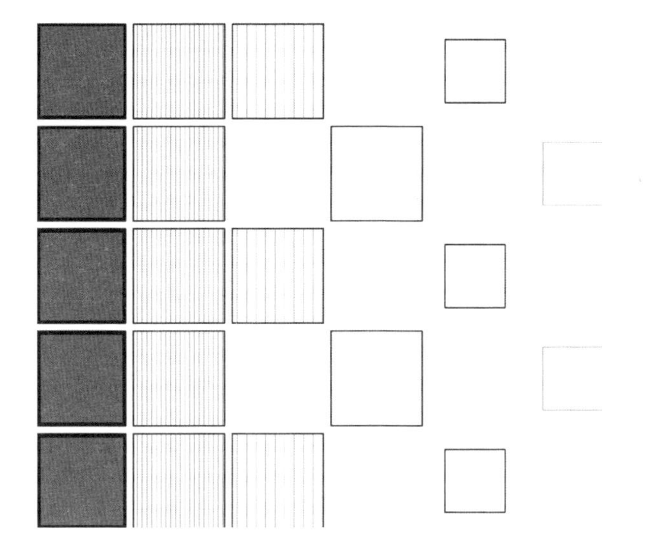

图 3.14　这幅插图以两种方式展示了密度。首先，它从总量和数量上表现了密度：左侧区域大量排列的方块逐渐向右递减。其次，它说明了形式的密度：阴影和影线从左向右逐渐减少，意味着材料排布密度从左向右也在递减。

交会 ENCOUNTER

来到或者相会。

发现为建筑生成带来的可能性

Generative Possibilities in Finding

一个女人一整天都在画展上一件展品一件展品地观看，她甚至发现了几件喜欢到愿意购买的艺术品。她已经快参观完了，她是专门来看画展上的几件展品的，确保自己有机会能看它们中的每一件。

她对这次行程很满足，看到了所有她想看的展品，直到看完最后一幅画作才返程。快到出口时，她转了个拐角，来到一间新房间，她惊奇地发现这比之前那个狭长的艺术长廊还宽敞，这里好像与世隔绝，但又是个必经之地，每一个要离开的人都得从这儿经过。

在房间中央有一个单独的展示柜，上面摆放着一件雕塑，是她久闻大名渴望见到的，但在这之前她没有想起它。她走上前，驻足观望了好久，这肯定是她在展览中最钟爱的一件艺术品。

交会就是遇到一件东西或者碰到一个人，可能是设计好的又或是偶遇，可能是意想不到甚至是直面的。这样的交会可能是真实遇到的，也可能是更为抽象的发现——未曾预料的事物或环境。交会通常代表一种人们的行为或者互动，那么它是如何影响设计、设计过程和设计思考的呢？交会概念是否可以统管空间概念吗？

人或者元素之间的真实交会是一种事件，它是包容了建筑空间的设计规划，那种交会的特征是它可以作为空间设计的标准，交会互动的类型可以控制空间设计过程。个体之间或者群体之间交互规模的大小决定了交互所需的空间大小。同样，其他事件和目标也会影响交会，就餐时可能会发生交会，可能是站着也可能是坐着的时候，交会也会需要或多或少的光线。交会的这些特征决定了容纳它的空间的要求，同时交会的行为也为空间特征与空间经验提供了一个生成手段。

理解交会是理解建筑记述的重要环节，它不仅仅是对空间环境的反映，而且对空间创造设计思想有潜在作用。交会可以被认为是一个更大的、设计好的流程的一部分，它可能是构成一个空间或沿途发生的众多事件中的一个，也可以作为通往设计目的地的导航路径。其他事件或空间构筑物融入通向设计交会的路径之中，思维线索为设计提供了机遇。也许这些是专门为个人准备的，以应对即将发生的互动。或者也有这样的可能，交会时直面的内涵要求在个体和交会处之间设定障碍。

通常，交会是一种不期而遇，或者包含毫无预料的要素或条件。空间的特征其实就是一种交会，一条路径突然变宽，人可能会停下来思考周围环境的突然变化。这样的察觉与发现作为一种工具，为设计者展现设计思路提供了途径。创造发现设计要素的机会是展示设计历程或者揭示信息的策略。通过过程展现设计历程，可以揭示信息的事件必须仔细地设计编排，以达到理想的反馈。这种编排反过来不仅影响空间组织和形式组织，也对组织设计要素的策略产生影响。

揭示的信息可以是多种多样的，可能是已经设计规划好的，可以遇到反映空间功能的符号或标志。信息也可能是完全新颖的——独特或者极其迷人的经历体验。信息揭示的可以是设计本身。当设计目标及意图清晰，并作为设计方式运用时，在使用者的角度看来一切都是一目了然。

* 参见“行程”一节。

衔接 ENGAGE

在操作中，将一个设计要素分配给另一个要素；
通过连锁将各部分连接起来。

互动作用为建筑生成带来的可能性
Generative Possibilities in Interactive Function

房间里有几把椅子、一张桌子和一个很长的沙发。这是一个私密的、可以供很多人进行长时间交谈的场所。天花板很高，光线通过墙体上的一组玻璃窗口穿透进来。两组大木门将这个房间与其他空间隔开。

通常，这里是适于人们日常生活的好地方，是一个可以坐下来，阅读或喝杯酒的地方。然而今天，这里显得太小了，陆续到来的人群会淹没这个空间，使得理想的私人谈话空间显得如此狭小无用。

为迎接客人的到来，已将大门打开。厚重的木门镶嵌在墙体里，因此也很好地连接了相邻空间。大门的开洞几乎到了天花板，而且几乎和墙也差不多宽。房间的框架显示了这个房间的用途。

在同一个目的的指导下，两个空间因此衔接起来。分散在大范围空间中的人群在这些相互衔接的多处空间里，得以再次进行交谈。

这种衔接就是互动。互动的概念引申到设计思考当中是因为它描述了连接关系或者说将两方连接起来的简单行为。衔接也描绘了使用者与环境的接合，从而使建筑也很好地引起了使用者的注意。在空间的组织布局中衔接发挥了什么作用？怎样决定了用户的体验呢？在设计中，以三种方式考量衔接。一种是使用者衔接空间或形式。第二种是细木工艺会考虑这个问题。第三种，空间要素可能通过共同的功能或运作方式与其他要素相衔接。

使用者和建筑间的接合可能是简单的或复杂的。它可能包括一个点——人触摸或控制一个设计元素——门把手或者其他机械装置等。它还可能由一系列机械装置和空间配置组成，这些机械装置和空间配置精确地控制着现象性的体验。在这样的情境中，衔接可以通过两种方式表现出来。它可以是使用者抓住或触摸设计组件的点。空间体验有潜力吸引使用者的感官，引起他们对设计特定方面的注意。

这些类型的衔接可以推动设计过程和设计思维。它们可以决定一个细节的比例和形式，控制光线从而展示建筑的内容，或是促进社交互动。

一个组件与另一组件相衔接，就出现了连接点或连锁点。这里可能不专门描述连接点，而说的是元素连接的逻辑或策略。定义整体中的某一衔接点即是确定连接各组件的位置和方法，这已影响到这些空间元素的作用，指的是通过包含在建筑空间中的共同的功能作用将形式联系起来的过程。

衔接也可以使空间的特定运作成为可能。多个元素可以是通过一个共同的运作进行衔接。各部分之间的这种关系通过设定空间组织布局促进空间设计规划或栖居。例如，各部分的相对位置可能改变空间的比例——可能扩大或缩小。相互间的组织方式为设计过渡提供了良好的机遇。空间中的各元素可以通过多种方式协同产生影响居住的空间效果或影响。在这样的情境中，设计中的元素通过运作相互建立了联系：在发挥功能的过程中衔接起来。

* 参见“组合”“操作”两节。

围护结构 ENVELOPE

包裹或容器；
定义体积或空间限度的物理边界。

界定内部为建筑生成带来的可能性
Generative Possibilities in Bounding the Interior

一个女人靠在阳台的栏杆边，阳台从建筑物中延伸出来。整个建筑坐落在斜坡上，所以阳台建在山丘的土方顶部。通向阳台的入口在建筑的二层，地面是厚石板，从二楼地板延伸而出。她转身张望宽大的玻璃门，它将带她回到屋内。女人注意到阳台里的陈设——桌子、椅子、小型酒吧和几个花架子（人多的时候也可用作长凳）。

这个地方的功能就跟楼内其他所有房间一样。通常，居民在这里进行各种活动，远离各自的公寓。尽管如此，它不是一个室内空间。它完全存在于整个建筑的围护结构之外。门标志着内部与外部之间的界线，门设置于墙体之内，窗子则完成了封闭空间的功能。

她朝门走去，拉开门把手。一下子打破了封闭围合。她走进门注意到地板材料发生了变化。在这样一个受控的环境中，地板得到保护，用的是抛光木料。

围护就是指包裹或者覆盖，而围护结构就是这样一种覆盖物。建筑上，围护结构就是室内空间的外部界线，是一个建筑物的整体形式，即由外壳、表皮和外墙将室内空间包含和围合。

建筑的围护结构指的是形式构筑物。作为设计过程或思维的一部分，如何使用它来表明空间条件？通常，围护结构指的是将室内空间与外部环境封闭的建筑系统，以便以各种手段控制室内空间条件和外部环境的两者关系。从概念上考虑到这样的作用，使围护行为，甚至围护的实体特点在空间概念上发挥重要作用。围护结构最重要的作用就是定义内部与外部，由此，它可以筛选控制空间的体验性质，也可控制使用者所经过的实际通道的位置点。

图 3.15　围护结构是围合或包含内部空间的外部组件。它具有的特点直接影响了内部的空间配置。此例中，围护结构被截切，让光线、视线及结构组件都可见。　学生：玛丽乔·米内里奇　点评：卡尔·沃利克　院校：辛辛那提大学

形式组合及围护结构的材料特性使围护结构成为控制环境的手段。它允许光线投射进来，或是在内部空间投下阴影。围护结构决定了哪些特质可以在任何地方都被感知到。这样的现象与感知问题直接影响设计方案和人类栖居。射入房间的光线会根据太阳方位及围护结构的透明度来改变空间，这也决定了可能出现在空间内的设计方案及活动。

其他的环境条件，例如风或雨也受围护结构组织布局的控制，并且受控的环境条件也会为使用者创造感官体验。这种感知也控制着空间里的活动和互动。光线也会投射照亮空间，凸显特定的空间特征，或使视野更为清晰。围护结构的透明组件可用于实现外景的观察，控制着在室外可以看到什么、可以听到什么。这些感官筛选也会整合围护结构中可操控的组成部件，允许对内部空间特性施加更为具体的控制。

图 3.16　开始时，围护结构可能作为一种简单的方式用于调查空间装置的各种可能性。此例中，调查是通过排列用不透明材质制作的开放式幕帘结构实施的。　学生：阿什利·卡维利尔　点评：凯特·奥康娜　院校：玛丽伍德大学

围护结构作为一种建筑构筑物，迎合并接纳建筑物周边的个体进入。作为接纳外部元素的功能，围护结构在使用者与建筑形式之间产生了交互。围护结构的材料可能不同于其他室内空间，纹理结构和触觉感觉也都不同。

* 参见“墙体”“表皮”两节。

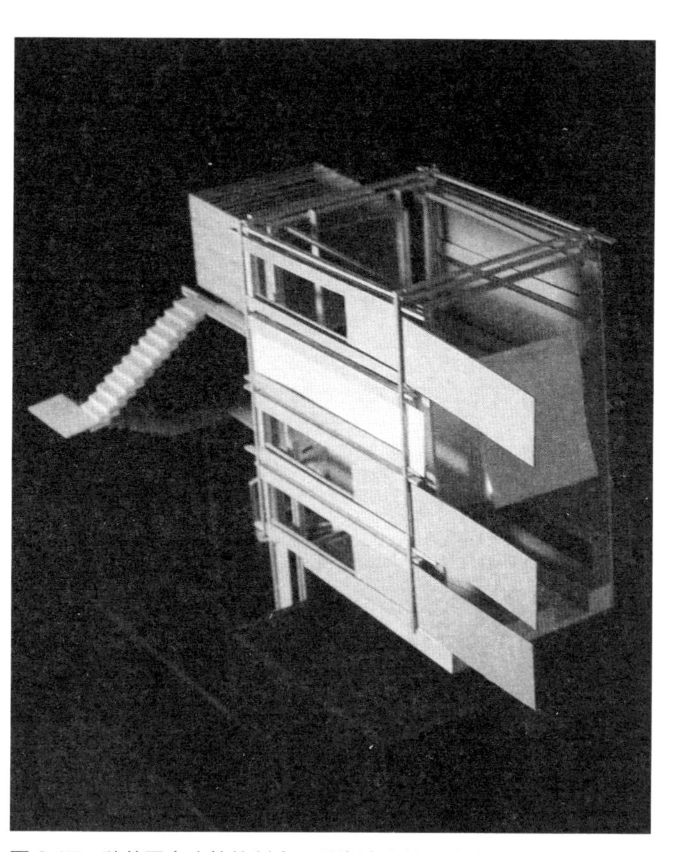

图 3.17　随着更多决策的制定和更为清晰的设计意图，错综复杂的组合从简单的方式发展而来。此例中，由多种细节构成的围护结构暗示着空间设置。滑动面板可以控制空间的进光量。围护结构改变并划定了压缩空间，从而决定了入口的点位，直接有助于形成空间特点。　学生：海因茨·冯·埃卡兹伯格（Heinz von Eckhartsberg）　点评：约翰·亨弗里斯　院校：迈阿密大学

事件 EVENT

出现或是活动。

设计规划和活动为建筑生成带来的可能性

Generative Possibilities in Program and Activity

一位老人，凝视着一尊雕像。这尊雕像是城市广场小公园的焦点，刻画了几个喜气洋洋站立着的人。这尊雕像和公园是用来纪念小镇创建人的。

青铜雕像中的一人是这位老人的父亲。他记得在自己的孩童时代，父亲曾将零散的农场组织整合为一座乡镇。他回忆起每一位值得纪念的人，童年时常可以看到他们。他记得，小镇建立后，人们做的第一件事情就是建造这座公园。在它周围，还开起了商店，最终成为城镇广场。多年之后雕像建成，以纪念城镇的创建以及那些为建立小镇做出过贡献的人。

花园中央的雕像被设计为纪念碑：一个缅怀历史的地方，也举办了很多活动。人们在这里喂鸟，吃午餐，或是在逛商店时暂时休息一会儿。然而它的主要目的还是纪念，人们驻足阅读雕像前的标牌语，回想那些人所付出的艰辛和经历的困难——参与到公园设计者精心谋划的纪念活动。在空间内设计进行的追忆活动锁定在雕像周围，全都笼罩在绿树树荫之下。

建筑是为了居住而建造的。建筑物的空间设计不止于组织布局。相反，功能和设计规划决定了建筑的用途。他们可以驱使设计过程参照某些特定目的组织空间。总的来说，空间的运作、功能和设计规划构成了在空间内发生的事件活动。如何在更广泛理解操作、功能、设计规划的基础上，理解事件活动从而促进设计进程呢？如果考虑到构成事件活动的其他条件，那么从更深的层面考察，用途是什么呢？

设计规划提出了一套设计标准。功能确定了空间运作的具体机制。在具有各自特性的设计中，操作作为方式手段将彼此相关的空间连接起来。然而，事件是其他这些方案的催化剂，用于检验空间设计构思、驱动设计过程和概念发展。在不受任何具体实例的限制下，开始精心打造空间和形式，满足行为与活动需要。这样的普遍性特点促使活动就像是空间设计的起动机，而特定的对应物就是设计过程的结果。

例如，相遇就是一个事件。它可以有多种形式，但每一种都有一组常见的特征，相遇可能是个体间的或是一群人的相会，相遇可能是围绕桌子甚至食物的活动。这些更特定的特征描绘出了不断演进的设计规划；事件活动就是一种最基本的相会行为，为空间设计所有想象的可能性提供了起点，开始创造建筑空间，编排空间内的活动。

从更宽泛的角度着手还有另一项优势：预示了不可避免的设计演进。灵活满足设计规划的空间，能够以更多样的方式栖居。设计的目标可能会改变，组织布局也将更妥当地调整适配。

* 参见“设计规划”一节。

空间体验 EXPERIENCE

通过感官感知环境。

感官知觉为建筑生成带来的可能性

Generative Possibilities in Sensory Perception

光线透过玻璃窗照射进屋内。阳光穿透随风摇曳的树叶，阴影来回摆动。微风吹拂树叶，翩翩起舞，轻抚着玻璃窗，沙沙作响。擦得明亮的深红色木墙反射着阳光，经装修打磨，可见木质纹理，但已没有了手感。

这些感受创造了场所体验。对空间的体验来自于穿过树叶的光线、沙沙的风声、木墙的颜色及其表面的纹理质感，这些事物提供了我们感知空间的信息。

在建筑思想中，体验是通过知觉获得的理解。它是一种根据用户感受对空间做出的功能评价。五种感官中，有三种主要用于建筑设计和空间感知。建筑环境被视为各种感官印象的集合；但是，空间的视觉、触觉和听觉品质受设计的影响最大。（在建筑中，味觉是无法衡量的，因为很少有空间序列与其关联。）建筑可以决定感知吗？建筑控制感官信息的程度会影响居住、规划设计或行为吗？是否可以通过空间、形式与材料的组织布局来设计体验？

体验很大程度上决定了栖居。个人感知环境的方式决定了他们的行为、如何使用以及如何与他人互动的方式。栖居和感知之间的关联性将体验设计确立为建筑考量的一个重要方面。

建筑上，通过操控现象来实现体验设计。例如可预测、可衡量的光和声，与材料、定位和空间比例都有关系。材料可能是反光的，它的反射率可以控制空间中光线的线路。一个建筑整体可能会作为控制与过滤入射光线的机制。声音与各种材料特性和空间组成也不同，它可以通过硬的物体反射，可以被软的物体吸收，也可以被组件整体的接合方式阻挡传播。这些空间和形式的特征可以控制使用者听到什么。依据空间配置、外观整合及材料选择，可以创建或降低回声，放大或掩盖声音。

触觉的体验，很少由设计的外部现象决定，更多地取决于形式和材料本身。触觉即是与环境的物理特征的直接连接，粗糙或光滑，坚硬或柔软。这些特点都来源于形式与材料本身。外部因素，如温度或湿度只能添加到这些基本的触觉特性上。

视觉经验完全基于光。所见之物都是对光形式的阐释。感知深度、颜色和纹理都基于光。光可以为空间提供信息，这取决于它进入空间的方式。投射在物体表面的光能照亮各种材质和表面特征，而光也可以转向隐藏那些属性。通过调节阴影，可以感知物体的深度和体积。光在空间的表现可以被精确控制。构建开口可以让光直射进来，空间朝向及开口也可以直接反映太阳照射的路径。同时建筑外观和材料的选用也完全可以控制空间光线条件。

在一个声学环境中，空间围合的方式决定了声音的传播方式。可以用作促进设计项目的策略。一个空间可能需要安静或声音将人们的注意力集中于发言者的环境。声音反射、吸收、削弱或加强创建了一种空间体验条件，直接反映空间活动。形式的组织布局和材料特点决定了声音环境的品质。

触觉体验包括触摸，指的是使用者和建筑的直接接触。使用者可能触摸某一个表面、抓握手柄或栏杆的方式是触觉体验设计的核心。对纹理和表面的处理可能会改变设计规划或空间配置。触摸某物时，因为质地的差异可能产生摩擦，温度不同也可以影响人们在空间中停顿的时间或触摸表面的频率。触感对我们解释周围环境信息发挥着重要作用，通过建筑外观的设计及材料应用，也可以影响人居环境。

建筑室外 EXTERIOR

外部或超出某种界限。

围护结构以外的建筑设计为建筑生成带来的可能性

Generative Possibilities for Architecture Beyond the Envelope

一个柱廊将建筑物的外观划分成几部分。每根柱子之间有一组通向柱廊的双层门。在二层，柱廊的顶上，每一扇门都有一个大窗户，建筑和柱廊从三面围出一个院子。柱廊的地板是混凝土做的，它高出院子一个台阶，铺在宽松的白色砾石上。

碎石铺得很远，一直到一排排的小树边。小路越来越窄，一直穿过花园，砾石小路的两边有树木和树篱隔开的空间。每个空间都有独特的长椅、其他家具以及开花的植物。它们大小不一，但都采用柱廊形式设计。每个房间都是建筑设计的延伸。外围的环境和室内空间一样，都是建筑物的设计组件。室外设计也增加了不少建筑用途。

室外指的是空间或是其周围环境的外在界限，可以是设计好的周围环境或是指作为物质设计对象的围护结构。一幢建筑的外界是经过深思熟虑的设计组成部分，或仅仅是室内空间的构成产物呢？室外又与室内有什么关系呢？

考虑室外的设计过程有这样几种方法。作为一个空间整体环境，它可以被用作一种生成干预策略，在更大的周围建筑环境中编织一个新的设计。室外的建筑物理属性和空间环境都可以被看作室内空间设计的产物——一旦工程设计的标准已经满足时所剩余的空间。它也可以用作设计的主要载体——一个设计外壳意味着容纳各种设计规划和空间属性。每个项目的性质决定了外部在设计理念中发挥的作用。

室外是室内的一个反射。它们之间有着本质的联系，二者间的关系是可以设计而成的。室外的性质能用于展现室内空间。室外可以映射或揭示不同的设计规划。同样，外观可能被用作一种面纱或面具，模糊或隐藏特定的目的或室内空间的安排。这些功能就是室外与室内空间相联系，可能产生实操上的影响。无论哪种情形，室外作为一个调节者，协调着室内空间与室外环境间的需求。室外环境中的设计组成特点就是用于生成室内环境的设计意图的延伸。

* 参见“建筑室内”“环境”两节。

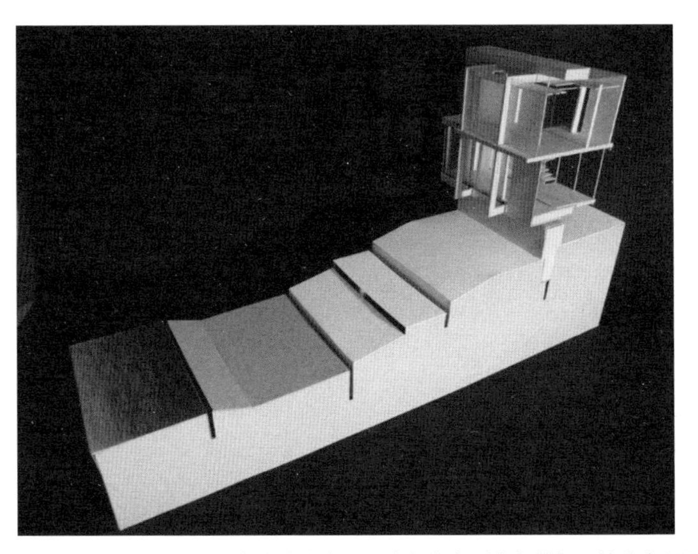

图 3.18　建筑设计不仅考虑室内空间，也得考虑到它与外部环境方方面面的关系，包括室外空间以及对空间自然条件的呼应。此例中，建筑干预呼应了地形特征，定义室内外之间的关系。　学生：马修・桑德斯特伦　点评：杰森・托尔斯　院校：瓦伦西亚社区学院

图 3.19　此例中，室外空间的设计创建空间内外之间的关系。这些扩展的空间将建筑本身与不同方面的环境相连接。结构主体下方的空间提供了一定程度的遮掩，而不是完全封闭的。延伸到外界的空间围绕着主体，为空间的内、外部连接提供了直接通道。　学生：克里斯·肖特（Chrissy Short）　点评：蒂姆·海斯　院校：路易斯安那理工大学

内部或某种界限之内。

围护结构内的建筑设计为建筑生成带来的可能性
Generative Possibilities for Architecture Within the Envelope

一幢荒废的大楼。这曾经是一个纪念碑，而现在却已没什么用处了。这幢建筑，尽管多年无人问津，但仍然保持着挺拔的身姿。它已经存在了很长时间，以至于已成为地方身份的重要象征。挑战在于为它赋予新的意义。

仅费了一点功夫，这幢建筑便再次成为小镇的一个象征。建设街道，为那些走在人行道上的人们提供一些遮蔽。它还创造了潜在的新商业区，吸引更多的人。

翻新的范围仅限于室内。它曾经是一个百货商店，人们站在街上，透过窗户看到最新的设计。现在，尽管不需要建立一个新的百货公司，但是曾经致力于零售的大片空间被分割成小商店、餐馆和住宅单位。这样的设计改变了空间内部配置，适应了新的用途。

室内空间是在建筑外围护结构限制下的空间集合。通常，它是建筑工程的主要成分——建筑的人居环境条件。有时，建筑设计也需聚焦于一个地点的程式化设计又或者建构宜居的外部环境，但这些设计基本是特例。室内环境是受空间限制的，是空间形式的产物，它通过组织布局和材料来影响体验。因此，它是建筑学科的一个主要方面。室内空间几乎是每一幢建筑的一个主要组件，那么它真的可以被视为设计策略吗？

空间设计过程中，室内空间设计观念和手法一直是优先考虑的问题之一。设计侧重室外空间和场地自然条件吗？设计会突出形式的组织布局吗？它是不是基于工程规划的？这些问题都会促进构思的过程。如果一个项目仅关注场地设计，任何结构都可以产生风险。对居住者而言，它可能

图 3.20　室内环境是建筑的主要因素之一。它强调人居环境和空间体验的所有问题。建筑设计决定了室内空间感知。这幅画体现的就是空间比例尺的感知，模拟人类感知的角度，作为使用者感知空间特性的一种研究方式。　学生：玛丽·沃特金斯（Mary Watkins）点评：吉姆·沙利文　院校：路易斯安那州立大学

图 3.21　室内空间可以根据其特定功能的环境配置产生特定的空间体验。此例中，光线通过上方的板条照亮远处的墙，揭示材料的纹理，产生光影图案。设置的入口和出口使人们可以完全在空间内移动。地平面清晰地连接起来，在空间末端提供一个焦点空间。
学生：劳伦·怀特赫斯特　点评：詹姆斯·埃克勒　院校：辛辛那提大学

不再被认为是一个适宜居住的环境，而是被当作标志性建筑或者工程浩大而不适用的建筑物。然而，那些基于空间构造的设计，室内空间退居次要地位。安排妥当且组织布局良好的室内空间，适合建筑雕塑般外壳的形式布局，接着就是规划方案、人居环境和空间体验。

但是，当空间体验促进工程方案实施时，室内环境就是首要考虑的因素。这个过程从内到外进行，然后空间排布构成建筑形式的组织布局。这种方法会导致室内空间条件和外部发展状态之间呈现独特的关系。室外反映了室内的状况，反之亦然。通过室内与室外间门槛的放置，可能描画出内、外空间的体验性、规划性与形式等方面的关系。

* 参见“建筑室外”一节。

空间间隙 INTERSTITIAL

不同部分之间的空间。

中间成分为建筑生成带来的可能性
Generative Possibilities for the In-Between

拐了一个弯，我意识到已经偏离了正常路线。身处一个小巷里，两栋建筑之间，看不到尽头。这是建筑物分隔开的空间，没什么特定目的。我之前见过这样的地方。它们通常是基于需求而建的，最终成了垃圾或者那些人们宁愿忘掉的东西的储存地。

但是，这里是不同的，它以一种计划外的方式被赋予了目的，它一直任由碰巧使用相邻建筑物的人们随意摆布。但是这条独特的小巷不是储存废弃的、不愿看见之物的地方，而是提供集会、会面和互动的地方。

巷子很窄，容纳不下太多行人穿行，当然更不能容纳车辆。但它比一般的巷子宽，活动也就可以在这里举行了。向上看，一排又一排的晾衣绳排列在两栋建筑之间。邻里共用这些绳子，时常晾着衣服聊着天。阳光洒向这一层又一层的衣服，一缕微风把绳子连成串串摇曳的光线和色彩。

我继续走。巷子尽头摆放几张桌子和椅子，是相邻两栋楼的居民布置的。人们在这里分享食物并交谈。他们邀请我加入他们，我拒绝了，因为我必须继续前行。我很满足，发现城市里这样的小间隙可以设计成活动的好地方。

一个间隙是一个引入的空间或建筑之间的空间。可以是构成元素之间的一种分离或是两者间剩下的那部分空间。在一个层次结构中，间隙可能是最不重要的组件成分。如果间隙是设计部件间的缝隙，它们在设计思考中起到了什么作用？对设计意图重要至极的空间，它们又是怎样构成的呢？

设计元素之间的间隙是有意放进去的。这个间隙可以对分离的组件起到各式各样的作用。它可以作为一个缓冲区，隔离一个或多个互相接触的组成部分。或者它可能预测未来的迭代，将看到其中一个空间扩大到它周围的空白区域。更常规地，间隙可能被视为支持性空间，为了容纳对主要空间的有效运行发挥至关重要作用的系统或设备的空间。

残留的间隙是由于设计组件的设计和工艺不符合而造成的。当特定的设计标准要求设计的某些部分不能完美地连锁时，就会出现空隙或差距。很多时候这些小片的空间会被覆盖或隐藏在定义主要空间的配置里，但它们也可以提出新的设计理念。它们可能会成为一个特设的或即兴活动的地点——并不是设计师最初策划的建筑。它们也可能集中并改造，成为完整组织布局的一部分。

当这些间隙中的一个变得宜居的那一刻，它将被赋予一个规划和一个目的。它可能被用来作为一个次要流通手段，或是作为使用者从一个主要空间到间隙另一侧空间的障碍。间隙也可以在建筑设计中发挥多样的作用，并且通过调查过程可以成为一个有趣的体验环境。

图 3.22　间隙空间产生于可居住或设计的空间。此例中，楼梯通过项目展示了流通路径的一个主要部分。楼梯之下有间隙——由于高度下降构造出的不适宜居住或规划的空间。同样，各整体空间产生的距离和裂缝间距也是间隙。　学生：佚名　点评：杰森·托尔斯　院校：瓦伦西亚社区学院

图 3.23　此例中，规划空间限定在巨大白色体量的暗格内。这些白色建筑中也有切口和凹陷但不足以设计空间。这些开口就是间隙。　学生：斯蒂芬妮·查特兰（Stephanie Chartrand）　点评：约翰·梅兹　院校：佛罗里达大学

行程 ITINERARY

一条路线；
一系列连接的部分；可被其他空间或者物体打断；
属于两地之间的一系列运动。

运动路程中交会为建筑生成带来的可能性
Generative Possibilities in Encounters along the Way

一个孩子站了一会儿，目瞪口呆地看着人群和嘉年华中途空间上无数的灯光。这种反应持续了很短的时间，她选择第一个目的地，跑走了过去，一路拉着父母的手。

嘉年华中途空间是一个大型长廊，有成组的游乐设施、游戏、杂耍和摊位围绕椭圆形路径排列。这条小路铺成四车道宽的街道，以满足大批量人群参观的需求。

到了晚上，小姑娘已经走出了一条非常复杂的路线。她从吸引她的一个景点走到另一个。因为灯光和声音引起了她的注意，她不满足于待在椭圆形的路径里，不断地来回穿梭。她被游乐设施给深深迷住了。她甚至设法说服父母加入她的行列。这个家庭只坐着吃了一小会儿饭——小女孩只能忍受这么久不动。

这家人当晚走过的路线会显示出一个行程的地图，其中穿插着一系列不同的事件、经历和空间。但最终还是会绕回来，它不是一条单一的路径，而是一个连接沿途各种事件的路径网络。

一个行程是一个参观的流程——运动顺序、旅行或相关路线。空间上，这个概念与路径和空间直接相关。行程可以被视为一个路径或一系列路径，可被空间场合打断。这些空间场合通常涉及一些可能会导致居者偏离路径或暂停的操作。形式上，行程包括对一些结构或对象的描绘，例如选择要遵循的元素。此外，行程必须由多个空间构造交叉形成。交叉口的设置取决于空间构造交会处产生的个人行动。交会口会偏离路径，改变行程，或者导致人们暂停行动或继续等待吗？这些都是可能发生的空间操作，都与路径本身发挥的功能有关。

作为设计过程中的一种工具，行程可以为空间或场地的叙事提供结构。它可以奠定空间设计构思的基础。它可以控制设计思考过程，与运动、顺序、秩序、排列、靠近、交会或发现等相关的部分。它有能力生成空间，

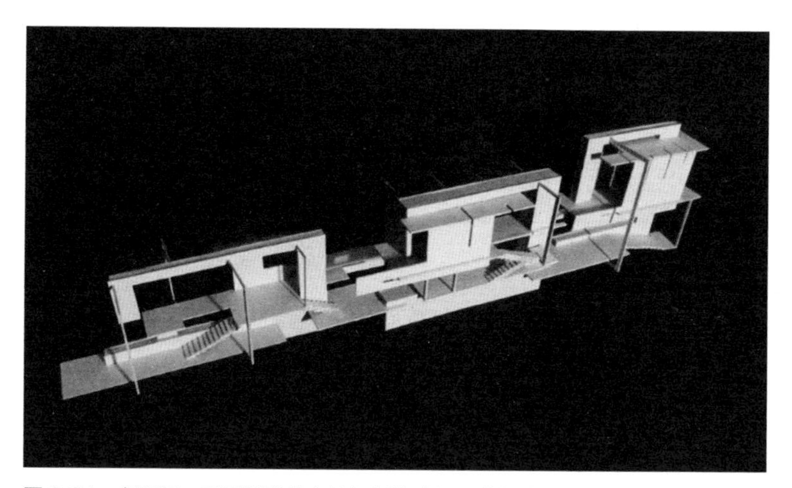

图 3.24 行程是一系列被沿途事件打断的路径。此例中，运动发生在从一侧到另一侧，楼梯和墙壁提供的路径稍有偏离。事件方向的改变是连接着开放性的，与沿途的封闭空间结合在一起。此模型描述了从一个空间到另一个空间的运动路线。 学生：马修·桑德斯特罗姆 点评：杰森·托尔斯 院校：瓦伦西亚社区学院

图 3.25　此例中，行程遵循的路线——蜿蜒穿过白色支架结构中的空洞，在垂直方向移动连结上下空间。　学生：约翰·李维·韦根　点评：约翰·梅兹　院校：佛罗里达大学

因为它可以作为一种工具，描绘居住者居住、交会或者穿过建筑物的方式。在一个项目中，人们会遇到哪些空间？又是什么顺序？它们是如何联系的呢？考虑到这些运动的体验性质，可以为空间的构成和包含它们的形式元素提供参考。创建一个建筑行程是一种利用形式和空间元素来编排运动的行为。

一个行程的功能在建筑尺度上以及周围环境的尺度上是类似的。当考虑行程会通过周围环境时，建筑扮演的角色是沿着路径的短暂停留空间，而不是路径本身包括的内容。此刻就提出了一系列稍有不同的考虑。建筑如何与周围环境相关联？人是如何与建筑碰面的？当通过周围环境呼应行程时，新设计可以沿着现有行程设置。在这种情况下，行程不是一个描述空间交会方式的工具，而是一个定义更大规模的、空间之间体验性关系的工具。

* 参见“顺序”“秩序”“路径”“运动”四节。

材质感 MATERIALITY

材料的性质或特征。

材料性质为建筑生成带来的可能性

Generative Possibilities in Material Characteristics

这种物质触感冰冷且粗糙，又厚，也不透明。看着它我就能感知它的密度和重量。它的质量要求在使用前将其打成小块。它是石头。

这种物质粗糙，可以看到并感受到材料的纹理。它密切反映了周围环境的温度。它质量轻盈，有延展性和刚性。它是木头。

这种物质是柔韧的，有多种形式。它依靠外部结构来获得刚性。它是微小元素的组合，有时视线或光线可以穿过它。它是织物。

这种物质是刚性的、光滑的、冰冷的。它可以反射和投射光。它很薄，是透明的，让人觉得它很轻，但触摸后可以感受到它实际的重量。它是玻璃。

这种物质是坚硬的、光滑的、冰冷的。它反射光，但不透光。如精心设计、使用得当，它的强度可以弥补它比较薄的缺点。它可以塑造或锻造成几乎任何形式。它是金属。

我将建立石材基地，从而就可以获得它的质量支持，而不负责承受它的重量。木头圈起来建在底座上面，这样我便利用它的刚性来构建结构，因为它很轻所以我可以轻易移开它。可塑性也很强，我可以对其进行加工，并制作接头将其分成若干部分进行组装。我把玻璃置于木材结构内部，因为我需要光和视野。我把织物放在玻璃上，这样可以根据我的需求来控制光线和视野。接着我用金属把这些物质连接起来；金属虽小，但是作用很强大，可以依不同材料创建不同的连接方式。

驱动我遴选材料、使用工艺、构思以及与对周围环境的感知和互动方式的——正是材质感。

材质感是指材料性质而不是材料本身。它通常包括那些通过互动而被感知的材料的性质。材料是获得了命名的物质，例如木头——其物质性是它的不透明度、质地或温度。这些特点都是可以直接体验的。材质感是恒定的，即使有人不知道这种物质被称为“木头”，但决定它被触摸、

图 3.26　材质感就是材料的特性。本图中，设计者运用玻璃弹珠，利用其反射率、半透明性和重量构造结构，尝试用分散或移动的方式来发现其在设计中被利用的可能性。

学生：特洛伊·瓦纳（Troy Varner）　点评：马修·曼德拉珀　院校：玛丽伍德大学

拿起、观看以及使用方式的特征仍然是一样的。

材料体验是怎样塑造设计的呢？它是仅作为一种描述环境的方法，还是可以用来形成建筑构思呢？由于材质感是材料的特性，以至于在设计的初始阶段它都起到十分重要的作用。因为材质感是管理空间形态和居住者互动关系的一种基本原理，它可以作为一种有价值的构思工具。这些应用是对描述和分析建筑环境功用的一些补充。

只有事先了解所需的物质材料，才可能选择合适的材料满足建筑需求。材质感可以用来测试设计中各种不同的变体，整合使用者与形式之间的栖居与接合。设计师可以在设计的初级阶段，确定物质表面触感应该是粗糙的或某个建筑元素是透明的。这些决定都是基于将空间彼此联系起来的构成策略，或者是为了促进空间的特定功能。然而，构思充当了材料的占位符，由空间操作和材料的用途决定。设计早期通过确定材料在一个空间里的作用，由此基于其特点选择实际的材料，也可以由其对设计的作用而定。当一个东西必须是粗糙的、多孔的、不透明的才能正常运作时，设计师就可以从符合这些标准的材料和组件中进行遴选。

材质感也可以成为识别和描述现有环境中空间排布方式的有力工具。通过了解他或她与特定材料的相互作用，观察者可以对材料在设计中所发挥的作用做出判断。材质感是阅读和理解空间之间关系的一种方法，也是确定空间事件的一种方法。人们甚至可以研究一幢建筑的材质感，作为确定居住者行为与互动的一种方式。空间可能是隐蔽的，比较私人的。也可能是开放透明的，比较公众的。观察材料特性在包含空间的组件中的分布方式可以帮助设计师确定建筑所促进的社会条件。

* 参见“材料”一节。

图 3.27　反射率和光线控制提供了一个视觉条件，因为该项目可以从亚克力底座的表面看到。　学生：凯文·乌兹　点评：詹姆斯·埃克勒　院校：玛丽伍德大学

图 3.28　材质感决定了工艺和技术。此例中，纸张自行弯曲折叠在一起。这是通过纸张的特殊材料特性实现的。由于材料属性不同，建筑连接和成形的方法也各异。　学生：金伯利·斯蒂尔（Kimberly Steele）　点评：吉姆·沙利文　院校：路易斯安那州立大学

运动 MOVEMENT

变换位置或方位的行为。

流通为建筑生成带来的可能性

Generative Possibilities in Circulation

整面墙可以沿着枢轴运动。在一定压力下，它便可以在距离其左侧三分之一的位置上转动。在特定位置上它是一堵墙，分割两个不同的房间。正背面有两面门，通往各自单独的房间。在另一个位置上，它成了通道。这两个房间捆绑在一起作为一个单独的空间。三分之二的面板分到空间一边，三分之一分到另一边。侧墙与旋转墙之间的空隙足以让人们经过。枢轴关节的位置决定移动面板设定在空间内而非外围，创造了一个条件——打开它们可以将空间分成好几部分。这也为居住者的活动提供了便利，是将不同房间相连接的纽带。

组成建筑空间的运动表现在几个方面。部件的运动可以被纳入设计，居住者的运动应该在设计过程中纳入考虑范围。也需注意运动的时间，因为速度也可以作为测量或评估空间条件与相互关系的工具。

整体构成中的移动组件在设计中属于非常特殊的细节，可以提供两种以上更多的选择重新配置空间。建筑在很多方面都依赖于运动系统。传统的门使用铰链折叠，空间是密封或连接的。然而，移动建筑的可能性直接影响空间配置。这些可操作的组件极大地重塑了设计——作为一堵可以滑开的墙，将不同的空间连接起来，创造了更大的空间；又或者去除围护结构的一部分，将室内空间延伸到室外空间，模糊了两者的界限——这样的操作组件完全重塑了设计方案。

当这些类型的机制被整合在一个空间时，设计尺度呈现多样化，变化也相应而生。每个活动组件的位置意味着不同的空间配置与其不同的功能。每个位置反映了分开的、不是完全独立的一种新的设计可能。此外，必须设计机制本身，从而正确安置移动组件。这种连接点设计超越了标准详图：它加入许多不同的部分，使其按预估的方式转变。

建筑设计可能会采取另一策略整合运动：创建一个简单的空间，可以重新配置使用的移动物件。目标是多功能性。在这个场景中，设计主要是集中在定义这么一个组织移动部件的系统。制作并展示设计的挑战就在于找到——分散安置不同设计对象的沟通连接系统的方法。

图 3.29　建筑运动不仅包括组件的运动，还包括组织空间和形式促进居住者的运动。楼梯和走廊是能够成为体验事件的空间建构。　学生：保罗·盖斯（Paul Geise）　点评：艾伦·沃特斯　院校：瓦伦西亚社区学院

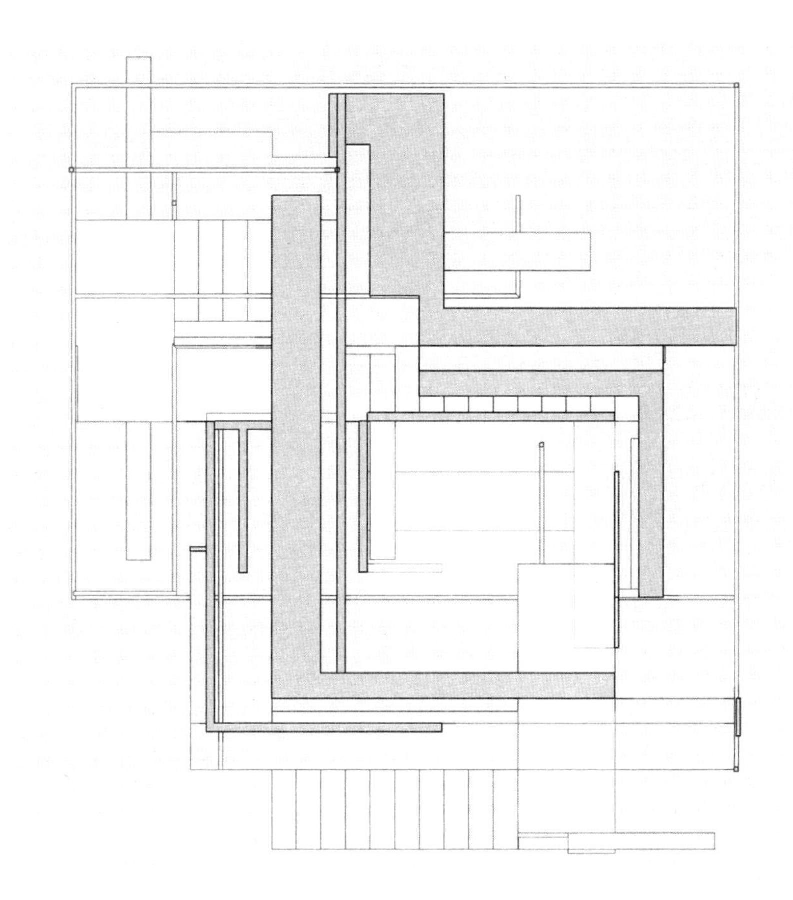

图 3.30　空间的大小和比例的由规划方案决定。运动是规划的空间事件。此例中，流通路径由压缩空间并提供运动方向性的支架结构来定义。　学生：约翰·李维·韦根　点评：约翰·梅兹　院校：佛罗里达大学

在空间内部移动并穿过空间是理解人居环境的关键组成部分，它可以通过组成部分的编排设计实现。空间交会接触的顺序将空间分成多个组块，一系列的过渡将各个空间连接起来。组织架构通过各相关空间的运动变得更为突显。路径的转向为方向和目的地的选择提供了条件。建筑的职责之一是引导居住者通过空间。这种运动的编排是通过组织布局来完成的，它提供了可以运动、拒绝运动或重定向运动的地方。通过留给供使用者选择的各种潜在的路径或独立的规划路线，各个空间可以紧密地联系起来。

最后一个值得考虑的因素是速度。空间过渡的时间十分重要，它影响了居住者对环境的感知。可能组合移动的速度很缓慢，留给个人时间停下来考虑正在发生的转变。或者它可能是一个不妨碍正常居住的突然转变，或创建一个需要等待或决定的机会。它的配置和规划可以决定一个人穿过空间的移动速度。一个人可能会迅速通过一个狭长的空间：那里更少有刺激因素。穿过一个能发生活动的较大空间时，同一个人可能会放慢速度。运用组织布局来促进运动速度，其实就是控制居住者感知和确定设计组成部分之间关系的一个方法。

* 参见“组合”“行程”“路径”三节。

透明度 OPACITY

材料允许光线传递的程度。

阻塞、限制或提供视野为建筑生成带来的可能性

Generative Possibilities in Blocking, Limiting, or Permitting View

一位女士走进一家咖啡店。她走进门，服务台就在她的面前。服务台背后，贴着菜单和价格，咖啡机放置在架子上。服务台右边和墙的后面，摆放着许多小桌子。墙是不透明的，它划分空间，隔开了座位和生产加工区。

她想好要什么，付了钱，找了地方坐下。桌子旁有扇小窗户，它已经被蚀刻，因此无法看清外面，但它允许足够的光照到桌子上，方便阅读。窗户是半透明的，它创造了控制视线和人注意力方向的机会。

柜台前面的桌子都被占满了，她继续绕到了后面。在那里，她看到外面的露台是开放的。外墙的大部分被滑到了两侧。地板不间断地延伸到外面。规则的柱子间隔清楚地显示室外环境的结束和室内空间的开始。通过房间的开口，光线、空气和偶尔垂落的树叶落在商店里。餐桌摆放得很整齐，好像没有分隔似的；露台与咖啡店的其他部分融为一体。柱子间的间隙构成了透明度，它创造了将室内与室外空间联系起来、扩展工程设计边界以及提供通往室外的视觉通道的机会。

透明度是视觉可达性的衡量方式。不同程度的透明度可以指涉为不透明、半透明或通透。不透明意味着切断了所有的视觉通道，是视线的障碍。半透明，是指允许过滤或者夸张的视觉，就像一个面纱。透明的东西允许完整、不失真的视觉通道，是一个开放视野。不透明体现的是材质感，是一种材料特性，不是特指哪一种材料性质，说的是坚固性和感知，不一定必然是砖头或者木头、处理过的玻璃或宣纸、透明玻璃还是开放的框架。

不透明 Opaque

无法透过光或图像；
阻碍视线的某物的材质感。

不透明的空间功能明显表现在划分、定义和容纳的能力。不透明的物质隔开了另一空间，不能给予任何空间体验或空间感知。不透明元素清楚

图 3.31 不透明材料无法提供视野或传递光线。它封闭并隔离了它所定义的空间。
学生：约翰·霍勒（John Holler） 点评：里根·金 院校：玛丽伍德大学

定义了空间的各项参数。它创造了一种包容感，即使并没有实现真正意义上的容纳。轮廓清晰的边界帮助居住者充分了解空间体积尺寸、比例尺和限制条件。

考虑到这些空间功能，如何在设计中运用不透明元素呢？它可以被用来定义一个空间的界线、它的周长，或者作为一个空间内的中断。不透明元素可能是一个居住者需要跨越的障碍，或是一道密不透风的墙。不透明元素的相对比例尺度可能意味着它不一定和居住者一般高，高到居住者可以看到它。尽管如此，它仍然可以区分空间，即使允许感知更大体量的物件。

各种空间的可能性决定了建筑体验的方式。它们可以呼应设计组织布局或规划的意图。它们可以在设计过程中推动有关设计开发的决策。不透明元素可能是一个占位符来指导空间的组织布局。然而，随着该元素需要更多的关于材料、尺寸、互动关系的具体特点信息，它将推动设计的演化。用于测试排布的这种机制在设计过程中逐渐转变为现实的空间和形式。

在那个阶段，设计中包含不透明元素还有其他可能的驱动因素。相对于其他形式，不透明的东西是如何整合的？与半透明或透明相比，不透明可能更频繁地暗示着材料的密度或形式的厚度。然而，这不是有效的假设：一个非常薄的膜也可能像厚墙壁一样不透明。不透明性并不一定暗含着结构，所以必须考虑到形式元素的整体布置。如果不透明片材很薄，那么必须考虑它是如何被其他组件固定的。如果是厚的，它可能有潜力提供一些其他结构。不透明性可能隐含着小块物件的致密堆积，或者它可能是材料的一个真实属质。

这些形式关系引发的问题对空间感知方式和居住方式造成了影响。它们建立了居住者与建筑形式之间的一个体验接口。设计目的是让一个人围绕不透明的部分移动，还是被它阻挡？视觉是唯一被不透明元素抑制的感官吗？也许意识是其他一些感官的产物。这些问题将会遵照推测的组织布局，在设计过程中驱动决策的制定。

半透明 Translucent

以过滤或扩散的方式允许光线或视线穿透；
某些遮蔽视线事物的材质感。

半透明的空间功能体现在其分离与过滤的能力。半透明的物质分离空间，但同时也提供体验空间或者感知空间的渠道。有限的视线穿透跨越空间界限，规定了不同空间区域之间的操作或空间关系，但又紧密联系在功能和组织布局上。

通过使用半透明物质连接空间显示——对一个事件的部分体验会指引空间占用方式及使用者与空间建立联系的方式。怎样部署一个空间中的半

图 3.32　半透明的材料遮蔽景象，允许光线透射，但人物和场景被简化为剪影。此例中，遮光板用于遮蔽光线，半透明的玻璃也控制着进入或离开空间的光量。　学生：保罗·盖斯　点评：艾伦·沃特斯　院校：瓦伦西亚社区学院

透明元素？半透明的过滤作用体现在两个方面：让光散射进入空间，或遮蔽空间的视线。半透明元素旨在限制光分散的条件下，保持视线对室内空间的集中。也许半透明允许一瞥某个形状或轮廓；它无法分辨完整的情节，但驱使居住者通向另一个空间，或者去探索发现。一个半透明元素可以在促进联系或链接空间时，定义一个空间的界限。

各种空间的可能性决定了建筑感知的方式。它们可以呼应设计组织布局或规划的意图。它们可以在设计过程中推动有关设计开发的决策。半透明元素可能是一个推测性的占位符来指导空间的组织布局。然而，随着该元素需要具备更多的尺寸、关系和材料的特征，它将推动设计的改进。用于测试排布的这种机制在设计过程中逐渐转变为现实的空间和形式。

在那个阶段，在设计中包含半透明元素还有其他可能的驱动因素。相对于其他形式，半透明的东西是如何整合的？半透明可能暗示缺乏材料密度或组成厚度。然而，这不是一个有效的假设：厚的结构块和一个薄膜都可以是半透明的。半透明并不一定意味着缺乏结构，所以必须考虑其形式要素的整合。如果半透明片很厚，那么需要考虑它如何固定其他组件。但它也可能是很薄的，没有结构潜力。

这些问题影响空间感知和居住的方式。它们为空间体验和建筑形式提供了体验的接口。设计的目的是让一个人围绕不透明的部分移动或穿过，还是被它挡住？是为了让人瞥见另一边的东西，还是要被另一边看到？是一个图像轮廓还是变形？这些材质、整合、空间体验问题将会遵照推测的组织布局，在设计过程中驱动制定决策。

图 3.33　半透明使得人们只能受限地看到另一边的一部分。仅有超出这个半透明体积的空间得以被感知到它的组织布局，但是细节部分都丢失了。　学生：史蒂芬・威廉姆斯（Stephen Williams）　点评：杰森・托尔斯　院校：瓦伦西亚社区学院

图 3.34 半透明亦可为人们提供选择性的视野。那些最接近半透明材料的元素就比那些远处的元素更清晰。楼梯直接与半透明材质接触，看上去楼梯是清楚的，而周围的其他东西则很模糊。 学生：凯西·奥尼尔（Casey O'Neil） 点评：里根·金 院校：玛丽伍德大学

通透 Transparent

允许透光或者视野中没有任何阻挡或扭曲；
某物的材质属性允许视野清晰。

通透性的空间功能从以下两点得到证实：能够将空间结合起来并且能够画出空间边缘。具有通透性的物件能够勾画出边缘和界限。但是，人们仍能看到这个边缘和界限。通透性使人们能够发展出体验上的联系或空间连接点。通透元素是不需改变空间关系即可界定空间体积范围的工具。

图 3.35 通透性使光线能完全射入，使人感觉前方无任何阻挡。 学生：内森·辛普森 点评：詹姆斯·埃克勒 院校：辛辛那提大学

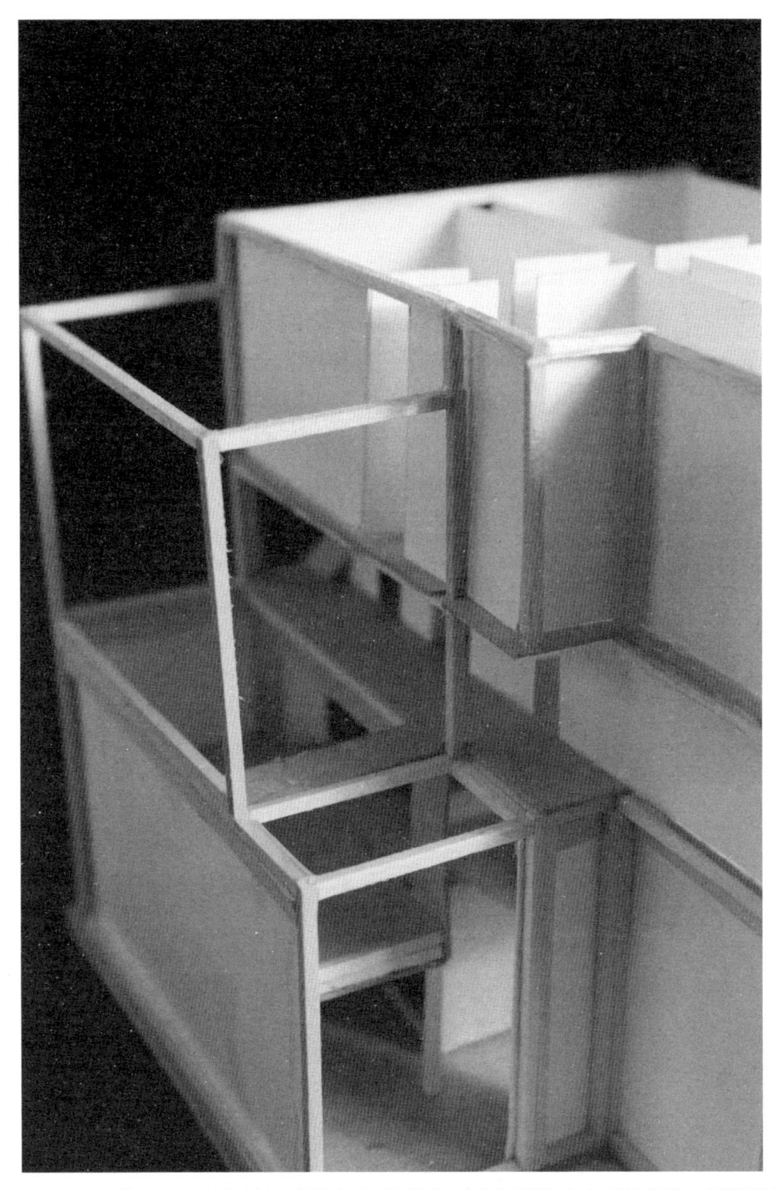

图 3.36　此例中，材料的缺失用来凸显通透性。框架描绘出空间的界限。通透性与模型中其他不透明的材料形成对比。　学生：约翰·霍勒　点评：里根·金　院校：玛丽伍德大学

图 3.37　通透性允许人们直接看到空间，也允许光线直接射入。透过通透性材质的光量大于半透明材质。然而，其控制、限制或引导光线进入空间的能力会因透明度而大大降低。学生：詹姆斯·查德威克·奈特　点评：约翰·梅兹　院校：佛罗里达大学

那么通透性元素如何应用到空间中呢？通透性可以在感知上将一个空间延伸到另一个空间。通透性可以帮助光线无阻挡地进入空间，可以成为使住户感觉到另一空间中的空间条件、物件或者事件。与不透明或半透明不同，通透性是一种固有的向外的物质条件：它使得住户能将感知延伸到空间的限制之外，不论这种延伸是向外、相邻还是穿过。

不同的空间可能性会决定建筑的体验性。它们可能是对组织布局或规划目的的呼应。空间的多种可能性能够促进整个过程中有关设计开发的决策。通透元素可能是推测性的占位符，引导空间的组织布局。然而，随着元素不断吸纳材料的某种特点、维度和关系，该元素会驱动整个设计的演化。用于测试排布的这种机制在设计过程中逐渐转变为现实的空间和形式。

在决策阶段，还有其他因素驱使着通透元素的加入。相对于其他形式，通透的东西是如何整合的？通透性意味着材料的清晰度不够，形式较薄，或者部分的空缺。这与不透明和半透明不同，表现在材料质量和整合的方法上更加带有局限性。透明元素通常由很少的材料组成，大多是薄平面或者薄膜。通透性可以通过整合中的非物料空缺得到体现。框架可以在中空的情况下描绘边缘甚至隔断。材料本身也可以通过雕琢或开放创造出一种通透的感觉。

这些形式关系方面的问题对于感知和占用空间的方式颇具启示。它们有助于在住户与建筑形式之间建立体验性的联络交接。设计的目的是让人看到特定的东西，还是提供远景？人们是为了要看到另一边，还是要被另一边看到？通透的物体是会分开空间还是连接空间？这些整合问题将遵循推测性的组织布局，并将推动促进设计进程中的决策。

* 参见“材质感”一节。

操作 OPERATION

被执行的功能；
物件、空间、部件或组合的功能性目的。

功能为建筑生成带来的可能性
Generative Possibilities of Function

一位男子离开拥挤的人行道，通过正门走进了一座建筑。他进了门厅。考虑到建筑的公共性质，门厅相对较小。他慢慢适应了大厅里昏暗的灯光。前厅再往前走有一个大楼梯通往大厅，相较于门厅，这个大厅很宽敞。走到楼梯的最高处时，男子注意到天花板很高，整个大厅显得十分雄伟。大厅中的若干柱子将整个空间分为几个部分。在一排柱子的后面是休息室，另一排柱子后面是餐厅和吧台。除了几个出入口以及特定位置，在柱子之间摆放着桌子和盆栽，防止人们从中通过。大厅的地面大部分都是大理石和木质地板。大厅内有回声。

随着男子经过一个盆栽植物进入餐厅，大理石地面被地毯取代。他顺着地毯走，进入了矮墙后面的小隔间。这堵墙不高，没有延伸到空间的顶部，空间仍然很大，而且在很大程度上是不间断的。但是它在大的空间中提供了一个有隐私性的静谧空间。

男子喜欢来这里。他在等朋友时回想了一遍从人行横道到这里的路程。他先回顾了建筑入口和大厅是如何通过楼梯过渡的。他刚走进建筑时感受到一种豁然开朗，表明他来到了一个新地方。他又想到那些障碍物（桌子、盆栽）和柱子是如何分隔空间的，将来往人群按其所需分配到不同地点。他也很喜欢他选择坐下来的小隔间，尽管隔间位于整个大厅中央，但隔间小而且安静，这样谈起话来很方便。也许是因为这段路的构造如此之简单，利用对房间的安排和变动，使男子对这个地方产生了好感。

空间运作是指决定一个空间是如何被体验和居住的空间特点。运作是一种机械职能，而建筑可以被当作出于特定目的（规划）协作在一起的一系列部件（空间）。空间运作是出于对一个建筑的整体性目的而进行的单独的小型任务。它可以是一项体验性操作、组织布局性操作，也可以明确地指机械性操作。

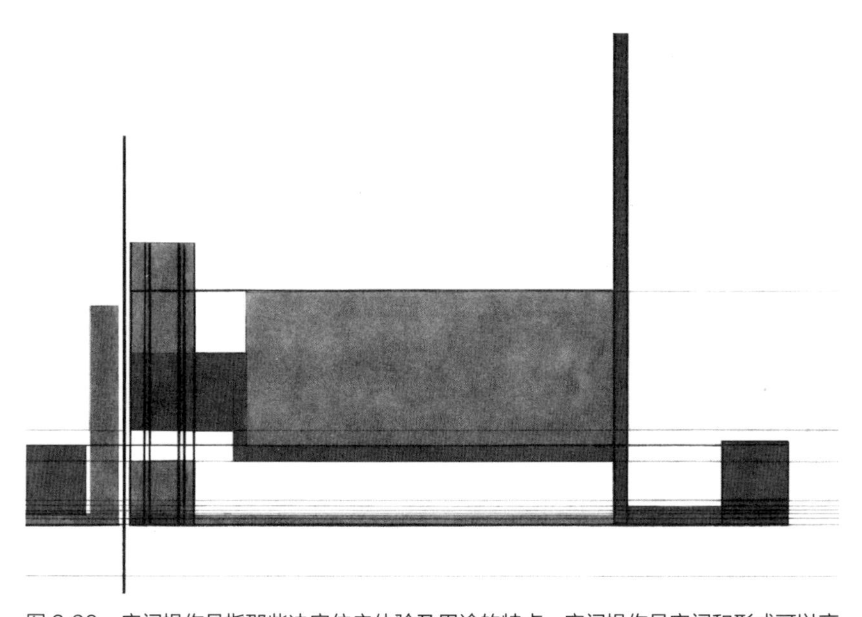

图 3.38　空间操作是指那些决定住户体验及用途的特点。空间操作是空间和形式可以产生不同效果的方法和途径。设计空间时有多种可行的方法，本节中列举的只占其中一小部分。该图是空间操作的一张设计图，记录了一个特点向另一个特点过渡的所有时刻。它标记了空间被逐渐压缩和扩大的地方，规划了影响住户体验和空间安排的空间特点。
学生：乔治·法布尔　点评：詹姆斯·埃克勒　院校：辛辛那提大学

操作的主功能之一就是创造和控制住户在某个空间中的体验——空间操作是叙述功能，而非规划功能。那么叙述与建筑之间有何联系？建筑为住户带来了一系列机遇或事件的集合，它们取决于某个空间的体验性质。建筑的实体比例或朝向定位可以成为空间的操作方式，为居住的方式提供便利。从更传统的意义来讲，规划布局可以通过以下方式得到改善：空间的栖居方式、使用者在某个空间内移动或静止的方式、建筑物内的整体感觉，或者使用者与空间形式的互动性质。这些事件和特征共同定义了一种由设计师为空间使用者创造的情节。

空间操作并不是促进建筑规划，而是在进行栖居的组织布局。当各类空间关系对于住户来说十分明显时，通常会出现空间组织布局的操作。这种关系可能以如下方式存在：两个空间部分重叠，或者沿着两个空间存在于设计路径的空间顺序中。这种类型的操作决定了空间之间的体验关系、从设计的一部分到另一部分的过渡、从一个空间到另一空间的视线通路，以及某块空间是否要被孤立出来、移除或者整合。

组织布局和体验经常通过操作联系起来。很少会有空间操作完全与组织布局脱离，反之亦然。因此，在设计过程中，考虑到组织布局将会如何影响体验，并且使用这两种手段作为工具描述未来的住户将如何在这里生活的方式以及整座建筑是如何布置规划的方式。

机械性操作可以通过空间操控的机制促进前两种操作类型。我们可以拆一堵墙；反转一个元素；一个整体的一部分可以是开放的，抑或封闭的。当这些机械性的功能用来定义体验或是建立空间之间的构成关系时，它们将会成为空间操控者。住户和机制之间的互动则是另外需要考虑的方面。住户使用的机制将会对体验和组织布局造成影响。有些人可能会抓住或移动把手，或站在某个特定位置，从而以独特的方式来体验空间。

正如人与人之间的经历会大相径庭一样，在设计过程中也可能存在着无限多的空间操作组合。本节列举了部分空间的操作条件，并不包括全方位的设计方案，也不一定存在于每个建筑设计当中。它们是一些操作类型的范例。这些空间的操作条件展现了不同空间操作可以应用于生成和实现设计目标的方式。

图 3.39　该模型展示了本章未列出的众多潜在架构操作之一。学生通过展现回形针的材质属性及其别夹动作，研究回形针的特质。最终结果是该模型中以别夹动作为特征的连接处有助于促进感知。面板可以被移动并夹在适当的位置，以展现单词夹。这项研究的意义在于基于张力和灵活性的材料特质以及转换的空间特质来构成与组合空间的策略。　学生：乔·瓦希　点评：马修·曼德拉珀　院校：玛丽伍德大学

扩大 Expansion

变大；
进入更大的空间；
一种空间状况：扩大空间容积以便加快达到预期效果。

压缩 Compression

变得更小或更紧凑；
进入更小的空间；
一种空间状况：缩小空间以便加快达到预期效果。

扩大与压缩是组织排布空间的操作。它们通过对体积加以改变来实现空间的转变。扩大是体积的普遍增加，而压缩则是体积的普遍减小。那么空间的转变是如何操作或影响建筑规划的呢？这是一种设计过程实践吗？对住户来说是否显而易见？

正如组织布局的操作一样，这些构思用来将多重空间联系起来。扩大和压缩可能会预示其他操作，例如空间到空间的过渡。想象一个人在一间大房子里与一群人进行社交活动；这个人之后通过一个狭小的空间进入另一个大房间。这两个大房间在规划布局与比例上可能十分相似，但是压缩的狭小空间为两者做了明显的过渡。

扩大或压缩可能会成为到达的标志。想象一下这种体验：一个人沿着一条狭长的通道走着，前方突然扩大了，变得豁然开朗。那种逼仄的感觉，加上之后释放出的表明一个人到达了某个重要场所。这种发现的突然性仍是通过空间类型的对比体现出对这种重要性的理解。

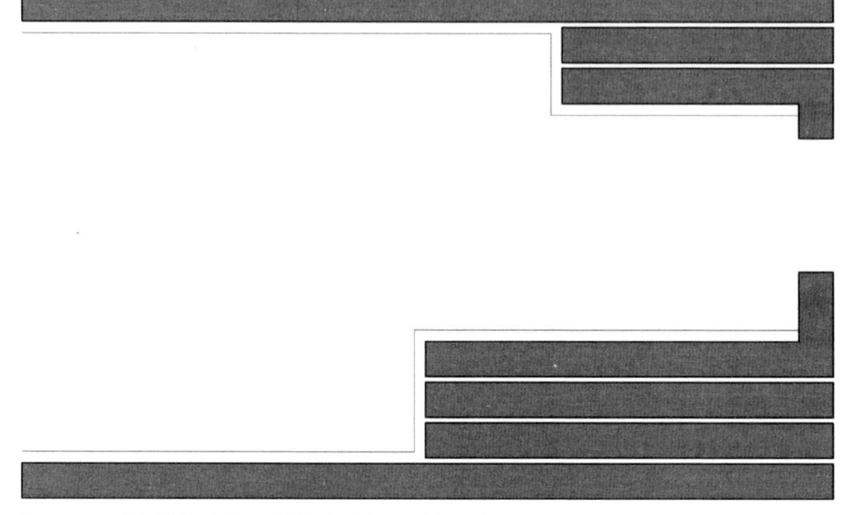

图 3.40　空间的扩大或压缩能够促进不同的规划布局，或对住户产生不同体验情况的操作。此图中，两线条之间的空间逐渐向左侧扩展，并逐渐向右侧压缩。

这两种概念可能被用于设计同一空间的不同规划布局当中。将空间分区以创造扩大和压缩的区域可以用来区分不同功能和事件。一个开放的设计可以通过对天花板高度的调整对区域进行切分，通过扩大和压缩来划分空间区域。压缩的空间可能用来提升一种亲密感或分离感，而扩大的空间可用来进行公共互动。

在所有这些场景中，组织排布与规划布局密切相关。正是扩大和压缩的操作将这些规划场景或事件相互联系起来。这同样会对体验造成影响，特别是从一个狭小空间移动到一个开放空间时的感觉。

图 3.41 此例中，一个大的空间中插入了一个小空间。小体积内的封闭压缩空间，与大体积内扩大的开放空间产生的效果不尽相同。 学生：米兰达·拉索塔（Miranda Lasota） 点评：凯特·奥康娜 院校：玛丽伍德大学

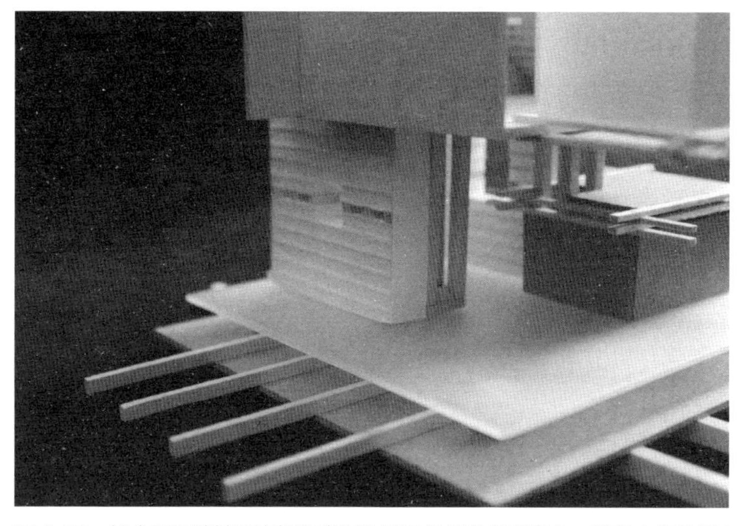

图 3.42 扩大和压缩被用来标记空间的发展并创造发现机会。随着人们往里走，外部拓展空间的尺寸逐渐缩小。在向前进的某一个点上，空间再次扩大，呈现出完全不同的环境。 学生：金·科米索 点评：史蒂芬·加里森 院校：玛丽伍德大学

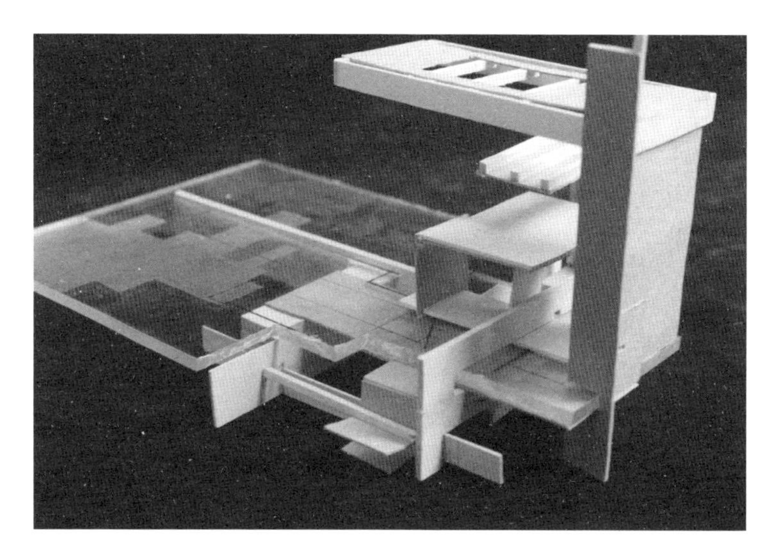

图3.43 该项目的组织布局逻辑在于在一个更大的宽敞空间中包含一系列压缩的小空间。小空间是特别设计的，而扩展的大空间定义了与周围环境的关系。 学生：玛丽—凯特·哈特 点评：詹姆斯·埃克勒 院校：玛丽伍德大学

缩建 Contraction

一项缩短的元素；
用于参考的，但并未与边界或其他物理界线交会的元素或组成部分。

扩建 Extension

一项延长的元素；
超出边界或其他物理界线的元素或部分；
用于参考的一组超出参数之外的移动和 / 或时间。

正如扩大和压缩一样，扩建和缩建是通过改变空间的比例来对空间转变进行的操作。但是，这种空间转变发生在一个特定的方向上。体积可以通过扩建变大，也可以通过缩建减小。同扩大和压缩一样，这些操作在设计和居住中扮演的角色必须得以区分。为此，必须厘清扩建与实体扩大的区别。两者之间的区别是否大到足以影响设计过程？我们已在前面做过大量有关这些操作和规划布局的相关分析。然而，可以通过不同的组织布局方式来影响空间关系的设计，这与扩大和压缩产生的效果有很大不同。

图 3.44　这幅图展示了三根横条，中间有两个空白区域。这两个空白区域的面积几乎相同——只是形状不同。一个空是扩建，另一个是缩建。两个空并列放置。

扩建或缩建空间是一个与过程有关的实践，在这个过程中，决策是建立在空间之间关系的基础上。一个空间可能会扩大延伸至另一个空间；这会增大了它的大小并且改变它和其他空间的大小比例。这对等级结构和规划布局都会产生影响。若空间较大、较狭长，就可以容纳不同的事件

图 3.45　此例通过形式缩建形成了空间。堆积起来的元素的一边被拉回来形成一个凹洞，与另外一边元素的扩建部分并列放置。　学生：伊丽莎白·施瓦布（Elizabeth Schwab）点评：凯特·奥康娜　院校：玛丽伍德大学

或活动规模。它的大小还可以使它在组织布局中相对于周围其他空间更为突出。这说明了空间的组织布局关系可以影响栖居。扩建的部分应该可以从一个建筑的其他部位看到。它的突出性应被视为目标或主要规划。根据它能够和邻里空间产生对比的特点，可以将它作为探路的工具，或者是一个标志，再或者是一个参考点。

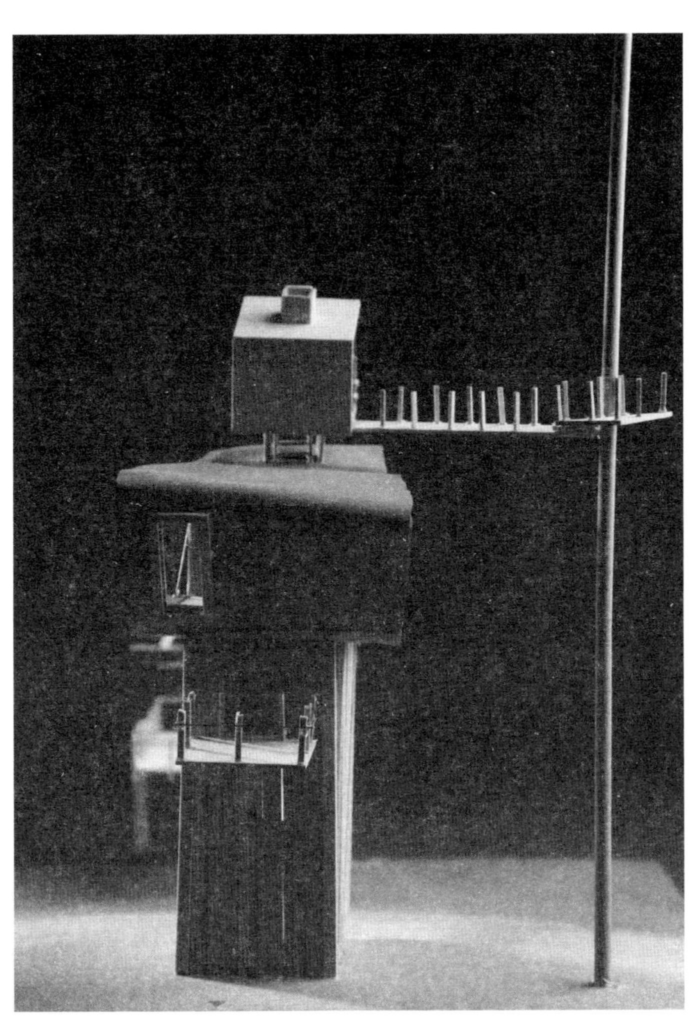

图 3.46　一个线性的延伸将孤立的竖直元素融入周围环境，将凸出的空间扩展到周边。学生：伊丽莎白・施瓦布　点评：凯特・奥康娜　院校：玛丽伍德大学

图 3.47　线性元素从一个空间场合延伸并连接到另一个空间场合。它们形成各个部分之间的链接。　学生：阿里・佩斯科维茨（Ari Pescovitz）　点评：詹姆斯・埃克勒　院校：辛辛那提大学

扩建或缩建可以在一个设计中更直接地定义空间关系。考虑到将一个空间延伸到另一个空间会带来的影响——产生重叠，可能会作为过渡或是空间上与感知上沟通联系规划布局的方式。一个空间的缩建会不可避免地导致它和另一个空间产生空隙。这种区分可能会作为一个孤立或者区分布局的缓冲区，并且能控制使用者去接近它们。

实体扩建和缩建是空间思考的形式结果。扩建是对扩展空间的实体表现形式。它是可见的元素。它提供了它所包含空间的设计过程与空间概念的线索。

过滤器 Filter

用来筛选要通过它的装置或材料；
控制从一侧到另一侧通过的多孔材料或组件。

前面的两个例子是空间的组织布局操作。以下各节将讨论用于促进空间与形式整合的空间上的体验性操作。

过滤器是任何充当选择性过渡的物件、组合或空间。它是一种利用控制基于数量或特点，并限制通过从而控制运动的物体。

这个物件及其组合发挥了物理过滤器的功能。它们控制着从一侧到另一侧的运动。从这个意义上讲，过滤器可以通过控制环境条件入口来表明一个空间的特点。比如，百叶窗可以作为光线过滤器。它还可以选择性地允许个体通过它而直接影响居住生活。想一想旋转门减缓人流的方式；只有那些付费或者出示票据的人才被允许通过。

从更概念化的角度上说，过滤器描述了空间的叙述性或规划布局性状况，作为运动或通路的控制点。它是一个空间机制，用来决定某物是否可以继续通过一条通道或者进入一个空间。它是一种步测工具。在这种情况下，它可以是任何改变运动并提供另一条可选择路线的事物。比如长椅能提供给一些人停留的机会，同时允许其他人继续原来的动作，这就是过滤器在栖居与规划布局上的表现。当出现路径选择时，这个选择便成为选择的机制。人们可以选择停留并坐在长椅上休息或者继续前行。

图 3.48　过滤器是一个选择性或控制性的操作，是在设计上基于特定特点通过配置空间或形式系统来限制进入或通路得以实现的。

这与设计有什么关系呢？过滤器能成为过程中的生成组件吗？在上述所有例子中，过滤器都扮演着中断或分流的角色。设计师可以利用这一特性来影响空间内人类行为的方式或者控制进入某项目空间的不同部分。从组织布局上讲，在路径上放置过滤器可以产生把几个不同的空间联系到一起的效果。它同时也会影响设计过程，通过引入一个新的组织布局变量可能推进决策或重新考量。作为控制不同环境状况的装置，它可以用来定义空间的体验方式。它可以改变光线、声音或者水体的强弱、大

图 3.49　形式组合用于过滤进入空间的光线，仅允许光线穿过组合中板条间的缝隙。
学生：内森·辛普森　点评：詹姆斯·埃克勒　院校：辛辛那提大学

图 3.50　形式组合在多个渐进发展阶段用于过滤光线。光线的控制与构图有助于空间的组织编排与布局。　学生：J. D. 法哈多（J. D. Fajardo）　点评：里根·金　院校：玛丽伍德大学

小和方向。这些情况都会影响人们的感知。在组合中引入过滤器可以作为一种通过现象体验来感知空间的方法。

过渡 Transition

从一种形式、地点或状态到另一种的通路方式。

过渡意味着一段时间或距离的改变。作为一种对空间的操作，过渡是一种将空间联系在一起的经验方式而发挥作用。过渡可能会是唐突的或渐进的，并且出于其特点，会使它在联系或区分空间、组件以及它所连接的空间形式上发挥重要作用。

空间过渡，或者其他连接不同生活空间的那些结合点，是从一个空间到另一个的转折部分。过渡可能会以重叠方式显现出来——一块由两个独立空间共有的一部分。过渡也可以用来分隔空间——如一个中间空间，一个人要进入下一个设计的区域前必须经过。这些表明了它与所连接空间之间的关系。第一个例子通过使用重叠体现出的优点说明了在功能或特点上的相似性。第二个例子是分隔，一个人必须在彻底离开一个空间后才能进入下一个空间。这可能表示这两个空间有完全不一样的功能，会有不同类型的人参观浏览。这些特点既可以作为一个短暂的连接场合，也可以作为一连串的事件而存在。门槛和走廊都是一种过渡。

形式过渡与组合有关。多个组件联系在一起以创造不同的品质、特性和功能。组合中不同部分的分隔点是从一个逻辑到另一个逻辑的过渡。这是工艺技巧与制作的一个直接结果。组合中一个连结部分的加入，或是材料的运用都会决定组合的特点以及它在空间应用中的功能。

过渡在两个尺度上影响建筑。它可以指材料状态和工艺技巧，也可以指建筑的总体状态。对于工艺和材料来说，过渡是一个变化过程。材料会随着时间的流逝而逐渐遭到侵蚀，因此可以定义时间作为材料从一个状态到另一个状态的过渡。腐朽重新定义了材料的属性，消除了一些用于

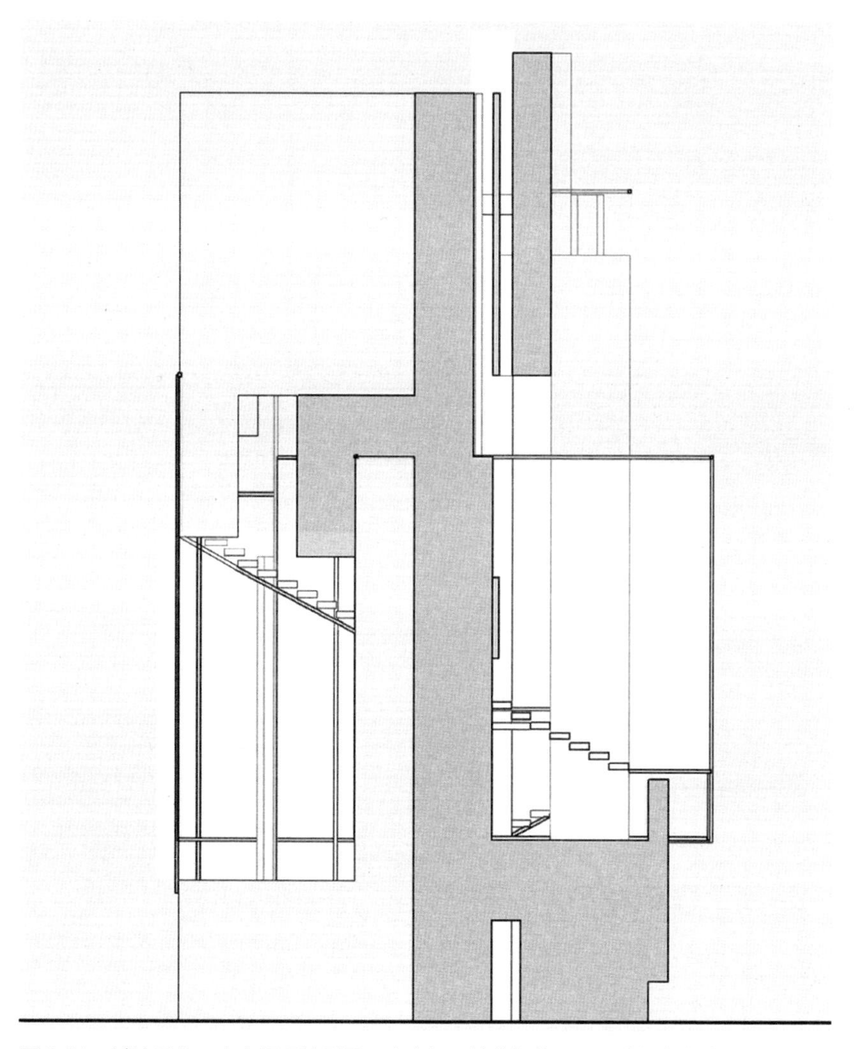

图 3.51　过渡是从一个空间环境到另一个空间环境的操作，是受空间组织布局和配置安排影响的体验性事件。此例中，一系列的过渡将一个大系统中的不同空间联系起来。最重要的是，从厚厚的中央墙体的一侧到另一侧的过渡决定着两侧空间之间的关系。　学生：佚名　点评：约翰·梅兹　院校：佛罗里达大学

制造的可能性，同时创造了一些其他的可能性。这种过渡也可能更广泛地指建筑的状态，甚至是建筑学科。该术语的广泛使用更关注于社会性的理解而非设计。一个建筑可以通过逐渐改变的使用方式来从一个规划布局过渡到另一个。该学科可能会通过创新和技术实现发展，或者它在更大的社会环境中扮演的角色可能会发生改变。

* 参见“叙述”“组织布局”两节。

图 3.52　此例展示了向一个更封闭、更隐蔽的内部空间的过渡。描述过渡的形式组合也有助于空间特性的转变。当人跨过门槛时，空间包含的形式会变得更加封闭。学生：佚名，团队项目　点评：蒂姆·海斯　院校：路易斯安那理工大学

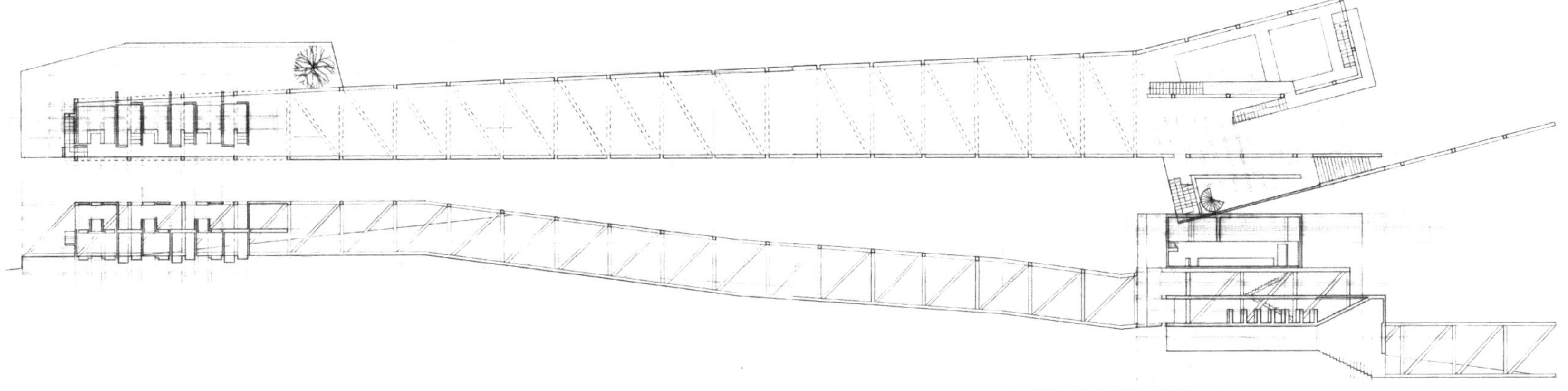

图 3.53　过渡为居住者遇见新的空间环境做准备，这个过程不一定是立即完成的。此例展示了从一个空间到另一个空间的长距离延长过渡。　学生：休斯顿·伯内特　点评：彼得·王　院校：北卡罗来纳大学夏洛特分校

路径 PATH

从一个地点到另一个地点的路线；
建立起用来标示从一个地点到另一个地点的某物。

设计路径为建筑生成带来的可能性
Generative Possibilities in a Designed Route

一个女子从家门出来，踏上相邻的人行道。它由紧密排列的木板条制成。人行道高于地面几尺，因此地面还是保留着它的不平整，人行道的建造并没有改变地貌。

女子在思考到达目的地的最短线路。她向右转，然后开始走起。这条路本身并不仅仅是一种简单的交通手段。它连接了起点和终点，也呈现了一路上的各种经历。如果有更多的时间，她会高兴地选择一条更长的路线。

女子选择的路线需要经过人行道的几种不同转换。它们的边缘不统一也不平行，甚至为了配合周边景色而成波浪形。路径的宽窄变换引进了其他事件发生的可能性。在某处宽阔的路上放置了一条长椅，要不是赶时间，她可以停下来休息一下。

路线的某一部分又变得很封闭，因为有两堵墙依路而建。再往前走连天空都被遮掩了。这段路变得漆黑，只能依靠路旁天窗透过的光。路的两旁都设置有孔洞，用来观察四周环境。这是她最喜欢的一段路了，因为从孔洞射出的光投射在四周会营造出各种美丽的图案。但是她的目的地在离这段封闭路径还很远的地方，因此必须加快脚步。她到达了目的地的大门，开门进去，离开了身后的小路。

路径是为了运动而规划布置的一个空间构筑物。它把一个地点和另一个地点连接起来。路径涉及居住，涉及人从一个空间或事件到另一个空间或事件的运动轨迹。作为住所的一项功能，它本身也是一个体验事件，是从一个环境到另一个环境的过渡点。它可用多种方式加以呈现，它是一条明确的路径，即被构建成一个明显区别于它所连接的空间。它也可以是隐含式的组织布局，即通过末端而非自身特性进行定义的路径。

每个人都有从一条路径到另一路径的经历。有的路径经常无法被辨识。有了这样一个共同的目的，一条道路是否承载着设计创新，或者说它只是建筑的一种实用性需要？路径几乎是建筑中的必需品。但是除了运动

图 3.54　一条路径环绕着一个中心空间。　学生：詹姆斯·查德维克·奈特（James Chadwick Knight）　点评：约翰·梅兹　院校：佛罗里达大学

功能外，它也可以成为服务于其他目的的设计元素。

让我们思考一下路径，它连接起各个空间，可能是单向的，也可能是双向的。不论哪种方式，它都是从一个环境到另一个环境的空间过渡。作为一种过渡，它也可以成为住户进入一个新空间的方式。它是控制这种过渡如何被体验的一种方式。它可以很长，让人们从开始的地方引导到达一个新地方。它也可以很短或者重叠，作为使两个空间交汇的方式。路径的特点很大程度上决定了与之相连空间的组织、体验和操作的特性。

明确的路径作为设计的一个空间组件而存在。设想认定为与建筑的其他任何组件一样。它自己的空间、形式与材料特点决定了它与设计中其他方面的关系。然而隐含式的路径取决于定义它的目的地。它的特点取决于目的地被设计来承接运动的方式。它可能是在一个构造空间中，用于连接几个不同的区域。或者它也可能存在于空间外部，连接设计中分离的组件。

在任何布局中，路径都作为设计的一部分决定着人进入建筑的方式。它可以通过体验让居住者为即将发生的事情做好准备。它也可以是决定组织关系的组织布局工具。在大多数情况下，不论设计师考虑到这些情况与否，路径都会承担完成这些事物。

* 参见“行程”一节。

图3.55 一条路径环绕一个空间并将其与其他空间分开。 学生：詹姆斯·查德维克·奈特 点评：约翰·亨弗里斯 院校：迈阿密大学

孔 POROUS

通过空腔或孔洞渗透或穿透。

过滤为建筑生成带来的可能性
Generative Possibilities in Filtering

宾馆大厅有一个很长的侧边面向大街。界定这个侧边的墙体很厚。入口规则地排列在这个长度之中。墙体的表面有许多小孔。孔的密度很大，使得整个墙体或实或空。光线通过这些小孔照进来，在地面上映衬出不同的图案。由于入口的独特安排，不时有人从这个地方进进出出。

这个空间执行着多种公共功能。在这里有一家餐馆、一家礼品店，还有宾馆的礼宾处。多孔的街墙为这些规划布局提供了川流不息的人群。它也是推广宾馆的一种方式。它对于这座城市来说是独特的，让路人充满好奇。

图 3.56 材料的多孔性让光线或空气透入。它也可以用来在表面上创造纹理。 学生：柯克·贝里安 点评：劳伦·麦奇森 院校：南加州大学

多孔隙是由于空腔或孔洞造成的穿透程度。它的物理和空间特性使它能够过滤通过它的事物。这里所说的“孔隙度”（porosity），主要是指它

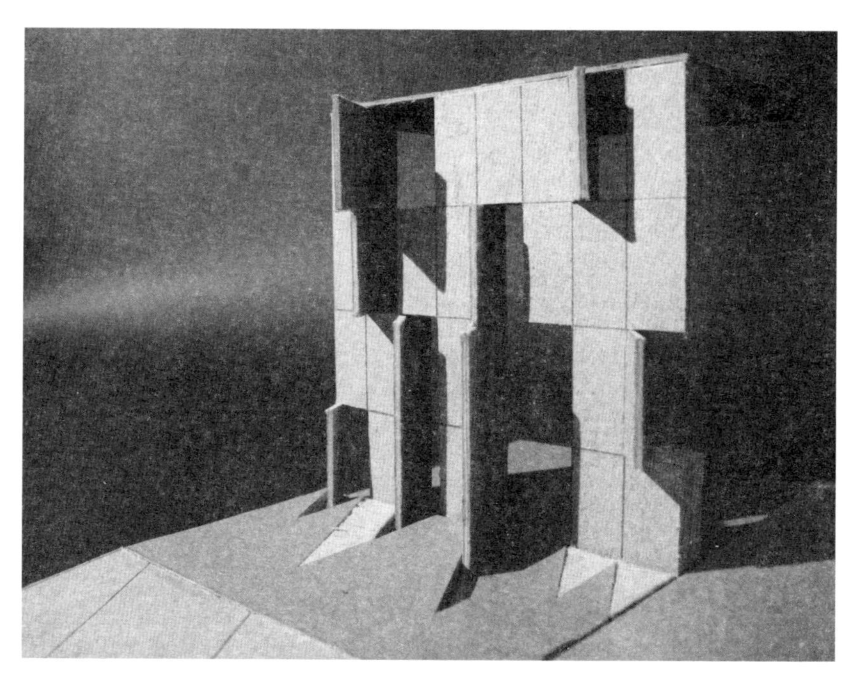

图 3.57 多孔隙是用来在墙壁上制造孔洞的策略。有些孔很大，足以让住户进出，有些让光线、空气和景色透过。它们都行使着自己独特的功能。这个策略的整体效果就是创造出一个多孔的墙体。 学生：内森·辛普森 点评：詹姆斯·埃克勒 院校：辛辛那提大学

的空间特性，即在一个空间的周边有许多点可以进入该空间。除此之外，多孔隙也可以是材料或组织布局的特性。多孔组合是决定空间或组织布局关系的方式之一。

空间怎样可以成为多孔的？多孔隙难道不更多是属于物件的特性吗？物件、形式，或者组合可以是多孔的；空间本身不可以。空间是无形的，因此没有可以穿透它的孔洞。然而，决定空间的形式和组合的多孔本质会影响空间的功能、被感知的方式以及与周边环境的关系。因此，我们可以讨论多孔隙对于空间状态的影响。空间可以由孔洞边界限定。或者说多孔元素可以固定在那个空间中。

在考虑多孔性对空间的影响时，设计师必须首先弄清要透过孔洞的物件。空间可能会由网屏构成，这是一种为了过滤光线的孔洞组合。如果某个空间围绕边界有大量的穿透点，这个空间也可以被看作是多孔的。透明性在某种程度上可以暗示着多孔性，因为透过障碍人们仍可以看到事物。透明元素在一个组合中出现的频率可以影响空间操作、体验状态，或者规划布局。

材料多孔性会影响技术工艺。如何通过多孔材料创造新事物呢？通过使用多孔材料可以在一个组合中扮演什么角色？多孔材料可能是有吸收性的、粗糙的或有纹理的。这些问题影响着性能、感观，以及整体的结构稳定性。可以通过利用这些材料特性来帮助达到特殊的设计目的，但是如果不考虑这些因素，它们也有可能会有损一个组合的功能或表现。

图 3.58 如同其他网屏一样，外部设置的网屏是多孔的，但是其中的一部分为更大面积的不透明嵌板。这些选择性放置的嵌板与内部空间的功能相关，便于控制出入。 学生：克里斯·霍姆斯（Chris Holmes） 点评：卡尔·沃利克 院校：辛辛那提大学

大门 PORTAL

入口或道路的通过方式；
大门是沿着路径或行程，构建的可以创造过渡的场合。

过渡为建筑生成带来的可能性
Generative Possibilities in Transitioning

在一块经过修剪的草坪上，坐落你面前的是一座只有一个正方形入口的混凝土结构建筑。引领你从入口向内走的几级台阶将你从草丛指向建筑内部昏暗的空间。当你踏入入口的一刹那，整个环境都发生了改变。你从一个光明开阔、脚下有柔软草坪的空间步入了一个黑暗封闭的走廊。整个建筑都是混凝土的，只有在很远的地方才能看见光线。不管你怎样放轻脚步，总能听见四周回响的脚步声。

你向着通道的另一端走去，遇到了一扇玻璃门。你推开门走了进去。门关上，发出了沉重的响声回荡在走廊。就这样，通过一扇玻璃门，你来到一个崭新的环境。你可以看到通道的末端，并且看出那外面有水池。

你经过了两个入口来到这个新环境。第一个把你从舒适的阳光和草坪带走，来到一个黑暗的混凝土建筑中，第二个则带你进入这个有水池的花园。

在拉丁语中，portale（入口）是通往城市的大门。它是城内、城外的分界点。它同时也是迎接场所和保护屏障。目前，从更广泛的意义上讲，入口可以是任何类型的门或者关口。它与大门有着许多相似的体验和操作特性，由开口处的物件或组合构成。在不同程度上，开口程度应该与要从它通过的物件或个体大小相当。它也包括从一端到另一端的过渡，以及与之直接相连的空间和事件。

所有居住的空间都需要入口。那么大门是如何影响设计过程或理念的呢？大门是沿着行程路线上的一处场合；是一条路径结束与另一路径开始的过渡。作为门户，它创造了一系列的事件。因为它是表面的中断——某个

图 3.59　大门是一个帮助路径穿越障碍物的实体建筑。此例中，它是沿着路径或行程的体验空间，标志着过渡。　学生：戴安娜·罗伯森　点评：约翰·梅兹　院校：佛罗里达大学

特定维度的开口——它的大小会阻止物件或个人通过，使它除了其他功能外又增加了过滤的功能。

大门，作为沿着行程路线上的一处场合，是界定内部与外部的地方。它是针对谁或者什么可以通过的一种设计上的控制。这项功能为设计带来多种机会。除了为空间或地点提供入口，门户也可以作为标志或标记。它是可以从行程路线上很远的地方便可看到的参照物。大门的空间和形式特性能够表明空间、体验，或者规划布局的性质。门户成为用来期待在另一边会发现什么的设计工具。这种期待可能会得到满足，也可能是有意的误导，使人们获得惊喜或有新的发现。

大门穿过的平面或薄或厚，因此，可以扩大或缩小大门内外的过渡。开洞本身的尺度可以只容纳一人经过，或者大到允许多人同时进出。大门是门户；它可以放置一扇大门，使得人们在从一边到另一边时要开关大门，或者也可以是毫无阻碍的通道。这些问题表明了住户对大门另一边情况的掌握程度。实体门可以是多孔的，人们可以看到对面的情况，也可以是实心的。过渡的长度可能会限制视线，通过紧紧地固定住视野并且保持一定的距离。意识感知的程度、空间和形式特性以及通往大门的特征事件都能成为一系列有序事件——从过渡形式而生的一系列体验。这就是大门、门户，或门的潜力。

* 参见“路径”“行程”“操作”“过渡”“阈”五节。

图 3.60　此例中，大门通过一个竖直的平面将一个小空间扩展，与一个较大的内部体积联系起来。　学生：卡莉·威廉姆斯　点评：詹姆斯·埃克勒　院校：玛丽伍德大学

图 3.61　大门有时是阈的实体组合，决定接近或进入的地点。此例中，压缩的空间被用来标记大门，大门上方的厚天花板悬挂于住户头顶之上。　学生：杰夫·巴杰　点评：詹姆斯·埃克勒　院校：辛辛那提大学

连续渐进 PROGRESSION

向前运动；
连续的运动或事件序列。

前进为建筑生成带来的可能性
Generative Possibilities in Advancing

房间很大，是长方形的，里面有一排排的陈列柜，陈列着手工艺品和雕塑。房间较长边的两面墙的中心位置都有开洞。这些开口都很大并且实际上根本没有装门——它们实际上只是一个空框架。它们为参加展览的大量游客提供进入展览的入口。

它们还有其他的功能。站在这个门口能瞥见展馆内部，游客同时也能看到下一间展室。它还可以用来定义空间的方向。展览中的每个开口都和其他的开口沿固定路线排列在一起。

博物馆基于年份安排展品。每个房间被设计为展示历史中的一段特定时间。大多数游客观览的顺序是按照时间顺序从古至今。最后一个房间存放现代工艺品——是展览的目的地。这个房间位于建筑末端，靠近出口。不同类型和大小的展品需要不同的特定设计的空间加以展示。因此，尽管每个房间都相似，但它们的独特配置可以容纳特定类型的物件。这些展示的物品，连同整个展廊的特点，在游客经过一个个房间时被建立起来。

由于它们与空间组织布局有关，其布局和顺序是相似的。然而，如果说空间序列意味着空间的排序，那么连续则意味着在一个特定方向上的秩序。它是顺序增加的空间特征以促进朝着那个方向运动。空间是怎样促进运动的呢？这样的原则将会在设计上有什么影响？

空间的连续可以发生在多重空间的顺序中，也可用于界定单一空间的元素变化之中。无论在哪种情况下，渐进发展必须可以是通过某些方法可测量的。空间中增加的变化建立了可以测量的单元。

这种改变可能会在一个接一个的空间中产生。这个增量可以通过位置或接近度来定义。比如，随着一个人通过一系列的连续空间，人会越来越接近目的地。这里个人的空间可以定义一个增量量度。渐进发展是基于与目的地的接近程度。从一个空间到另一个空间的特点转变也可定义为一种增量量度。例如，随着个体从一个发展到下一个，空间会变得越来

图 3.62　本图显示了空间组织布局和形式组合，划分了朝向项目内部的渐进发展。它穿过了一系列在规模尺度及组织布局上相差甚多的空间。　学生：金·科米索　点评：史蒂芬·加里森　院校：玛丽伍德大学

越小。在这种情况下，渐进发展被加以标志并以物理属性为基础进行测量。

独立的空间中也可以体现渐进发展的感知。这可能是根据方向而定——居住者会被迫在空间内根据布局的方向移动到特定区域。然后，这种渐进发展会测量到与目的地之间的距离。我们可以通过所包含空间的组合联系来定义渐进发展的增量。它也可以通过在明确定义好的空间区域的运动而来。组合可以通过丰富的元素来记录不断渐进发展的阶段；排列在一行中的相同圆柱朝向推进发展的方向，或用来描绘空间范围的标志。那些多种多样的区域也可以通过空间来量测进展。每个地区都可能拥有一套规划方案，会占用居住者的时间，或者改变其运动方式。

对渐进发展的理解会在几个方面影响设计过程。渐进发展会影响家居空间组合的组织布局。它赋予物件组合去划分这些新增变化之间区别的职责，以及将它用来界定空间的首要责任。渐进发展也可以作为居住地的一种叙述方式。从根本上讲，它是由设计者决定住户为什么应该向某个特定方向移动以及这些不断增加的空间阶段应在整个设计过程中所发挥的作用。这些决定会为今后住户与每个新增阶段的互动产生许多潜在的想法。最后，渐进发展可以作为判断设计组织的一条准则。并且整个组织布局可以在一系列发展运动所包含的准则指导下得出。

* 参见“顺序”一节。

图 3.63　这个渐进发展是通过形式组合而来的，是一系列连续增高的上升结构。　学生：伊丽莎白·西德诺　点评：米拉格罗斯·津戈尼　院校：亚利桑那州立大学

凸出 PROJECT

向前伸展。

前凸为建筑生成带来的可能性

Generative Possibilities of Pushing Outward

下雨天，你用一张报纸遮着头顶在人行道上奔跑。报纸只能使雨不打到你的脸上，但是身上其他地方都被淋湿了。远处的剧院亮着灯光，那就是你的目的地。演出马上就要开始了。

你远远地看见灯光，知道离那儿不远了。随着慢慢靠近，你能够看到霓虹灯。它挂在建筑邻街的外檐上。建筑中有很多大窗户，你能看到里面。很多人拿着饮料和小食品在演出前聚集在一起。你朝着剧院带有窗户的凸出处跑去。

你等了一会儿，抖落夹克衫上的水珠。你拿出票，走向刚才看到的人群。从这里你能向外看到街道上的场景，如果没有下雨的话估计可以看得更远。在你后面偶尔还有人陆续进来。凸出的空间为建筑里面的人们提供了一个观察街景的框架，但是这对于外面的人更重要。对于那些朝剧院走的人们，这个突出的地方就是一个标志。这是一个能遮风避雨的地方。它也能使人们大致了解建筑里面正在发生着什么事情。

project（凸出）一词在建筑中有两层含义。该词来自拉丁语（prŷjectum），原意是“放在前面的物品”。之后演化成英语（projecte），意为“计划”。之后，该词沿用了这两个意思，尤其是后者在设计中的使用。使某物凸出的意思就是使某物从基线或平面的基础上向外延伸。这是一个在不断变化的设计。因为不完整或正在演进中的设计形式是不能为我们的考量提供多样的选择机会，本文将注重“凸出”作为空间或形式构建层面的含义。

如果说凸出仅仅是延伸的意思，那么它是如何影响设计思考的呢？凸出

图 3.64　这个空间构建反映了垂直方向上的凸出。狭窄的结构高擎起构筑物，同时也为入口和向上的流线创造了空间。　学生：温德尔·蒙哥马利　点评：杰森·托尔斯　院校：瓦伦西亚社区学院

是怎样成为空间原则，而非只是组织布局的行为？使某物凸出就是使其向前或向外。这可能是形式组织布局的产物或行为。一个元素或片段可以通过延伸变成凸出。然而，这种行为也有若干空间含义。形式的凸出可能会形成一块新空间。不论哪种情况，都应该考察凸出造成的潜在空间影响。

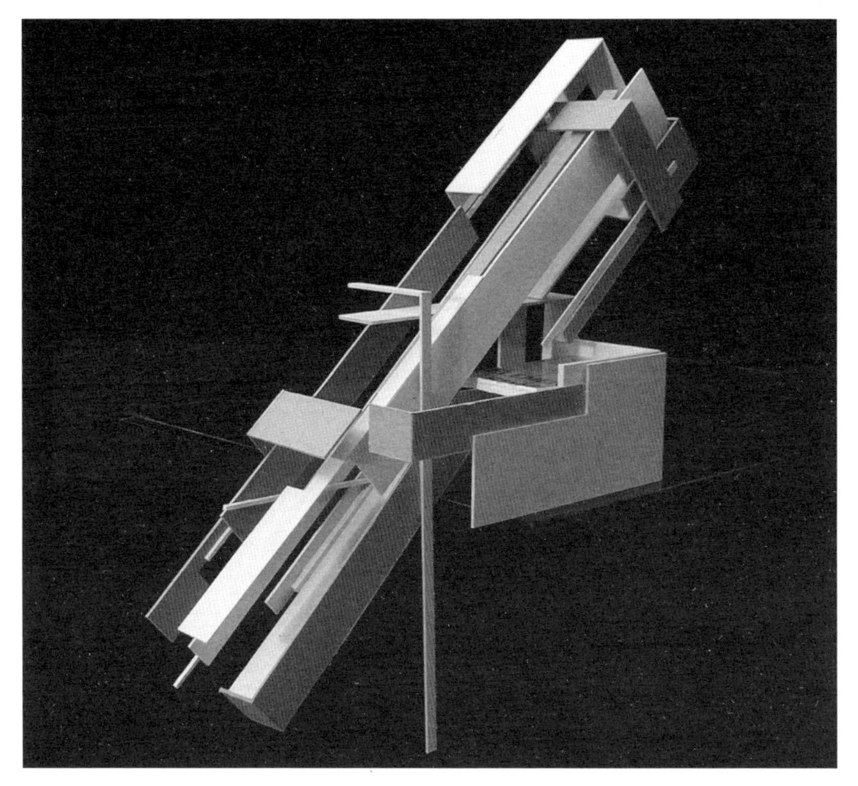

图 3.65　这个容器使用一个对角线主体上的小凸出（从对角线向右凸出）作为承托的托盘并展示图书。　学生：阿什利·埃德林霍夫　点评：米歇尔·汉密尔顿　院校：路易斯安那州立大学

超过某界限的凸出空间在组织布局中以非常见的形式出现。这也可能是为了界定空间的等级性。因为凸出会与组织布局中的其他元素不同，所以凸出被放在设计的首位，被认为是设计中最重要的元素。

除此之外，凸出通常暗示定位。它是指引或重新定向空间中事件的一种方式。比如，与空间体量中的大多数元素垂直的凸出可能会创造出新的组织轴，然后沿着它规划空间分布。

凸出一部分空间也可以是两块相邻空间联系起来的方法。这可能会创造一种将空间或规划联系到一起的联锁结构。这要求空间界限分明。它是划分空间使之很好地适应规划布局并将多个规划布局联系在一起的方法。

图 3.66　组织布局策略包括从主体中创造凸出以形成并组织空间。图中右侧的凸出界定了进入的方式以及入口位置，而靠左侧的凸出则创造了一块隐蔽和封闭的空间。　学生：尼克·鲁瑟　点评：詹姆斯·埃克勒　院校：玛丽伍德大学

顺序 SEQUENCE

有序系列；
连续的空间或事件；
有序地从一个空间或事件到另一空间或事件。

连续交会衔接为建筑生成带来的可能性
Generative Possibilities in Serial Encounters

一名男子下班回家。他是一个日常生活总是千篇一律的人。每天到家后他把公文包放在书房，换好衣服，然后准备晚餐。之后，他去书房做完今天没做完的工作。这就是他每天的生活。

在翻修房子的时候，这种事件的顺序使得他对空间和空间的交会衔接进行了深思。正门为他提供了一个挂放衣服的小空间。书房在大门旁边，这样他能够很容易地放公文包，第二天早晨出发的时候又很方便地带走。卧室在书房后面。这创造了一种静谧的感觉，使人们感觉离它很远，但是相连的大厅紧挨着书房门。厨房和餐厅在客厅的另一边，旁边就是卧室。整个房间的布局是根据事件发生的顺序安排的。

顺序对于设计至关重要，因为顺序将元素、事件或者过程通过排序联系起来。顺序就是基于连续的模式。这可以与建筑中空间秩序的安排、一个整体中诸个部件的排列规律或者某个过程中应用技术的顺序相关。顺序与渐进发展相似。但是，渐进发展更侧重给定方向上的转变或过渡，而顺序更侧重各部分之间的联系。在顺序中，各元素之间有着一种连续的关系，是一个元素使得其他元素紧随其后。那么一个整体中空间或元素的排序是如何影响设计过程的呢？程序秩序和设计思路之间有何关系？

空间的顺序是一系列设计好的相遇。它是建筑如何对居住产生影响的体现。建筑物中的规划、事件和对建筑的体验都与住户如何在这个空间中的活动有关。顺序意味着存在特定的秩序，也就是说，一块空间必定是沿着复杂的路线紧跟另一空间。

这会对居住产生一定影响。如果空间的排布使得空间只能以某种顺序排列，那么住户势必会从一个空间进入另一个空间。这种针对在顺序中连续出现的元素的准备或预测可能会以空间特色或者规划布局的形式得以

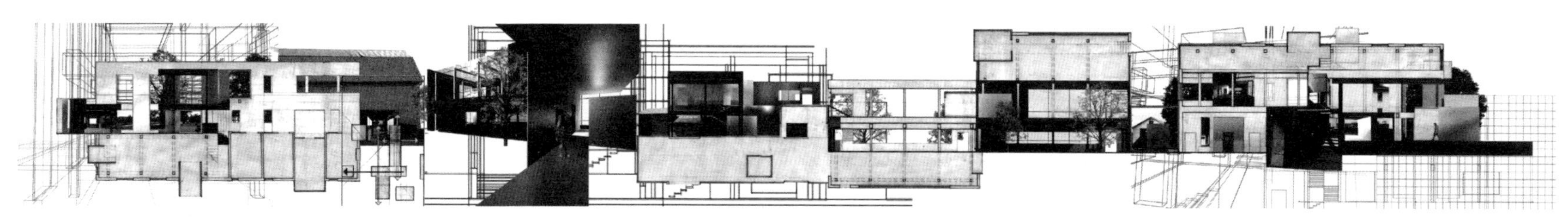

图 3.67　这幅错杂的剖面拼图描绘出了一个整体中各个空间和事件的顺序。它是按照住户预期的活动顺序路径展开的，带领我们探索了设计中的空间、组织与体验等因素。　学生：诺亚·伯格曼（Noah Bergman）　点评：詹姆斯·埃克勒　院校：辛辛那提大学

图 3.68　此例反映了线性组织模式中的空间顺序。一条与整体结构相同长度的路径将建筑中延长的部分联系起来。这条路径也将对遇到的空间顺序进行排序。　学生：马修·桑德斯特罗姆　点评：杰森·托尔斯　院校：瓦伦西亚社区学院

体现。在一个顺序中，空间可能会随排列逐渐扩大。这种特色上的转变是可以评估的，它可以通过从一个空间移动到下一空间的过程来预测。同样，在沿着某个空间顺序前进的时候，你可能发现在特质上空间变得愈加私密。空间的不同规划布局会反映出组织结构和运动模式。

空间的有序组合以饱满或节奏作为空间构建的策略。在材料、形式或功能特征的基础上，物件以某种顺序摆放，使各物件之间能在整体的大环境中联系起来。比如，一个整体中的顺序可能是某个相似构造元素的重复，只是在比例、大小等方面做了微调。

应用过程中的顺序是指使用技术的顺序。这个顺序会直接影响信息的产生和处理方式。结果就是，设计中使用的技术或技巧会在理念和实际中反映设计的发展方式。人们可能会因为使用了某种技术而产生某些重大发现，而这些发现可能会进而影响到后面的阶段。设计过程不是一个为了达到某种预期结果的事先预设的方法，相反，它更加依赖于顺序上的因果关系。

* 参见“连续渐进”一节。

空间 SPACE

可以被人或物占用的三维体积；
存在有界定范围和限度的虚空或通过形式组合的容积。

栖居为建筑生成带来的可能性
Generative Possibilities for Habitation

空间由像容器一样整合在一起的元素构成。体量会产生基础，整个空间都建立在这个基础之上；它也向上凸出，形成空间的边缘。框架就如肋骨一样竖立着，通过两条相互垂直的边缘与整个体量连接起来，而另一个框架结构则横跨在它们之间。框架决定空间的边界、尺度和比例。平面与框架接合，包裹住空间，并界定如何出入空间。

空间由材料构成。空间创造受所用材料的影响。石材的密度、重量和质地都会决定体量的构成方式及其与其他元素的连接方式。框架元素的轻重和坚硬度为空间布局创造新的机会。平面元素的不透明性会控制如何进入空间以及与周围环境的呼应互动。

人们通过感官体验空间。光线与质地会决定人们对空间的感觉。形式可以通过视觉上的阴影得以呈现。材料可以通过触觉和视觉共同体现。

空间供人栖居，这使得空间成为一幢建筑。

空间是建筑的主要特征。建筑是为居住而建的，这也就是空间的功能。带着这个理解，形式和材料就会为空间服务。它们提供了定义和容积。充当打造和组成空间的媒介。但是在整个设计过程中，空间却是整个建筑的唯一决定性属性。如果建筑毫无疑问地扎根于某个空间，那么建筑可否提供贯穿整个设计过程的变量与可能性？

空间是任何可以被占用的体积。居住者可以是人、群体，甚至是物件。居住是建筑空间的决定性属性。建筑的形式会决定空间的范围和布局、比例、尺度。材料会决定空间的体验特性。根据材料性质，在建筑构造中分别应用了技巧和技术。

空间是设计过程的核心，应用了技巧和技术来布置空间。在整个过程中，空间可以获得周密制作、操控与检验，确保其符合设计中的各类标准。与形式组织布局不同，根据空间特色的设计认为这是将目的或体验放在首位，而形式只是其结果。使用这种设计方法，设计师能够根据非常具

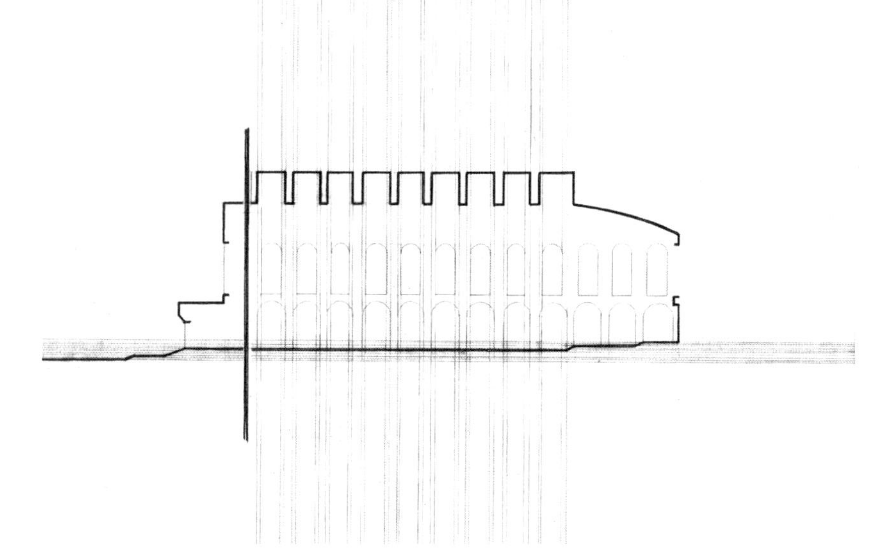

图 3.69　空间是有可能被占用的容积。这幅图记录了构成建筑轮廓的空间轮廓和建筑元素。　学生：乔治·法布尔　点评：詹姆斯·埃克勒　院校：辛辛那提大学

体的需求进行空间设计，探索发现随之产生的形式特点。这与认为建筑的空间和规划布局必须适应形式的观点相反。

*参见“形式”一节。

图 3.70　这是一个各面都被包围起来的独立空间的例子。通过多样的元素尺寸可以显现出整体尺度。　学生：刘柳　点评：詹姆斯·埃克勒　院校：辛辛那提大学

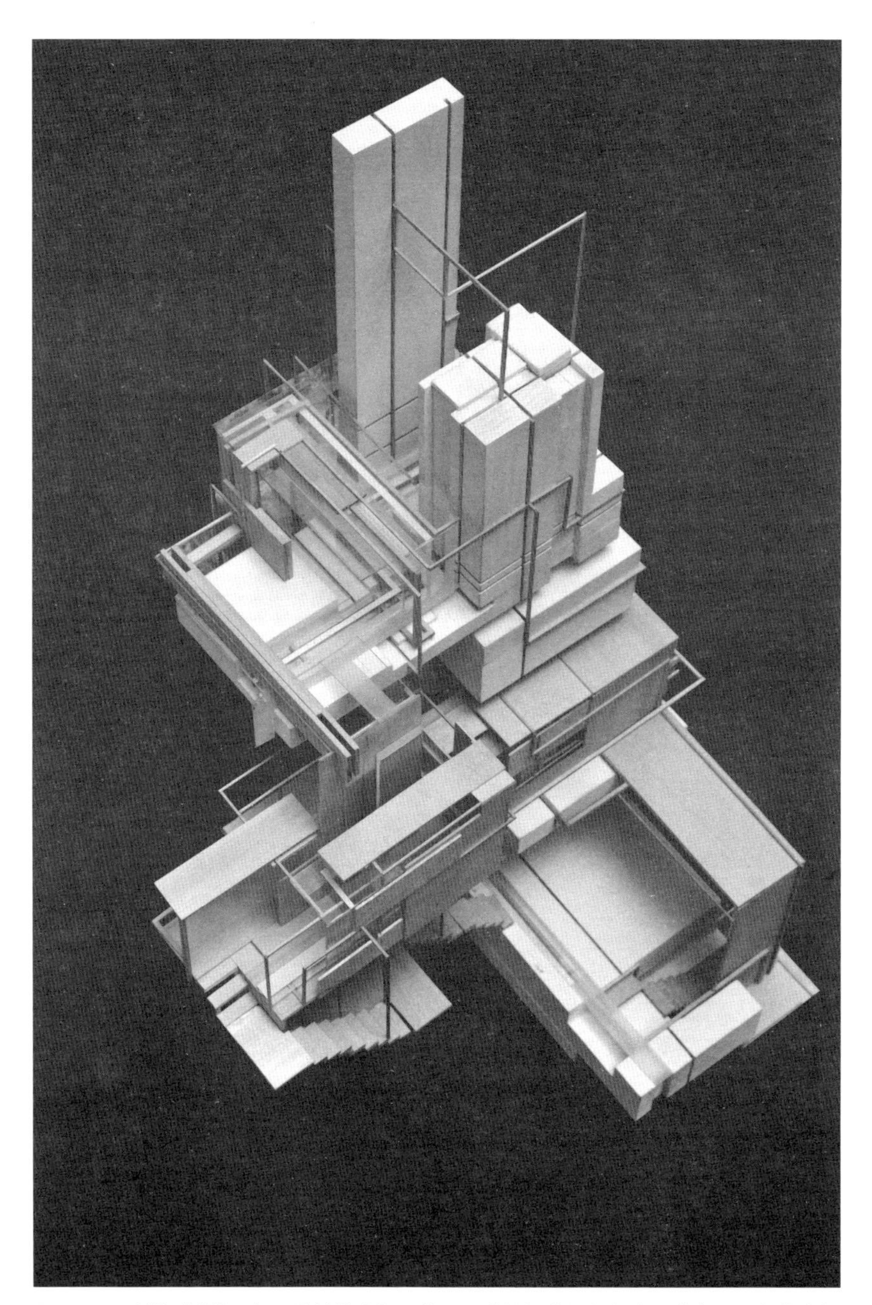

图 3.71　该模型描绘了相互连接的空间系统，形式的组合和组织布局决定了可行的内部操作。　学生：乔纳森·席尔瓦　点评：约翰·梅兹　院校：佛罗里达大学

阈 THRESHOLD

像门槛、门框、门口这样的物件；
一个空间或运动模式开始的物理标记；前一个空间或运动模式的结束标记；
从一个空间过渡到另一空间的场合。

入口或过渡为建筑生成带来的可能性

Generative Possibilities of Entrance or Transition

一个人沿着碎石铺砌的小路前行，路两旁长满了青草。他能听到自己的脚踩到石头上发出的声音。路径发生了变化，变成了能反射一点光的坚硬的水泥地，现在，他的脚步声中混杂着飒飒声。他继续走着，接近一幢建筑，走了几步之后，他的左面出现了一面高墙。很快，他的右面也出现了一面高墙，与前面的墙相连，头顶上有一块很厚的天花板跨越其间。这里可以避雨，但是同时也遮挡了阳光。曾经广阔的外部空间现在却变成了狭窄的空间。他向外抓住门把手，拉开了门，走了进去。

“阈”来自古英语 threscold 或 thaerscwold，意思是“入口点位”。阈的英文单词拼写的前半部分 thresh- 意思就是“踩踏”。这对于设计来说十分重要，因为它意味着建筑的运动功能，而非一个物件的身份认证。

阈可以是空间，或空间的一部分，用以执行其过渡的功能。空间上，阈是所有用来帮助一个空间到另一空间过渡的元素。在此例中，阈可以被理解为水泥地板、延伸出来引导行人通过的左侧墙体、天花板、右侧的高墙以及门。这些元素执行两项功能：为个体运动提供结构，通过创造一个压缩的空间来标记个体从外向内移动的路径。在这种情况下，阈作为建立从外部到内部的过渡方式，执行的是压缩操作功能。

从这个角度来理解阈为设计师打开了多重选择。从一个空间移动到另一空间本身就可以是一项事件、一个独立的空间体验。可能阈在这里发挥的是停止、改道，或者揭示新事物的功能。这些事件的发生和出现是怎样被编排到建筑形式当中的？也许墙可以阻挡道路，迫使行人返回去寻找其他之前没有发现的通路。但这只是多种可能性之一。

在设计阈的时候要考虑到它要发挥的作用。它在这里是从室外到室内的

图 3.72　阈是一个特殊的过渡，标志着一个状态的结束和下一个状态的开始。阈通常用来描述室内和室外的过渡，也可用来标记一个建筑中各个空间之间的过渡。　学生：莱拉·阿马尔　点评：詹姆斯·埃克勒　院校：辛辛那提大学

过渡，还是两个室内空间的过渡？阈所连接的两个空间的特征各是什么？阈在这里是让两者的界限更分明还是更模糊？阈是静止不变的，还是改变一个或多个空间？每一项决定都会对建筑形式带来影响。因此，阈是空间操作和体验目的的产物。

阈在设计中的作用与整个空间系统紧密相连。除了作为自己的有序体验事件之外，阈也是空间排列的事件顺序的一部分。了解阈对项目其他因素的影响可以带给空间概念富有凝聚力的组织特征。

阈可以是一个物件、功能 / 操作、和 / 或体验 / 事件。设计的过程逐渐成为创造物件安放位置和大小的方式，成为需要执行的操作，或者未来住户将拥有的体验特征。

图 3.74　这是一个开放式阈。入口处由一个单独的框架标记。这个阈描述了一个空间的结束和另一空间的开始。　学生：马修·桑德斯特罗姆　点评：杰森·托尔斯　院校：瓦伦西亚社区学院

图 3.73　这是一个封闭式阈。入口处位于平面结构和阈提供入口的空间之中。　学生：戴维·佩里　点评：詹姆斯·埃克勒　院校：玛丽伍德大学

图 3.75　这幅图展示了复合式阈，在室外与中间空间之间有一个入口。在图的右侧，在中部空间与室内之间还有一个入口。　学生：塞斯·特罗耶　点评：詹姆斯·埃克勒　院校：辛辛那提大学

视野 VIEW

视觉场景；
观看的一种方式，尤其是从某个受操控的位置或角度。

展示与视线可及为建筑生成带来的可能性
Generative Possibilities in Display and Visual Access

这个房间里有一扇十分特别的窗户。房子中的其他窗户要么可以让光线照进房间，要么可以让人们通过窗户观赏外面花园的风景，但是这扇窗户却做不到。它又高又窄，限制了视野范围。窗户周围的墙壁也格外厚实，使得人们透过窗子往里看就像在看一个洞穴一般。很少有光能透过这样深陷墙壁中的洞穴。

透过这个洞穴一样的窗户向外看只能看到一样东西——花园中央的橡树。这棵树是为了纪念这个房子以前的主人在几十年前种下的。这扇窗户似乎和这棵橡树有着同样的历史。玻璃窗框嵌在石头中，不易被发现。这扇窗户所呈现的景象中并无他物，橡树完好地呈现在这个狭窄的窗框中。

纪念物的重要性在这个空间里得到了很好地强调和体现。窄长的窗户决定了这个空间和它外部环境的关系。这棵具有纪念意义的树是室内空间的功能之一，正是这样一个美好的景象将室内与室外的功能联系在一起。

视野是视线的通路，是某物被看到的方式。它可以是空间的体验性操作，因为它决定着住户将注意到什么。空间特性，例如方位和比例，使得观看者与被看到的事物相关联。包含空间的形式组合被组织到一起来提供视野，决定范围。那么视野是如何激发设计理念的呢？它是如何影响过程和设计思路的？

视野常用于代替“景观”（vista）一词。但是，两者之间有很大的区别，这对空间组织布局和设计思路的激发有重要启示。景观通常用于指看到一大片事物，而视野却是独特的。它是有选择性地观看到环境的一部分或环境状态的方式。它甚至可能用来指目光缩瞄到单一物体。

对视野的这种理解会以两种方式影响空间设计：通过联系室内元素，或通过参考室外元素。为室内元素设计视线通路对于展示或寻路是必须的。在考虑外部元素的时候，视野被当作将室内与室外空间联系起来的工具。当视野被用于展现室外的某个独特物件时，它就是将这个事件与空间组织布局联系起来的方式。

提供视野的元素组织布局将决定住户为了观赏事物所站立的位置。这可能与空间或形式组合的特点有直接联系。可能是空间的凸出而指向某个物件或某个细节使得这个物件与建筑有着相关性。视野是选择性地向住户提供认识他们所居住的空间室外环境的工具。它也是将空间内各个元素联系起来或通过视线将室内、室外联系起来的工具。

提供视野的形式组合可以专门设计成视野的框架，而视野设计对于组织布局有直接影响。视野是空间在视线上的延伸，将目标物件融入视线当中。设计视野能决定物件在概念、体验或空间功能上的作用。设计视野也会为建筑和周边环境创造出一种体验性的关系。它也会影响组织逻辑。视野可能成为通过控制场景的可见或不可见将新设计融入现有场景的工具。这种有选择的可见性可用来强调与建筑有关的特点或细节。在组织上，视野是将设计元素联系在一起的工具。

4. 物件与组合术语

TERMS OF OBJECTS AND ASSEMBLIES

学生：乔·瓦希　点评：詹姆斯·埃克勒　院校：玛丽伍德大学

组合　ASSEMBLY

由多个片段连接在一起的一个单一物件、系统，或外壳；
连接组成部件来创造一个更大整体的行为。

创制构造为建筑生成带来的可能性
Generative Possibilities in Tectonic Making

两面墙交会并形成一个角落。上方是天花板，再往上是屋顶。然而，这不是一个典型的角落。在它们交会的地方，两面墙被分开了。在它们中间，插入了一面银色的玻璃，封住了留下的开口。

光线穿透玻璃并照射在其中的一面墙上。支撑天花板和屋顶的结构框架嵌入在两面墙的上部，这些结构框架也似乎和墙连成了一体。天花板似乎是坚固的实体，从结构肋上悬吊下来。体块端部没有直接接触墙面，而是留下了一个空隙，露出嵌入结构。在这里，角落可以被占用。在两面墙壁与地板相交的地方，有一个混凝土块，大小正适合人坐。人们可以看到光线通过两面墙交叉的空隙透射进来，可以透过天花板和墙之间的空隙看到框架、平面和体块的交叉点。

这个组合用来描述一个空间的基本情况，定义了一种占用方法和一个事件规划，决定了空间封闭、居住和使用的方式。不同组成部分的组合创造了一个舒适的点——有适量的光线可以看书。

不同组成部件的组合方式决定了空间的特征。组合的物件、组合的空间——甚至物件的排列——组成整体，可以决定居住者与环境之间的互动。物件的组合和空间的围合存在直接关系。组成空间的整体决定了它的特征。

什么是空间？空间里面会发生什么？这些问题将引导连接点处的制作工艺，会决定空间的实体性质并且会决定居住者以何种方式移动或居住。物件的摆放也会决定居住者移动的空间。空间围合的方式可以决定入口或者出口的位置。不同部分的组合是空间使用方式的直接结果或指导。

组合在设计过程中发挥着主导作用。元素间交叉区域的设计可以阐述一种原则，然而这种原则又可以被应用到其他部分和空间的连接之中。当

图 4.1　组合就是元素的结合来构成包含空间的各组成部分。这里线性元素接合成体块的方式，就是配置不同大小和比例的几个空间。此模型是包含空间的单一组合。然而，组合也可能会发生在大尺度的单个组件上。在这个模型的顶部，重复的线性边框形成一个隔板，是大型构筑物的一个组合部件。　学生：乔治·法布尔　点评：詹姆斯·埃克勒　院校：辛辛那提大学

组合被看作一种生成性工具时，组合的过程就会变成空间概念的一种轮廓和发现的载体。就像在叙述中所说的那样，将两个元素连接起来，意味着一个体块的形成，可以开始新的设计。在这么简单的行为中就能发现空间的可能性，接下来的就是新的迭代或建造的延续。规划可以出自比例与空间条件。认定空间是什么？空间里会发生什么活动？一个连接点或者说一系列接合物件如何创造空间？

图 4.2　此例中，多个组合被用于描述空间，并且构建了一个分层的高架。分层高架中的孔洞穿过了那些框构出开洞的小部件的组合。在这个组合中，整个组件的连接点也划分了项目内的区域。　学生：雷切尔·莫梅尼　点评：约翰·亨弗里斯　院校：迈阿密大学

图 4.3　复杂的组合用来创造楼梯空间。在没有完全封闭空间的同时，它们定义空间的界限，并通过每个组合中元素间彼此的相对比例来协调空间。　学生：乔纳森·席尔瓦（Jonathon Silva）　点评：约翰·梅兹　院校：佛罗里达大学

连接 CONNECTION

两物件或两元素间的有形连接；一个连接点；
两部分或者更多部分之间无形的或概念上的关系；
制造过程中的一个步骤，可以是实体上的也可是概念上的；一个组织布局的决策。

联系或关联为建筑生成带来的可能性
Generative Possibilities in Contact or Association

一个圆形喷泉坐落在大理石铺就的广场中心。它很大，又平又荒凉。喷泉的中心呈辐射状，四周是石材铺地。地面抬高的广场离道路仅有几步之遥，为那些盛装打扮来看演出的人们提供了盛大的入场体验。

广场两边坐落着两个演出厅。两个演出厅的正门都偏离街道，彼此正对，越过夹在中间的喷泉遥相呼应。演出厅的厅柱高大，堪称建筑宏伟。仿佛它们是彼此的镜像。厅柱与广场对齐。面积大概也是相同的。它们在潮湿的人行道路面上的映像使它们看起来仿佛延伸成一个整体。有时，在倒影中根本分不清彼此。

每个演出厅有不同的演出。当人们到达广场时，他们或向左或向右去找到要看的演出。但是两个演出厅的关联会通过连接它们的广场来保持存在。

连接就是两物件之间的实体接触。它可以具有如下特征：组合中的一个连接点、两物件接触的场合、空间的相连。除了组合明显的含义影响，连接对于设计和设计过程又有什么用途呢？连接是一个通用术语，在不同的设计中有不同的内涵。这就提供了大量设计应用，可以指实体连接，也可以指通过组织参照性的关联或功能性的诠释性连接。

作为组合的一部分，一个连接就是构造连接点的位置。它可能有如下特点：是某种类型的接合处，或者是详细描述接合策略。相同点是，在空间的组织布局尺度上，连接是空间的交叉接合点。它是更大的组织布局中的小单元，可能以过渡或者以其他空间或体验性操作为特点。

图 4.4　连接可以是元素间实体的接触点、参照点或关联点。很显然在这幅图片中，部件之间的连接点明显是实体接触。通过打造连续性的接合构成关联性的连接。在前景中，可以看到一个元素穿过另外一个元素，在它们之间留有空隙。同样的策略也可以应用到背景之中，通过形式语言创造一种关联。　学生：迈克尔·罗戈文（Michael Rogovin）点评：詹姆斯·埃克勒　院校：辛辛那提大学

连接也可能被用来描述设计组织或者设计规划的各个方面。系统的各组成部分可被理解为通过共同的功能联系在一起，而不是实体接触。在这种情况下，连接就变成了聚合或联系组织布局中各组成部分的方式。或者组织布局本身的组织可能通过像校准或接近度的原则来界定组成部分之间的联系。在这种情况下，组成部分是通过共同的组织角色连接起来的。

在所有的应用中，连接被用作实体上或相关联元素的接合工具。规定了在不同尺度设计中连接的功能作用，可以说是界定并形成部分之间的形式联系的策略。

* 参见“细节”一节。

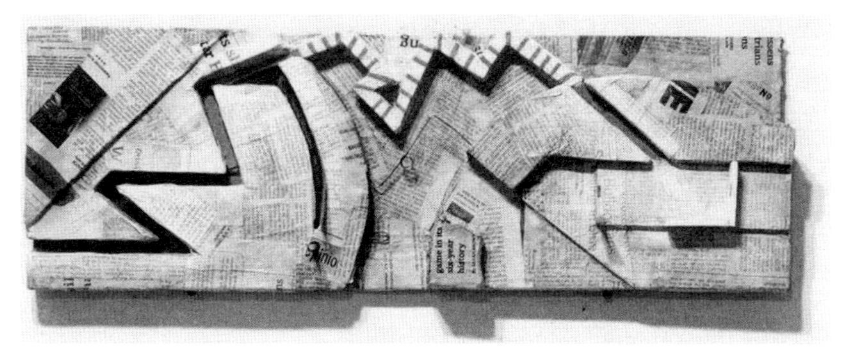

图 4.5 在这个地形模型的中央，由角构成的带状组成部分连接起两个远端的构建区域。高架带状地带和凹陷沟槽之间连接的终止是因为缺乏实体接触。这样的连接也没有办法定义，因为缺乏特征相似性。它主要是通过参照物连接。带状部分和凹槽的尺寸是相同的，两者的排列方式允许其中一个充当另一个的参照和延伸。 学生：佚名 点评：蒂姆·海斯 院校：路易斯安那理工大学

变形 DEFORMATION

已建立的形式或几何样式出现扭曲、转化或重新排列的行为；
已建立的形式或几何样式中可加以处理的部分；标记、痕迹或异常现象。

扭曲为建筑生成带来的可能性
Generative Possibilities in Distorting

一块金属板被刻上了规则的网格。当你弯折金属板，网格的线条就会伸展。你把金属板压在先前建造的构件上面，金属板上就会留下凹陷，使网格沿着构件的轮廓伸展开来。

选择一条未扭曲的网格线作为导引线，你沿导引线裁切金属板。然后弯曲金属板，与切割部分形成间隙。你继续折叠、弯曲、切割，并使金属板变形。通过使用这些技术操作来处理和变形板材，你可以在金属的折叠和凹陷中创建各种空间。曾经规则的网格是衡量这种变形的量度标准。

变形是任何对物件物理特性的改变。更具体地说，变形是一种重新配置，其重要性足以改变该物件的功能方式。此外，变形的物件保留了其先前存在状态的某些特性；这通常会使变形的部分相对于物件以前的状态明显可见，在某种程度上仍可从保存的特征中推断出来。

变形是一种设计原则吗？如果建筑设计植根于创造空间和形式，那么变形怎么不对该过程产生反作用？变形可能是外部力量作用于设计的无意结果，然而，它可能是一种有意和可控的策略，为了一个新目的而重塑现有物件；它也可能是一个制作过程。

变形需要一个现有物件作为操纵的对象。该对象可被加以改变，以便在设计中承担新的功能。它可能促进规划或组织排布。例如，墙壁的平面可能被变形，以提供容纳物件或改变空间轮廓的可能。变形成为具有附加目的的新增形式的载体。

变形与完全重塑物件是不同的。变形暗示了物件的先前状态，并表明物件的新形式特征实际上是一种修改调整。在这方面，变形成为一种交流方式，作为设计演进的记录。

使物件变形的行为是一个过程，包含任何足以改变其功能却不至于重塑整个物件的修改。它可能是在表面上的标记或构建，也可能是物件形状或比例的改变。在进行比较研究时，变形会影响设计思维。通过对物件加以变形，设计者能够将原有特性与新特性并置，将原有功能与新功能并置。

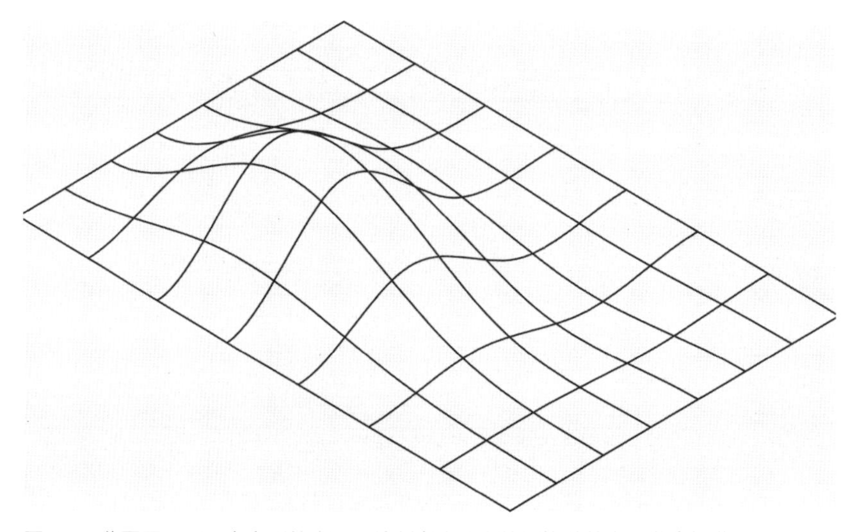

图 4.6　此图展示了一个变形的表面。绘制在表面上的网格随着变形发生扭曲。

图 4.7　材料的堆叠形成条纹状的表面。每片材质的不规则切割会在表面产生空洞和凹陷。每一凹陷都是基准平面的变形，模型朝上的部分保持不变。　学生：大卫·古兹曼（David Guzman）　点评：蒂姆·海斯　院校：路易斯安那理工大学

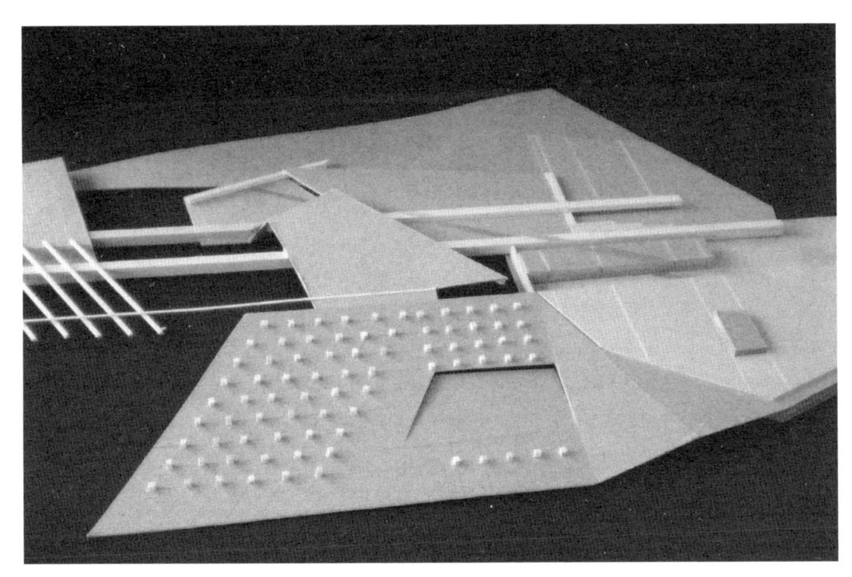

图 4.8　此例中，折叠使平面发生了变形，作为表现领域内部分区域的一种方式。　学生：莱拉·阿马尔　点评：詹姆斯·埃克勒　院校：辛辛那提大学

图 4.9　此例展示了一个由带状元素构成的通过折叠变形的平面。它允许用空间构造来填补折叠所形成的空隙。　学生：丹·莫伊萨　点评：里根·金　院校：玛丽伍德大学

细节 DETAIL

形式的微小方面用来表示其在更大空间组织序列中的组合、功能或角色；设计形式细节的行为。

接合为建筑生成带来的可能性

Generative Possibilities in Articulation

当你伸出手去握前门的把手，感受把手设计的方式恰到好处地与手部相互连接。当然门也彰显出自己的构造：板材的放置位置使它们相对的纹理结构形成对比，部分之间的微小空隙被保留下来突出它们之间的连接。同样在门的外面，在这栋楼的空间设计中也同样细致入微。

在墙壁上，材料被能够显露组合中不同部分的空隙隔开。组件之间的连接点暴露在外。扶手并不是用螺栓固定在墙面上的。相反，毫无缝隙的通长混凝土结构突出出来，作为你走下楼梯时抓握的扶手。

细节与空间功能和工艺形式相互影响的案例还有许多，但是这些例子是最突出的，因为你直接就能接触到它们。在这座建筑物里，细节被用来传递有关元素用途的信息，或者来彰显它们构成的方式。在形式的组合中，没有任何东西被隐藏或掩盖，相反，这些连接点处都通过细节得到了体现。

细节是建筑中最小的设计成分。细节是指元素接合的方式以及接合是如何发生的。它也是物件的小尺度衔接。设计细节就是一种考虑项目微小方面的过程。细节如此渺小，那么它又是如何对整个建筑设计产生大的影响呢？细节对建筑为什么又如此重要？许多建筑的结构和体验责任最后都取决于细节。

从规划角度讲，细节是连接元素的机制。不仅仅是连接，而且是**如何**连接起来去驱动建筑细节的设计。它不仅包括连接元素，也包括连接它们

图 4.10 决定围护结构平面上连接点的细节处理方式有如下几种。当更低高度的平面与后墙接触时，表面往后拉使两者被凹陷沟槽间隔开来。这种分隔细节意在彰显连接的结构。两面边墙之间的空隙也是一种细节，旨在允许足够的光线进入。它与形状相关联，并引导光线进入空间。 学生：米歇尔·马奥尼 点评：詹姆斯·埃克勒 院校：辛辛那提大学

的五金件。它可以决定连接点的结构完整性。除此之外，接合处的细节处理方式也会决定功能的其他方面，比如环境因素、组合中的可操作部件等。细节处理包括设计（某些情况下是选择）正确的组成部分来促进连接点或系统的正常运作。

在设计中，细节比仅仅完成一个连接要复杂得多。细节可以是一种交互工具，可以决定居住者使用空间的方式。它也可以是一种交流工具，使居住者了解结构逻辑，或者暗示出各接合元素的功能。从美学角度讲，细节具有表现工艺策略的潜能。为了统一或关联元素的设计，它依赖于一致性的设计语言。例如，一个特定类型的细节可能被用来阐明一个系统并使它和另一个区别开来。或者一个项目可能被细化为建立一致性的语言。

* 参见“连接”一节。

图 4.11　细节可以是简单的。此例中，它是连接点的最小表达方式。切口凹痕用来容纳插入的平面，将它与垂直的平面相连接穿过连接点，阐述了连接点处接合的一种策略。学生：维多利亚・特莱诺　点评：凯特・奥康娜　院校：玛丽伍德大学

图 4.12　细节可以是复杂的。此例中，细节表现了组合的复杂性。小细节展现了连接的不同方式。在复杂连接中，线性元素的连接被用来框构空间。　学生：约翰・李维・韦根　点评：约翰・梅兹　院校：佛罗里达大学

形式 FORM

物件的特征；
设计、制作或操作物件；
设计的实体方面，而不是空间方面。

物件为建筑生成带来的可能性
Generative Possibilities of the Object

形式是有形的，看得见摸得着。它是由材料构成的。它有体量、密度和重量。形式是三维的，可以通过构建技巧进行操作与重构。

形式化的物件接合形成组合。空间是组合布局的产物。形式是服务于空间的，它是空间及其特点得以定义的载体。

形式包括可以居住的空间，使其成为建筑。

形式是建筑设计的实体特征。建筑是形式与空间的结合体。空间用于定义可居住性，而形式是设计创造空间的主要载体。形式可以指从建筑的外形到组合与组成部件的子集。既然形式在建筑中无处不在，那么形式

图 4.13　如果不考虑材料，形式指的是物件的三维与几何特点。此例中，这些特点被用来构建层次并区分体量。　学生：佚名　点评：杰森·托尔斯　院校：瓦伦西亚社区学院

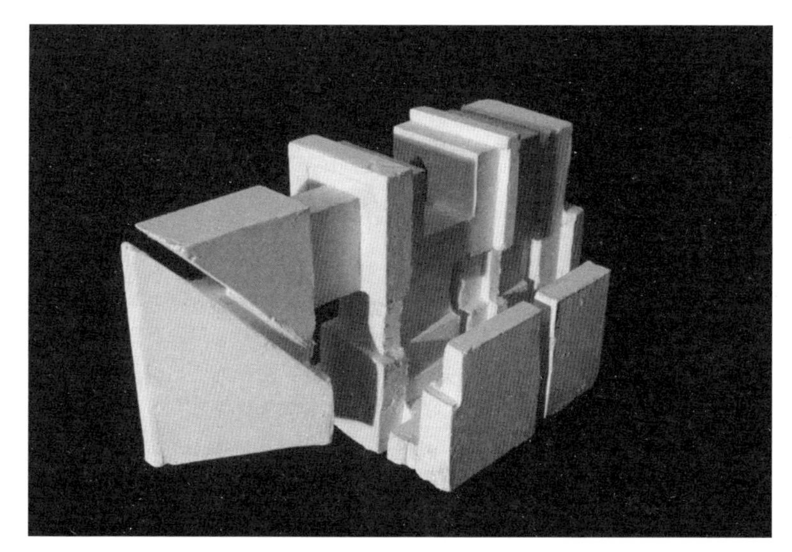

图 4.14　形式，正如它被精确配置的那样，服务于空间。它被雕凿、组合起来确定并包含空间。此例中，清晰表现的物件就是去打造涵盖开始应用于居住尺度的体量容积。学生：罗伯特·怀特（Robert White）　点评：杰森·托尔斯　院校：瓦伦西亚社区学院

又给设计、构思、调查研究提供了哪些特定的机会呢?

形式在建筑中无所不在，然而在过程的不同阶段，它提供了理解设计的不同方式。作为建筑外形的形式，可以说是开发组织策略的起点。它也可以指情景关系。组合的形式特质可以用来组成空间并描画空间轮廓。单一物件本身所固有的形式特点可以影响和另一物件的连接方式，或者影响自身的功能。

另外，形式主义的立足点是强调形式的组织布局而非空间的组织布局——形式操作或者塑造成为建筑设计的主要驱动力，这些形式操作可以在有形的体块中寻找空间机会。它们也可能是刻板公式化过程的结果：打造形式变成了组织逻辑的表现，或者成品的一种特定方法。把形式作为建筑设计的主要驱动力也是存在风险的，因为它有可能受追求新奇外形的驱动。当我们把形式与建筑中其他职能责任分开考虑时，外形可以导致这样一种设计：不能满足根植于规划、体验和性能的标准。

* 参见“空间”“物件”两节。

图 4.15 将形式逻辑与组合相结合的材料应用定义了结构中所包含的空间属性。此例中，形式是由组合中的许多部分构成的，从而定义空间并允许光线和视野的进入。材料的敏感性决定了使构筑物就位的结构逻辑，同时，结构组件为所包含空间的配置发挥作用。
学生：扎卡里·卡尔佩珀（Zachary Culpepper） 点评：蒂姆·海斯 院校：路易斯安那理工大学

形态 GESTURE

用于表达想法的一个简单动作或姿势；
简单的形式或图形，用于表达设计的一些基本特点。

简化形式为建筑生成带来的可能性
Generative Possibilities in Simplified Form

建筑师首先设计空间的形态——一张折叠的纸。最后这张折叠的纸会变成建筑师设计的一座建筑，但目前它只是一系列愿望和参数的集合。她使用更多的纸张，用更多的步骤，才能创造一个简单的组织布局姿态，体现一定的愿望并保持满足上述参数要求的潜力。

折叠的纸提供了空间和形式的基本信息：比例、朝向及轮廓形状。她越工作就越想对空间做出安排。裁剪纸张，增加更多的开口，创造光线进入及视野框景的机会。更多的材料用来加厚纸张来满足结构参数的基本要求。

规划布局比单一折叠的纸要复杂得多。但是它指明了建筑师为了完成错综复杂的布局而使用的组织布局策略。从这里可以看出，建筑师做出了第一个决策；它代表了建筑师对特定设计条件的愿望变成了建造拥有功能和体验的建筑的构想。这使她能够为未来的迭代而产生想法。

在讲话时，我们经常会使用手势，用来传达我们想要表达的观点。手势就是我们要表达观点的简化。这种对手势的理解应用到设计上可以有几种方式。当它指建筑时，形态就是指空间或者形式的简化。从广义上来考虑设计的话，形态也可以指具象的技巧：利用身体或者手的移动而实现。鉴于这种形态在很大程度上是具象的，那么什么又能使其成为建筑中有关形式的构想呢？形式的简化又是如何促进建筑思想的发展或演化的呢？

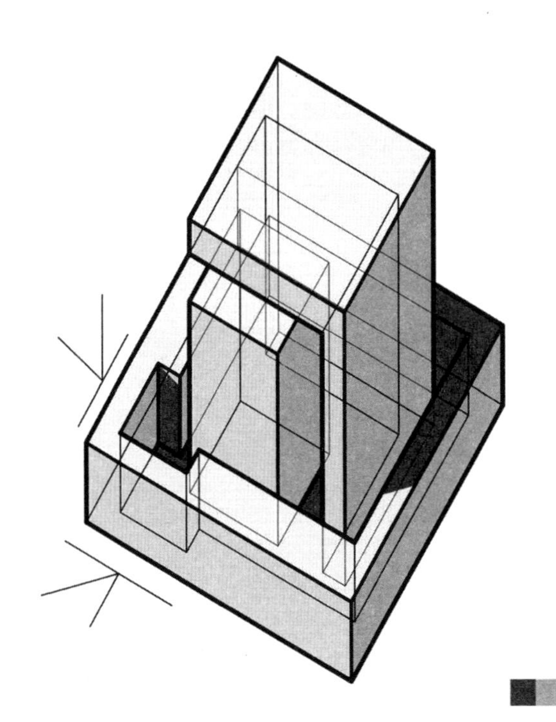

图 4.16　形态提供了最小的信息量，是形式策略的一般规划方案。在设计的初始阶段，作为解决构图问题的载体是有用的。用类比法来检验设计的不同方面也是有益的。此例中，通过形态的变化，简化的形式用于测试形态布局的上部、周围以及穿透它的光线。
学生：玛丽·迪克森　点评：约翰·亨弗里斯　院校：迈阿密大学

为了理解形式组织布局和组合的原则，本文主要谈及形态作为简化形式的方面。如同构造特点从组织布局和组合角度描述形式一样，形态特点主要从外形、比例和朝向的基本特质来描述形式。作为形式的形态特征的水平性和垂直性是处理比例和朝向问题。姿态的正交、斜交、曲线特点解决的是外形问题。这些描述形式的词语为建筑思想的表达提供了简单的框架。从概念到最终的建造，这个框架贯穿始终。这些简单的形式特点为设计提供了一个起点——普通的一般造型作为检验逐渐更为复杂空间思想的载体。或者它们为交流主要构图思想提供了有效工具。

移动是在形态中一直要考虑的问题，就像简化的形式经常会反映创造它们的手的移动一样。在设计过程的起始阶段，一个直观的标记有可能被转化为形式的形态。把手从一边拉到另外一边是简单的行为，但是在那里它已经有了关于横向比例、朝向、凸出、层次（通过线条的宽度表明）以及线条形状等问题的决定。起始形态的这些方面可能会对设计的最终成果产生影响。想象用不同方式将这个形态以建筑的形式来表现，就会生成关于空间、结构及用途的诸多构想。

最后，形态是不断迭代设计的基本框架；在此过程中，形态可以逐步转化为建筑。通过调试并可视化各种替代方案，它可以帮助产生新的构想。最终的设计方案可能过多地偏离原型，分辨不出最初的形态。随着设计师发现更好的替代方案不断加以修改，最初的形式消失了。但是，在建筑结果中可能会分辨出最初的形式——项目所经历过程的标记。

标记使得形态成为分析的工具。分析建筑时必须把它分成不同的信息集合。形态可能会帮助研究现存的空间构造。把形态当作一层信息，可能会促进对组织布局或者组织逻辑的理解，可能也会促进对建筑中规划方式的理解。考虑到在形式组织布局中建立的不同的关系，它可能为了解设计者的意图提供深刻见解。相同的是，信息的简化可以成为有价值的交流工具，使非设计者能更容易地了解设计的思想和目标。

曲线型　Curvilinear

由曲线确定的形式形态。

曲线是描述形式的一种方式。它是指由弧线或者弯曲表面构成的图案、外形、体量或者组合。一个曲线形式就是具有组织形态特点的体量形态。像弯曲表面这样简单的构想如何影响设计呢？它又是如何创造空间呢？

就像其他形态特征一样，曲线形式提供了构成体量的方法。它从流程初始阶段的策略开始，通过迭代演变为空间特征。它在背景与组织布局的尺度上影响形式关系问题，在居住的尺度上影响空间轮廓及构造组合。它也作为设计过程中的审美立场观点加以引入。

从美学的角度来讲，曲线形式可以是为空间构图提供复杂性的一种方式。

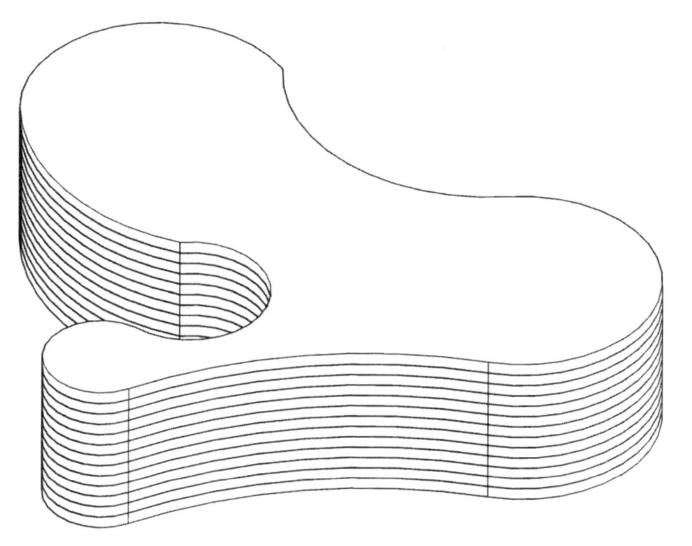

图 4.17　曲线型以弯曲表面或者弧形元素为特点。

它可能是一个展现形式的空间——一种唤起留意特定空间特征的方式。强调通过把曲线形式融入组织布局之中的过程也会冒缺乏新颖性的风险，曲线型只能是暂时吸引居住者的眼球。

曲线形式可能是呼应空间中的布局规划或事件等设计策略的结果。曲线美学是处理组织布局中特定空间关系设计时衔接空间或特定材料或工艺技巧用途的设计策略。

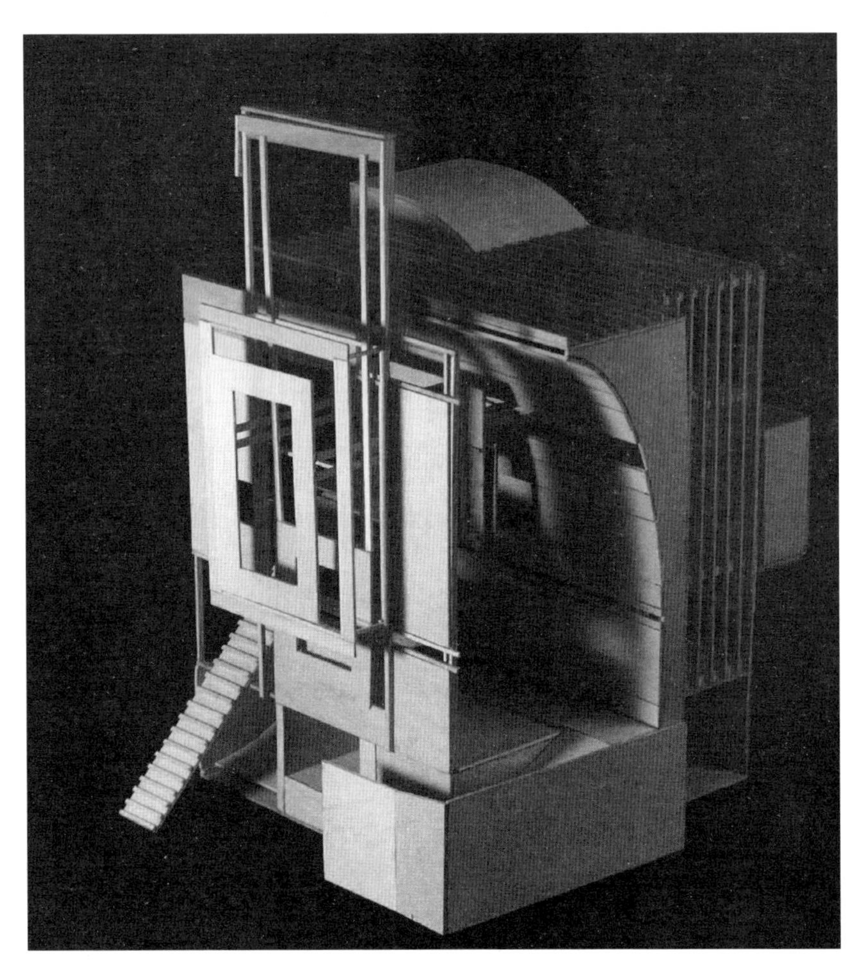

图 4.18　曲线形式界定了空间的背面。与构图中的其他元素相比，它是特殊的，因此被加以强调。　学生：马修・奈勒（Matthew Naylor）　点评：约翰・亨弗里斯　院校：迈阿密大学

解决曲线型设计中的细节、连接以及关系等问题要比在正交型和斜交型中要复杂得多。不规则几何体会导致间隙空余或者笨拙的连接。要避免这些设计问题需要熟练和规范的方法。打造或者构想空间的技巧要首先应用于简单的几何体中，才能进而把曲线型整合应用到形式形态的组织布局中。

斜交型　Diagonal

包括斜体元素以及斜角形式的组织布局。

斜交型用来描述形式。它是指由非垂直直线、钝角、锐角构成的图案、外形、体量或者组合。斜交型是以不同角度的交叉为特点的体量形态。像角度这样简单的构思如何影响设计呢？它又如何创造空间呢？

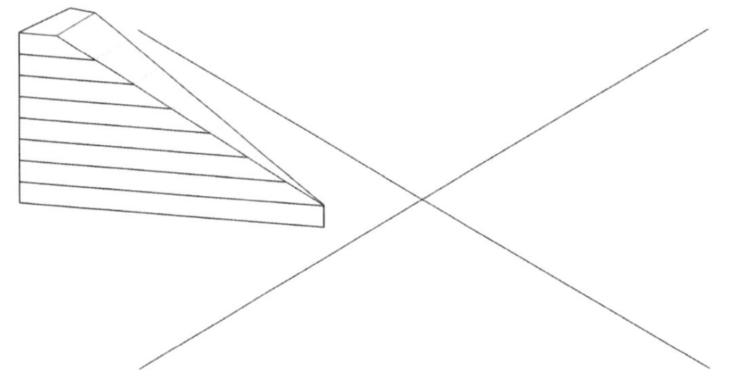

图 4.19　斜交型以非直角为特点。

就像其他的形态特征一样，斜交形式提供了组织体量的方法。它作为策略从流程初始阶段的开始通过迭代演变为空间的特征。它影响着背景与组织布局尺度上的形式关系问题，在居住尺度上影响空间轮廓及构造组合。不论从序列系统还是美学立场来讲，它都可以是形态组织布局的策略方法。

斜交序列系统是构图或者排列元素的策略方法。它为使用不规则的格栅或者校准线来组织设计项目的不同方面提供了方法。从美学的立场观点来讲，斜交型可以为空间组织布局的微妙变化提供方法。它可以是这样一个空间——在这个空间中，形式是空间中事件的反映或者产生的设计目标。它可以是应用于操作或者性能成因的策略，因为它经常用来控制像日光这样的环境要素。斜交型美学是处理构图中特定空间关系设计时衔接空间或特定材料或工艺技巧用途的设计策略。

在由斜交型策略控制的设计中，形式组织布局、组合以及空间关系要比正交型的困难得多。不规则连接会导致不稳定的连接或者不合适的空隙。斜交型中不规则的几何体也会影响工艺，因为大多数的材料和建造技巧在正交的组织布局中更加有效。在斜交型组织布局中，工艺的熟练程度对于避免这些潜在问题是最重要的。初涉设计的学生应该不断磨练正交形组织布局中的工艺技巧及创造空间的技巧，然后当他们更加熟练时，再来接触斜交型和曲线型。

图 4.20　此图的前景中，与垂直元素相比，内部构件按斜交布局。斜交组件界定了两组组合间的有角空间。　学生：乔什·弗兰克（Josh Frank）　点评：里根·金　院校：玛丽伍德大学

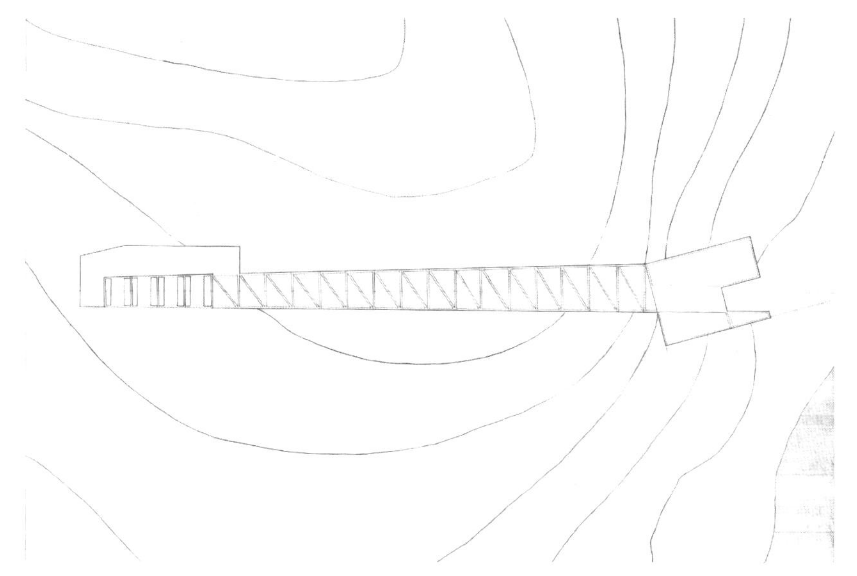

图 4.21　在这个空间构筑物的组织布局中，存在着几个角。它们被用来促进空间的各种操作。图片右侧的盒子与跨越整个页面的延伸走廊之间是带有角度的。这标明了盒子的空间与走廊延伸之间的转换点。在左面，延伸本身逐渐变窄。这种空间大小的逐渐减小使居住者为最后面对收缩的体量做好准备。　学生：休斯顿·伯内特　点评：彼得·王　院校：北卡罗来纳大学夏洛特分校

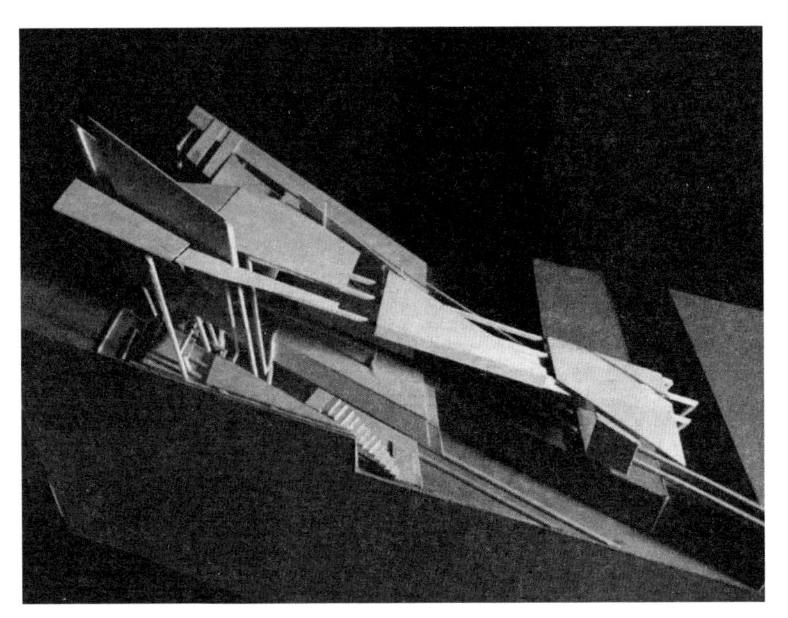

图 4.22　在这个项目中，锐角限定了形式组合及空间组织布局。结果就是，当从图中自右向左的过程中，空间的线性组织逐渐向外缩小。这种效果可能用来引导移动或者沿着路径有序分配空间规划布局。　学生：佚名　点评：杰森·托尔斯　院校：瓦伦西亚社区学院

正交型　Orthogonal

以平行或者垂直排列组成的形式组织布局；直角的组织布局。

正交型用来描述形式。它是指包括垂直线或者直角的任何图案、外形、体量或组合。正交形式是以直角交叉为特点的体量形态。像直角这样简单的构想如何影响设计的呢？它又如何创造空间呢？

就像其他的形态特征一样，正交形式提供了组织体量的方法。它作为策略从流程初始阶段的开始通过迭代演变为空间的特征。它影响着背景与组织布局尺度上的形式关系问题，在居住尺度上影响空间轮廓及构造组合。不论从序列系统还是美学立场来讲，它都可以是形态组织布局的策略方法。

正交序列系统是组织或者排列元素的方法。它为设计项目组织不同的各个方面提供了方法。从美学立场观点来讲，正交型可以提供一种简单的组织空间的方式。它可以是这样一个空间——在这个空间中，形式并没有转移设计者的设计目标。或者，它可以用来提高构建的效率。正交型美学是处理组织布局中特定空间关系设计时衔接空间或特定材料或工艺技巧用途的设计策略。

在由正交型策略控制的设计中，形式组织布局、组合及空间关系要比其他的简单得多。更多的时间可以用来思考空间——而不是把更多的时间用来思考如何制作斜交型和曲线型都需要的不规则的连接形式上。初涉设计的学生应该不断磨练正交型组织布局中的工艺技巧和创造空间的技巧，然后当他们更加熟练时，再来接触斜交型和曲线型。

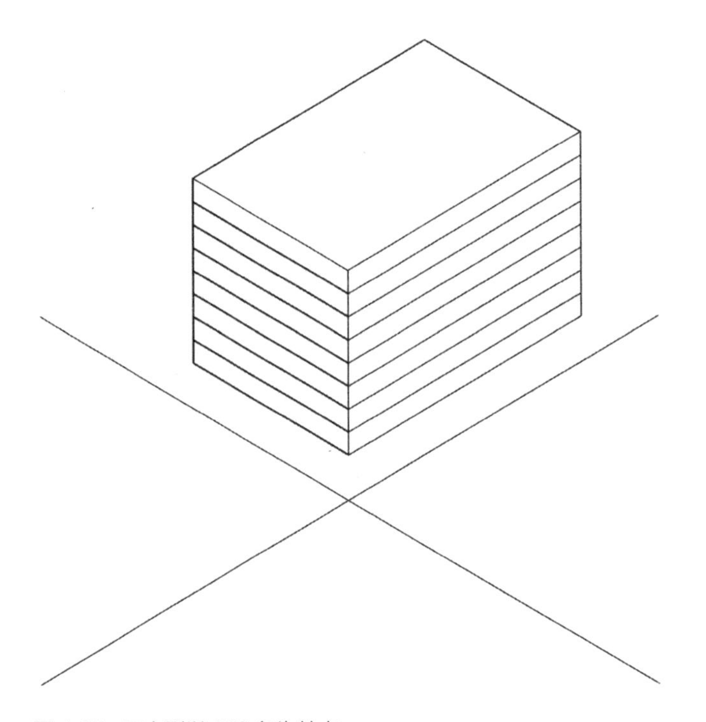

图 4.23　正交型以 90° 角为特点。

图 4.24　此例中，构造元素的组织是按照正交模式组成的。从嵌入在构筑物中的亚克力表面可以看出受正交型控制的线条。　学生：凯文·乌兹　点评：詹姆斯·埃克勒　院校：玛丽伍德大学

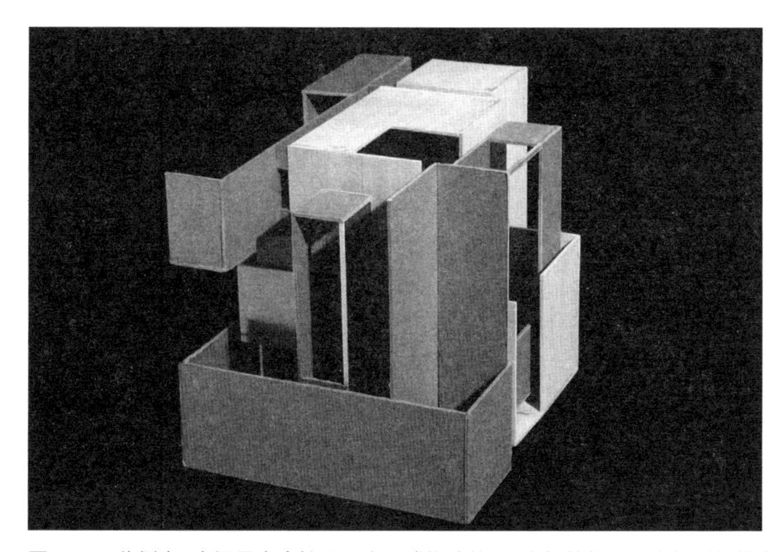

图 4.25　此例中，空间是完全按照正交形式构成的。正交构筑物呈现出规则的特点。但是，通过空间大小和不同的配置仍然可以实现空间的多样性。空间有横向的、纵向的、居中的、盘绕的、封闭的和开放的。　学生：肯纳·卡莫迪（Kenner Carmody）　点评：吉姆·沙利文　院校：路易斯安那州立大学

横向型　Horizontal

有关横向的；
垂直于竖向的朝向。

横向型是与视野相平行的空间或形式的体态比例或朝向。它是形式的形态品质，并不依赖于特定的建筑信息，相反，它指的是一般特征。然而这又是如何与设计相关呢？横向形态可以通过多种方式贯穿整个过程。它可以是生成性原则——开拓理念的起点。它可以是分析的工具，也可以是交流设计意图的方法。

横向形态的生成可能性取决于直觉。横向形态在一开始可以是一个简单的形式演绎，意味着横向的拉长而非向上的延伸。它反映的是初步的设计构想。从那一刻起，新的职能又被添加到基本形式上。更多特定的构成与空间信息可被加以整合。它可以被刻画和操控来反映更多的设计决策。

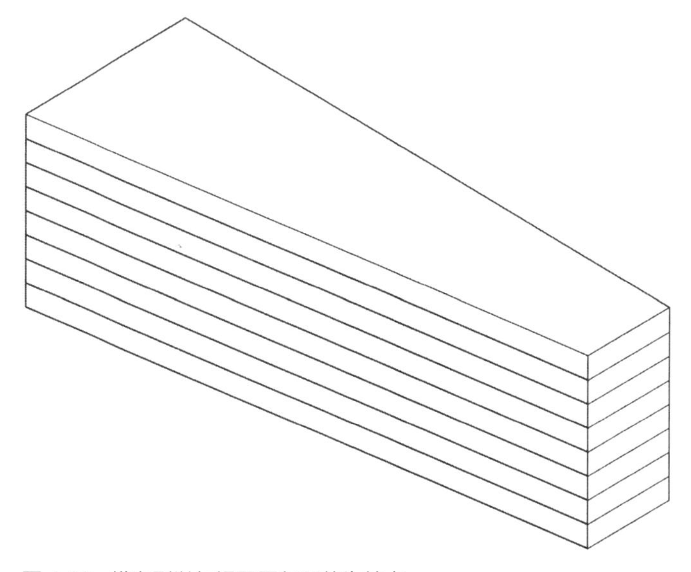

图 4.26　横向型以与视野平行延伸为特点。

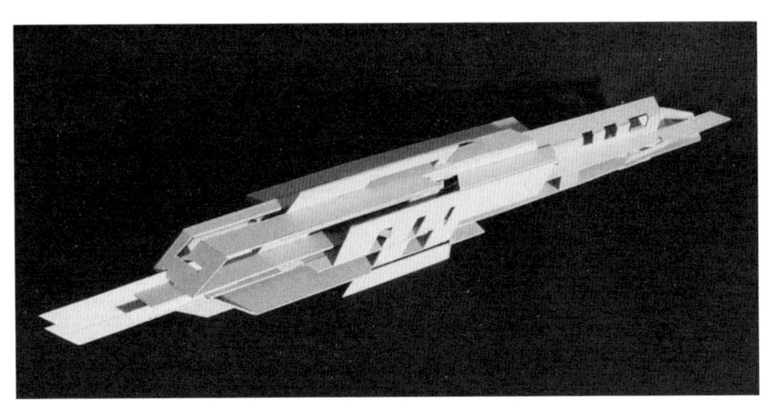

图 4.27 这幅图表现了横向型的形式形态。它也是线性的，虽然这不是横向型的必然要求。此例中，设计者开始针对如何容纳空间的问题做出决策。此模型设有孔径和孔洞。比例的多样性开始建立关系、尺度规模以及有组织的空间系统。 学生：温德尔·蒙哥马利 点评：杰森·托尔斯 院校：瓦伦西亚社区学院

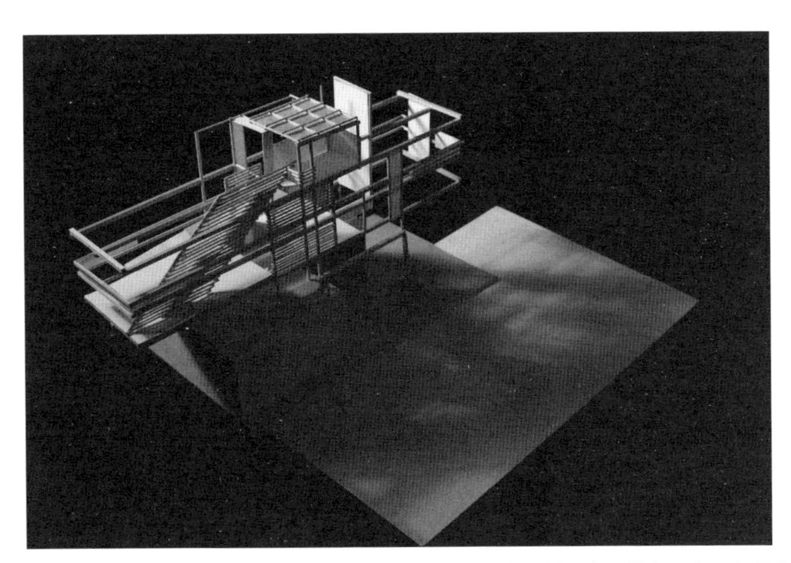

图 4.28 此例中，横向型描述了空间体量的朝向。它们被垂直叠放在一起，但是每一个体量本身是横向的，所以在整体构图中形成一种横向的纹理。在空间设计中，也会存在着一种界定阐释。它不再具有形态，而是变得更加具体。然而，如果基于此项目的是一个普通的形态形式，那么它就是一个横向的体量。 学生：凯瑟琳·科莫 点评：约翰·亨弗里斯 院校：迈阿密大学

纵向型 Vertical

有关竖立的位置或朝向；
垂直于横向的朝向。

纵向型是与视野相垂直的空间或形式的体态比例和朝向。它是形式的形态特质，并不依赖于特定的建筑信息，相反，它指的是一般特征。然而这又是如何与设计相关呢？纵向形态可以通过多种方式贯穿整个过程。它可以是生成性原则——开拓理念的起点。它可以是分析的工具，也可以是交流设计意图的方法。

纵向形态的生成可能性取决于直觉。纵向形态在一开始可以是一个简单的形式演绎，意味着向上而非横向的延伸。它反映的是初步的设计构想。从那一刻起，新的职能又被添加到基本形式上。更多特定的构成与空间信息可被加以整合。它可以被刻画和操控来反映更多的设计决策。

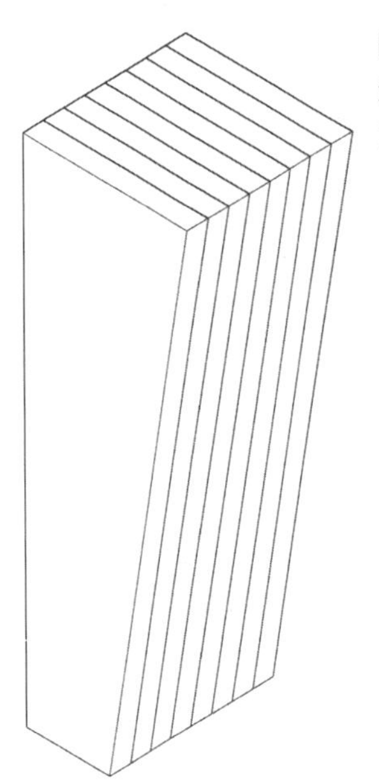

图 4.29 纵向型是元素以与视野垂直延伸为特点。

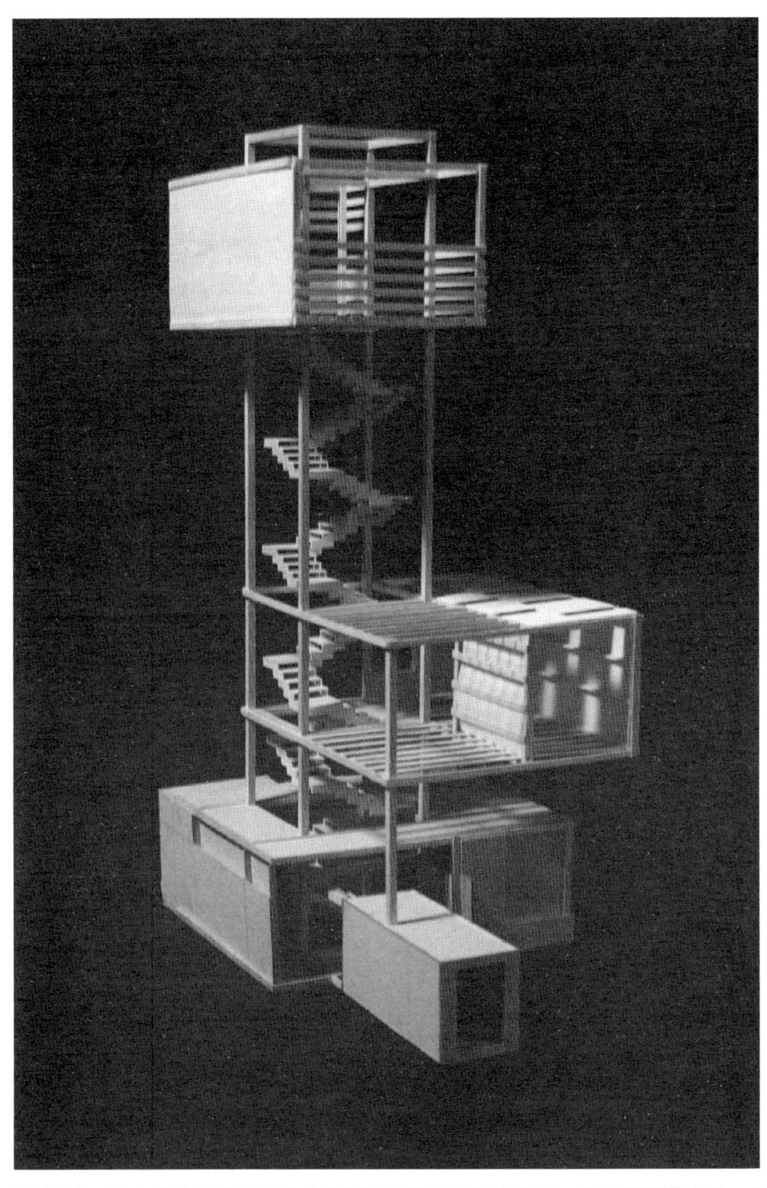

图 4.30　纵向型决定着空间的分布以及各部分之间的关系。它可以被描述成一个上部体量和一个下部体量。从比例上讲，与其高度相比，此项目的占地面积较小。把此项目缩成简单的形态会导致一系列相互连锁的形式向上提升。　学生：佚名　点评：约翰·亨弗里斯　院校：迈阿密大学

材料 MATERIAL

制造物件的物质。

工艺为建筑生成带来的可能性

Generative Possibilities for Craft

一位女子站在自己的工作室里注视着她收集的一堆木材，周围是各种雕刻工具。她是位雕刻家，一直在镇子上收集废木料。她想用这些材料制作一个模具，成为她最近的作品。她思索着木块组合的方式以及它们能构成的形式。她谋划着木材的组合方式、石膏如何填充模具以及拆装接点的方法。

模具会很复杂，所以石膏混合物要比寻常的松散一些。这样的话，湿石膏才能流入狭窄的缝隙中，成为模具的一部分。一旦完成，石膏脆性增强，尤其在铸型的薄弱部分。她需要用钢材来加固。填充模具时她也使用其他材料，为的是产生不同的表面纹理。用玻璃抛光石膏表面，用圆凿刨木材使表面粗糙。

她需要用不同的方式处理每一块木材。一些要比其他的更能承重。一些要有明显的纹理、粗糙的表面或者结节。所有这些都会构成模具的表面，所以每一点都必须从刚开始制作模具时就加以考虑。她根据木材的不同特点进行分类。她知道针对不同的特点要采用不同的处理方式。考虑到想要的石膏纹理和结构，她谨慎地决定是否需要切断每一块木材的纹路。结节用来作为两块木材的交叉点，这样的话，它就会实现雕塑的预期特点。雕塑完成时，她对结果十分满意，并把它并入后来的工作中。

材料是指制造物件的物质。它是制造物品的材料——与材质感相对，材质感指的是材料的特点。材料对设计有重要的影响吗？鉴于材料和材质感之间存在的差异如此之小，它们对设计的影响会有很大不同吗？在设计过程中，同时要考虑材料和材质感。材料会影响关于构建和连接的决策，而材质感影响的是有关空间体验和工艺表现的决策。虽然它们在设计中的角色和作用经常重叠，但有时又会引导不同的设计思路。

材料影响工艺和组合。特定的材料要求使用特定的制作方法。特定的设计决策在一种材料中的表现比另外一种好。鉴于材料和材质感，工艺是互相重叠的。材料的特点会决定制作的方式以及要实现的形式。例如，有些材料更适合创造几何体。这是材料的功能，但是它也影响了材质感。决定工艺技巧以及实现形式的物质特点和决定材料的特点是一样的。像刚性、不透明性、厚度这样的特点是构建和互动的决定性因素。识别材料属性，理解制作它的技巧，把这些与项目的概念要求相比会帮助选择特定的材料。

* 参见“材质感”一节。

膜 MEMBRANE

在生物应用中，一层组织薄膜；
与空间和形式相关，在框架内用于覆盖或密封的、可拉伸的、薄的材料。

薄度或者制造表皮为建筑生成带来的可能性
Generative Possibilities of Thinness or Making Skin

光线洒满整个空间，没有阴影，整个长廊亮度均匀。光线来自天花板，天花板是由紧绷的白布制成。光线透过连续无缝的白布，看起来像是白布在发光。

隐藏在像膜一样的白布上方的屋顶是玻璃制成的，它让自然光照射在纱布上进入空间并均匀地撒落在每一个角落。晚上，人工光源代替自然光照明，能够产生同样的效果。不管任何时间，光线都能将墙上的艺术品完美地展现出来。

“膜”是从生物学借用来的术语，指任意组织薄层。在结构上，它指一层薄薄的材料，一般没有任何自身的结构特征。通常这种薄层材料用于层压另一种充当必要结构的材料。或者作为覆盖在结构框架内被拉伸表面的材料。作为一个组合中的物件，膜在建筑学上扮演着什么样的角色？膜可以分为两种类型：一种用来影响材料性能，另一种用来塑造空间轮廓。

由于是包含在组合中，材料的性能是可测量的。建筑学中，材料性能往往牵扯到环境呼应，并且层压复合膜可以发挥关键作用。比如，薄膜可被用来作为防水密封，或绝缘材料。框架膜可过滤进入空间的光线。这些薄膜在组合中扮演一个非常特殊的角色，它们在组合中做出的贡献可以精确地加以测量。

通过在容积组合中引入膜，可以采用不同方法操纵空间轮廓。层压在结构体表面的膜可以作为一种表现形式，它们可以改变物体的颜色或纹理。尽管膜很薄，但骨架膜可用于限定空间。由于膜的相对可塑性，它可以嵌入框架内构成不同的空间轮廓，为操控空间轮廓提供更多可能性。

图 4.31　膜是由许多正交板材缝合在一起，悬挂起来形成一个波浪形表面。该结构本身不具有结构上的完整性，而是依赖悬挂支撑维持它的硬度和结构。即使只是改变一个支撑也可能会导致表面的重大改变与重新配置。　学生：佚名，团队项目　点评：蒂姆·海斯　院校：路易斯安那理工大学

也会存在针对包含在薄膜组合中针对空间的经验性思考。移动穿过膜进入空间与通过一个厚厚的结构壁相比有很大的不同。鉴于从一个空间到另一个空间的突然过渡，空间的区别是微小的。这可能导致将膜认定为在一个单一区域内用于划分区域的隔断而不是分隔空间的隔断。然而，包覆在框架外面的膜并未在内部拉伸，它可以给人一种假象，那就是膜具有一定的厚度。它可以有效地在表面间创造出空洞。正如在其他应用中一样，这些表面可以多种方式表现出不同形状和轮廓。另一项思考是材质感，膜可以是不透明、半透明或透明的，使其可以控制光线进入空间的方式。

为了促进设计意图，膜应用到工艺构造中的方式几乎是无穷的。最大的限制因素就是结构。它的厚度特征及相对柔韧性使它依赖于一个单一的结构系统。

* 参见“表皮”一节。

图 4.32　此例显示了一个刚性框架内被支撑的膜。膜的厚度会使其依赖周围的框架保持结构的完整性。　学生：阿克塞尔·福斯特（Axel Forster）　点评：约翰·梅兹　院校：佛罗里达大学

图 4.33　结构可使膜具有刚性的特点和表面上的形态，膜还具有形式与空间上的多变性。比如此图中，膜定义了复杂的几何形状，这是很难通过其他技术或者材料完成的。根据膜的厚度，它们还可以作为屏幕，使光线的大量进入成为可能。　学生：赫克托·加西亚　点评：艾伦·沃特斯　院校：瓦伦西亚社区学院

物件　OBJECT

一种可以感知并与之互动的实体形式；
单一、有形的元素或部分。

制作与放置物件的形式为建筑生成带来的可能性
Generative Possibilities in Making and Placing Form

该建筑坐落于靠近水的地方。它比周围的建筑更高，仿佛扭曲着拔地而起直到尖锐的屋顶。建筑表面大量密布着重叠的网格和垂直的切割面，发挥着窗户的作用。建筑的入口在基部，错综复杂的雕琢保护着建筑的外部。建筑的倒影映射在水面上。

该建筑物与周围的环境不大协调。比较奇怪的是老旧的城市围绕着它，而且在某些地方会用街道或者墙体与废弃的城市建筑分隔开。该建筑只是一个形式结构，就其本身而言只是以自身为参照。建造此建筑的目的就是把该建筑当作景观中的一个物件。它为雕琢创作提供了空间和存在的可能。其位置、尺度和结构完全取决于该建筑的形式结构。与周围相同规模的建筑相比，该建筑完全可以被看作该地区的地标性建筑。该建筑首先强调可见性和原创性而不是使用性；从附近甚至在州际公路上都能看到该建筑。

一个物件为固有的非空间性的单个实体元素。它可以是一个更大组合中的一部分或一个自我参照的元素。使用什么方法可以使非空间性物件有助于空间设计？除了作为更大部分中的一部分外，是否还有其他一些方法可以有帮于物件参与设计？

物件是建筑的基本形式单元。每一个空间都是根据一个组合来定义的。物件的连接和分布方式决定了它的功能和体验。物件的特征将决定它与其他部件之间的联系，甚至最终在包含或描绘的空间中起到重要作用。根据这一理解，为了确定接合方式以及最终的居住空间方式，就需要使用特殊方法设计单个物件。

物件的设计可能在组织领域的设计中发挥作用。对定义空间没有贡献的自我参照物件可能在布局分配中发挥其他作用。例如，标记可能是沟通规划布局、测量空间或宣示边界的一种手段。又比如，一个物件可能是标志着收集或服务的参照点。

图 4.34　物件是一种表现形式，但不服务于空间；相反，它作为空间使用者行事。此例中，堆叠的盒子位于较大的体量里，但无助于自身布局安排，这就是自我参照。　学生：维多利亚・特莱诺　点评：凯特・奥康娜　院校：玛丽伍德大学

图 4.35 当不考虑空间时，建筑可以被理解为更大环境中的物件。此例中，这种理解便于研究建筑对象内部和外部的光线。 学生: 崔智慧 点评: 米拉格罗斯·津戈尼 院校: 亚利桑那州立大学

这些用途使物件本身的设计作为更大设计中的一部分很有必要。但是，建筑中物件的作用也可能是设计的首要因素。在强调塑造形式优于空间布局的建筑中，整栋建筑可能会被认定是环境景观中的一个物件。带着这种心态，设计者试图把这栋建筑当成一个物件来设计，建筑内部的空间得益于建筑外形提供的机会。

* 参见“形式”一节。

变余构造 PALIMPSEST

历史或演进的实体反映；
通过时间揭示事物状态或状况的组合层。

累积层为建筑生成带来的可能性
Generative Possibilities in Accumulating Layers

街道的沥青路面上经常出现裂缝。裂缝总是成对出现在车道的中央。它们相隔的距离大致相同并且延伸很远。即使重新铺路，一个月之内还会出现裂缝。裂缝是这个地方众多奇特之处之一。

每当修路时，仔细观察就会发现这些裂缝的根源。当工人们去除沥青路的表面时，旧的道路就会显现出来。道路由花岗岩鹅卵石铺成。过去，这条道路上有轨电车日夜行驶。电车来回经过，搭载着大量乘客。

随着人口数量的减少和交通逐渐便利，有轨电车逐渐从人们的记忆中消失了。花岗岩鹅卵石被加以覆盖使道路更为通畅。轨道就嵌在花岗岩的表面，被沥青层覆盖着。但是当它们生锈时，就会出现一点扩张——刚好足以穿过试图掩盖它们的沥青层，显示它们的存在。翻来覆去的变余构造体现在对过去的微妙记忆中，以街道上的裂缝形式浮现出来。

使用**变余构造**，主要是借鉴羊皮纸的功能：在羊皮纸上书写，擦去原有内容重复使用时，会留有轻微可见的痕迹。变余构造也可以一种更普通的形式来指有历史或者起源的东西。关于擦去和残留的概念与建筑学的相关性在于——用来描述在构造过程中，建筑物与环境之间的微小变化和转变。微小的变化以及原先建筑形式的残留如何对新的设计产生影响呢？变余构造记录了演进。它可以提供一个地方或建筑关于使用用途、构建或者事件的信息。这些历史的分层所提供的信息可以影响设计决策。它们可以成为研究或者建筑咨询的对象，从而引导新构想的出现以及创造空间的策略。

当建筑物和地点发生变化时，它们会遗留下曾经存在的微小痕迹。这些层面经常被覆盖或以其他方式隐藏起来。变余构造可以指一面不断重建

图4.36 这幅图从表面看来是幅变余构造图，其他设计绘图的微小痕迹留在了纸张表面。在一些情况下，变余构造图的相关内容可能会反映之前未观察到的空间联系或关系。在另一些情况下，不相关内容可能会产生根本不存在的意外关系。尽管如此，这些不经意间的构造可能会激发新的设计灵感。 学生：玛丽·里斯利（Mary Risley） 点评：吉姆·沙利文 院校：路易斯安那州立大学

的墙，逐渐往表面添加新的材料。一条街道可能根据不同的历史时期而选择不同的道路铺造方式。城市本身也在不断发生变化，新的建筑逐渐取代古老的建筑，现存的建筑也在不断改造以服务新的目的。这些变化可以明显地体现在不同类型的建筑接合及聚集上。环境变成了密集而层次多样的构筑物——变余构造。

设计本质上为变余构造不断增添层次。新建筑标志着城市文化、技术和人口的变化。然而，这种变化体现在新建筑与周围旧建筑的并置。当新的设计符合早先循环重复确定的限度时，建筑自身的历史便体现出来了。很多情况下，设计的疑难在于发现掩盖这些历史分层并且使新想法突出展现的不同方式。建筑的这一方面与位居变余构造中心的移除过程相关。然而，设计也可以凸显历史的变迁。了解设计的起源可以说是描述建筑用途、与场所的联系以及驱动创造的设计初衷的交流手段。这可以影响空间的体验，不同的材料分层提供着与周围环境交互的不同方式。识别这些分层并做出呼应是设计的一大情境策略。除了体验上的可能性外，它也可以成为设计建筑与场所关系的方式。

* 参见“残留物”一节。

图 4.37　这幅变余构造图可以展现设计过程。信息的不断叠加可以逐渐帮助实现最后的设计方案。此例中，设计是来源于一系列建立在之前基础上的绘图。最后，随着形式和空间从思维中产生，变余构造图的层次被扩展成立体模型。　学生：塔米卡·克莱默（Tamika Kramer）　点评：詹姆斯·埃克勒　院校：辛辛那提大学

图 4.38　此例中，变余构造图是设计更加完整的样貌。信息层不断被汇编、堆砌和排列，重叠或并列会提供创造空间的机会。　学生：戴维·佩里　点评：詹姆斯·埃克勒　院校：玛丽伍德大学

样式 PATTERN

用来模仿的模型或案例；
元素不断重复的图形组织布局；
排列元素的逻辑或者秩序策略。

模板制造为建筑生成带来的可能性
Generative Possibilities for Making from a Template

木匠在作坊里工作，用很多块相互连接的木材精心制作一条长凳。他小心翼翼地每次只处理一块木材。他把木材连接到一起，观察它们是否像他预想的那样发挥作用，然后他对木材不断进行调整。在这个过程中，他产生了几个之前从未想到的构想。他在过程中不断实施这些构想，所以最后长凳与此前的草图有很大不同。他也不再参考那些草图了。

他花了很多时间来制作长凳。它是独一无二的，看起来像创造力驱动的作品。但是木匠还有其他的计划。正如他如此细致地制作这条长凳一样，他又细心地把长凳拆开。他对每一部分进行分类和标记，并写下重新组合的说明。第一条长凳估计永远都不是用来坐的，它也是一个在未来制作更多类似长凳的模板。

在接下来的几个星期里，木匠制作了很多构件，这些构件与用来制作第一条长凳的构件是类似的。这些构件并没有组合在一起，而是被归好类放在了房间一边的工作台上。不久之后，他就会制造出很多第一条长凳的复制品。它们会被排布到另外一种样式里：运用有组织的栅栏来指导客户的花园建设。

样式可以通过几种方式对设计及设计思路有所帮助。它可以是有组织的构筑物，也可以是表面的连接接合。它也可以是工艺过程中的一个模型、模板或者示例。这些样式的应用依赖于重复。作为组织结构的样式运用重复为设计元素的布置定义区域。作为表面连接接合的样式依赖表面处理的重复来创造审美或者图形交流逻辑。样式化以不同的方式运用重复：

图 4.39 样式可以成为一种用于分析或者比较一个对象不同方面或特点的工具，也可以用来记录文献。此例就是展现背景样式的示例。 学生：马修·霍夫曼（Matthew Huffman） 点评：蒂姆·海斯 院校：路易斯安那理工大学

与前两个示例中分布相似元素的形式相反，存在一种生产型样式以便一个元素可以在一段时间内被持续复制。组织或者图形中的样式是设计中这些方面所固有的，然而这又如何用来精巧地制作元素呢？

样式是与过程相关的工具，可以用相同的方式精巧地制作多种物件。相同的部件对组合而言是至关重要的。连续的楼梯，要求其处理每一层阶梯的方式相同。或者一面墙要求使用相同的结构部件。样式可以保证每一部分精巧地完成。在这一应用中，设计出现在样式的创造之中。制作出的部件就是模板的复制品。

样式可以通过保证物件接合连接处的精确度来影响组合。如果特定的连接点需要两个元素以特定方式接合，则可以使用形成元素的样式来设计连接点。在这一使用中，样式并不指导着整个物件的制作过程，只涉及接合的那部分。

在单一样式设计中，将明确规定运用于物件制作的组成部分。这些部分可以被用来重新生产物件或组合。考虑一下石膏铸型。模具的不同部分必须牢固咬合，保证没有空隙。它们也必须可以分开，使模具能够重复使用。样式就是设计过程的产物。它是迭代和试验的对象，来保证模具中的铸型正确铸造。样式使得设计师能够预测一系列的设计成果。

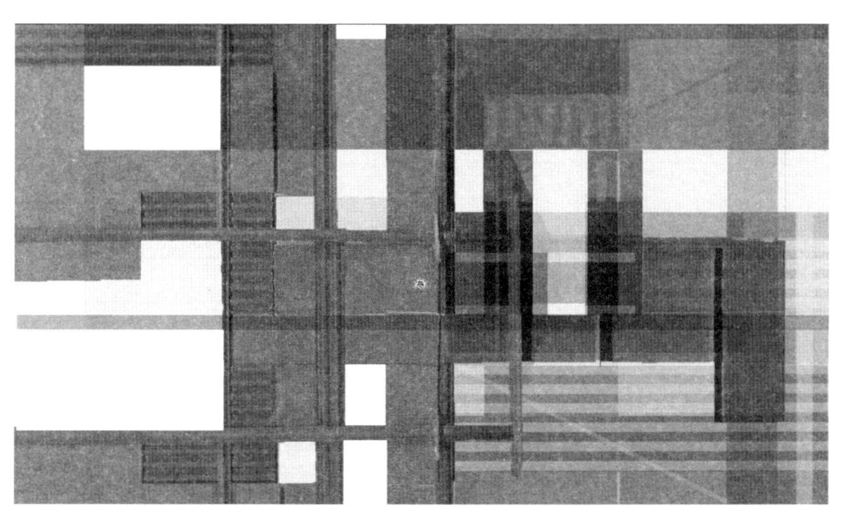

图 4.40　样式是界定组织结构及其内部设计元素的有效工具。这幅图展示了被覆盖着的组织示意图以及由它派生的相应模型。　学生：雷切尔·莫梅尼　点评：约翰·亨弗里斯　院校：迈阿密大学

图 4.41　此例表明样式可能会影响空间特点。采用有遮挡元素的样式是控制光线进入空间的有效手段。　学生：伊丽莎白·施瓦布　点评：凯特·奥康娜　院校：玛丽伍德大学

重复 REPETITION

复制东西的行为或实例；
多个具有相同或相似特点的组合或排布。

重复为建筑生成带来的可能性

Generative Possibilities in Replication

工作间是一个大的长方形空间，里面有十几名技工在使用多种多样的工具和各种工艺生产家具。工作间被分割成一系列大小相同的区间，区间内堆砌着一排排的架子，堆放的高度使工人们可以看到架子的顶部。柜子有规律地摆放在工作间里，把工作间分成相同大小的隔间。

在这些隔间里面，摆放着不同的电动工具。隔墙的柜子上放着手工工具，或者放着与机器维修相关的设备。工人们把隔间当成自己的工作室。每个工人负责特定的工艺，最后生产出各式各样的家具。

车间内的重复形式通过在较大空间范围内布置存储空间促进了发挥空间功能。将较大的空间运用组织性策略分割成小的区域，这些区域与车间规划布局的方方面面相关联。

重复是一系列具有类似特点的元素。重复在物件、空间或组合的排布方面可以表现出来，它可以是形式连接部分的重复。元素的重复如何深化项目中的设计目标呢？在设计中每个元素不可能是独一无二的，那么是否有可能避免使用重复的元素？重复也可以理解为在为达到特定设计目标时而有意识地复制部分部件。然而，重复也可以是在设计语言方面一致性策略的结果。

当重复被有意识地用作设计工具，它就成为建立或者交流多种思想的媒介。重复在项目中可以作为一个标准的单位尺寸、模块组件或者计量物，也可以通过它表达组织布局中部件排布的组织逻辑性。此外，在设计中的重复元素必须至少有一个特征是与这些重复元素相关的。在这种意义上，重复是传达相似性的一种方式。比如，具有相同规划布局的空间可能分享类似的形式特点。当它们以相同的样式排布时，居住者就会明白它们具有类似的功能。

图 4.42　元素的重复确定了一个大的组合。此例中，重复被用来创造包含空间的形式部件。利用这种重复性的设计可以实现光线和视线穿过组成要素。缝隙表现出了设计策略和建造技术。　学生：佚名，团队项目　点评：蒂姆·海斯　院校：路易斯安那理工大学

重复也可以作为在平面或一条线上扩展功能的方法。在设计中，单独的空间或规划布局在组织布局中可以重复，那么容纳这些空间或布局的形式也可以重复。如果一个形式构筑物通过重复得到扩展，也就同样有理由相信这个构筑物的用途可以扩展。比如说，标记边界的记号可以沿着一条线扩展，这就沿着长度方向扩展了实体边界。又比如，限定空间的组合可以通过重复的方式扩展空间，这个空间的用途可以与该空间的容积一起扩展。

尽管重复作为设计的一个方法很有效，但是过多地使用重复可能会导致不必要的或令人混乱的冗余。与物件用途和构筑逻辑不相关的重复模块只能使空间更为复杂。类似的，只为了组织布局的目的性使用重复的结构，而不是出于空间和功能的原因，同样会引起感官体验上的单调乏味。

* 参见“韵律”“顺序”两节。

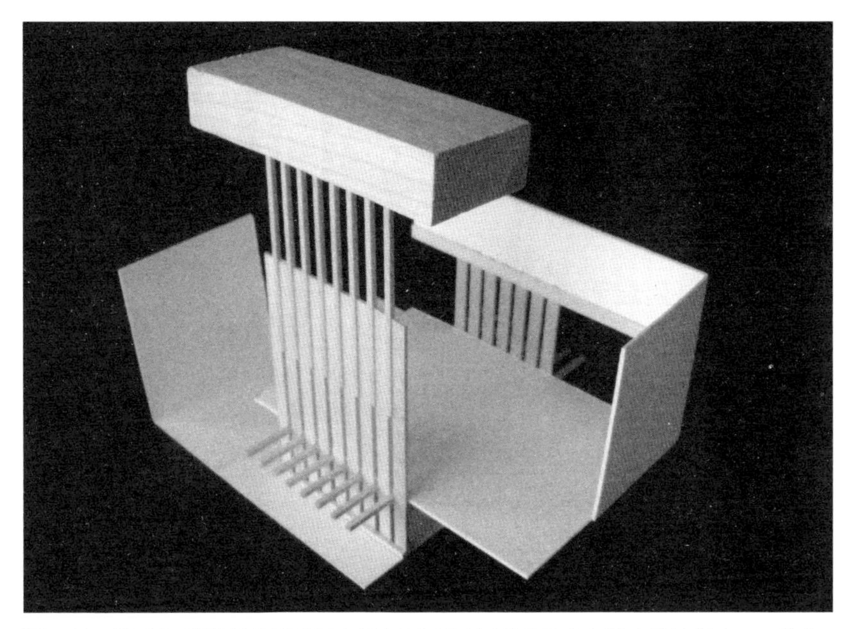

图4.43 此例中，重复结构被用于在垂直平面中创建边界和各具特色的连接点。 学生：斯蒂芬·多伯（Stephen Dober） 点评：詹姆斯·埃克勒 院校：辛辛那提大学

残留物 RESIDUE

物体移除或者毁坏之后的剩余物；
对于先前存在状态的记忆。

记忆为建筑生成带来的可能性
Generative Possibilities of Memory

建筑物一次又一次地被重新建造。随着城镇文化习俗的变化，这座建筑的形式及其用途也在发生着变化。它曾经是一个有着巨大螺旋状阶梯的剧院，使人们能够分层就坐。它也曾经是居住的地方，分层布置公寓单元。最近，它被改造成了一个建筑工作室。

每一次的迭代都留下了痕迹。楼梯依旧保留着，但是发生了改变：它不再像从前那么大了。巨大的楼梯平台被改造成了狭小的封闭空间，只留仅够通过的地方。人们仍然住在老的居住处，其他的都空置着。大多数都被重新组合成了更大的工作室。

墙壁上有经过多次改造的迹象。砖的样式各部分也各不相同，标志着表面的变化，好像它是一条时间线记录着建筑、城镇以及人们的历史。走在外面你会发现微小的隆起以及凹陷，表明已然湮没的古老剧院的场地范围，剧院比现在的建筑结构要大得多。

尽管建筑与原先的形式发生了很大变化，但是留存着每一次改变的印记。这些残留物被重新使用和转换。它们的特点被现在的建筑设计吸收与融合了。

残留物是指在物体移除后所留下的痕迹。建筑一直在发生改变，不断地被修整。城市在变化，新的建筑也被建造起来，古老的建筑被修复甚至摧毁，街道也在调整变化。这些改变都会留下形式的残留，即使是微小的痕迹。

这些残留物又是怎么用来产生新构想的呢？它们对致力于新空间和形式的设计过程能起到什么重要作用呢？这些残留物给设计过程展现了许多可能性。在某种程度上，大多数的建筑都是对现存建筑的再造或者改造。先前建筑遗留下来的物件带有过去结构的痕迹。通过研究一个地点的历史，这个痕迹可以当作分析的对象来产生新的设计思路。残留形式可以被保留下来，应用到新设计中，它们可以被赋予新的规划布局和功能。

与建筑残余痕迹相对应的空间具备可以效仿规划布局、操作和组织布局的潜能。这可以成为创造与此地方特定方面相互动的空间策略方法。残留物也可以用来创造保留着人们之间交流方式的文化传统的新空间。它也是一种其规划明显属于典型地域性布局的创造空间的方式。或者它可以是一种设计策略：把新的建筑目标叠放在旧的形式上。此策略会导致能明显表明设计演进过程的空间。

残留物件也可以为形式的组织布局提供可能性。留下的元素可以被融入新的构筑物中。它们可以用来作为重新打造或转化过去状况的模板。保存过去的元素——一种材料、构筑方法、总体组织布局，这一简单的欲望可以推动形式呼应策略，而且可能受到效率以及重新利用材料或者元素意愿的激励。或者它可以成为自身的设计目标，并导致创造出纪念性的建筑。

这些使用建筑残余物的策略把分析当成了新设计产生的研究形式。这种研究把历史当成情境，其研究可以产生空间、形式与构想。

* 参见“变余构造”一节。

墙体 SHELL

外在的保护性覆盖结构或围护；
围护结构的基本形式或形态。

围护结构为建筑生成带来的可能性
Generative Possibilities of Enclosure

你站在被破坏的建筑面前。它面积狭小，几年前的一场大火烧毁了它，只剩下了外面的砖墙，少许横梁支撑着屋顶，还有一条奇迹般安然无恙的木制走道。差不多是在原来第二层楼的高度，沿着一面墙有一架轻便梯。轻便梯的上面是保持完整的部分屋顶框架。光线透过屋顶框架，框架的影子映在地板上。

我们可以通过遗留在砖墙中的痕迹来了解这座曾经的建筑。了解建筑正面的朝向、尺度以及组织布局就能了解建筑原先的用途信息。它面向街道。面向街道的正面是窗户以及一扇大门，其他门洞的位置以及大小与太阳光线的移动路径相关，为的是控制建筑里的光线及温度。这些属性最后都减缩到了最基本的形式，深深烙刻在这片废墟上。就好像你在看一些尚未完成的东西，建筑退回到设计过程早期的原始形式。

建筑墙体是界定室内及室外最基本的元素。它包括提供外部形式或者空间构筑物最外面边界的任意组合。不像墙皮，墙体可以是建筑物的结构组成部分。

除了描述外部表面、正面及总体建筑形式的特点之外，墙体在设计过程中又发挥什么样的重要作用呢？它可以是生成性的工具吗？墙体可以是界定室内空间与室外空间相互关系及联系各个部分的组合。它也可以是组织布局中建筑形式的概念性形态。墙体的组合决定了建筑的诸多方面。这些关系也可以通过很多方式形成，包括通过室内与室外空间的临近性，也可以通过连接具有不同类型通路、材质感、尺度规模及厚度的墙体来发展。墙体组合提供了设计居住者及建筑的接触面以及室内与室外之间转化的机会。这包括如何处理空间与规划布局的关系，并把二者作为墙

图 4.44　界定结构外部界限的各种元素和部件构成了建筑墙体，标志着内部与外部的边界。　学生：内森・辛普森　点评：詹姆斯・埃克勒　院校：辛辛那提大学

体组织布局的决定性因素。例如：一堵厚实的墙体能够为内、外空间提供重要的仪式上的过渡转化，而比较薄的墙体会使内、外空间建立亲密的联系。墙体设计要受到环境呼应及建筑使用功能的限制。建筑墙体组合通过很多方式定义空间，但墙体也是室内空间中各种影响力、空间排列、规划布局及行为需求的重要协调手段。

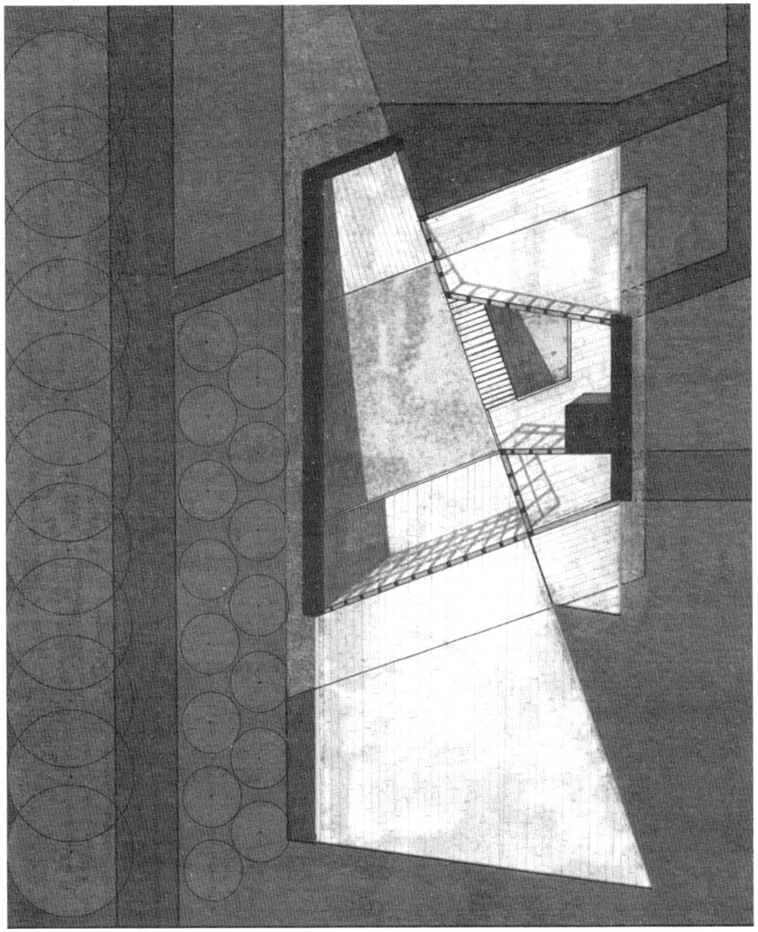

图 4.45　此图展示了墙体在定义分隔内、外空间关系中的重要作用。这个项目是由一组被外部空间包围的内部空间构成。墙体划分了内、外空间，并且决定了其可接近程度。学生：德里克·杰罗姆　点评：詹姆斯·埃克勒　院校：辛辛那提大学

从组织布局上来讲，墙体构成整个形式轮廓。根据空间和环境可能的排列要求，在设计的早期阶段，墙体只不过是一个空心的体块。

* 参见“表皮”一节。

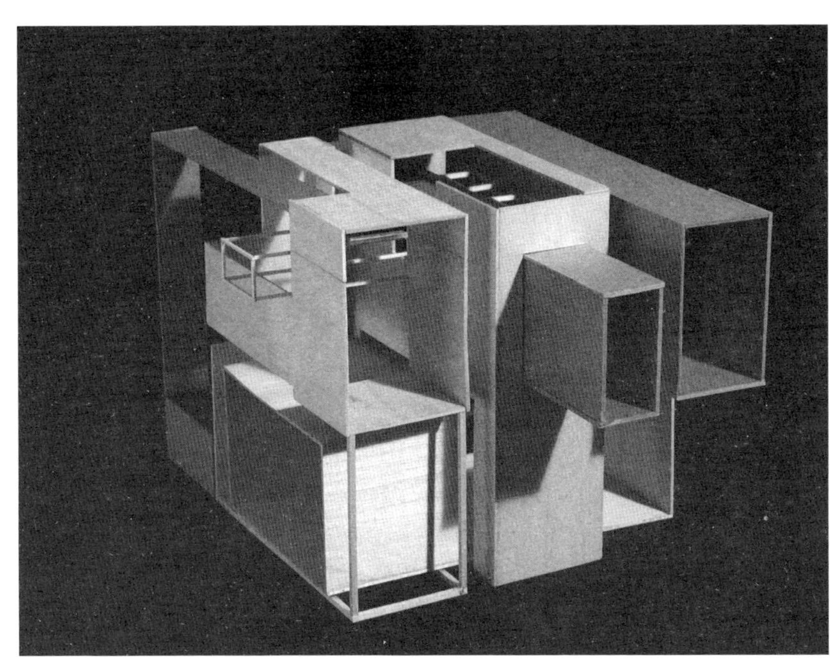

图 4.46　这项设计划分了多个区域，每个区域都有自己独特的空间特征。墙体通过自身的组织布局、透明度及构成材料的不同促成了空间特征。　学生：肯纳·卡莫迪　点评：吉姆·沙利文　院校：路易斯安那州立大学

表皮 SKIN

依附在建筑结构外的薄外层；
组件中用来容纳和保护建筑表面的膜状部件；一种包覆部件。

骨架覆盖为建筑生成带来的可能性
Generative Possibilities in Covering an Armature

一对夫妻打算为两个女儿建造一座树屋。他们找到了一些长得低矮的树枝，可以用来支撑小房子的结构。他们在平台——房子的底座上，搭建了一个框架。接着他们建起了墙面的支撑结构以及支撑屋顶的房梁。房子的基本结构已经成形。由于支撑它的树枝的位置，树屋建得又长又窄。房顶一端低于另一端，这决定了屋顶的坡度。

当结构轮廓做好后，他们开始在平台上铺设地板。他们在地板间留下了微小的缝隙，使孩子们可以观察到地面。然后他们建造房顶，并在房顶搭上了必要的遮盖物，以隔离雨雪。

最后一步就是为外墙体建造一个表皮，这个表皮不需要是结构性的，因为它依附着其下面的结构轮廓。表皮由薄的木片构成。这些木片被裁出不同尺度的开口，用来做门窗。夫妻二人仔细检查并确保被裁切的木片能够包裹到房子的角落。完成裁切后，他们把木片粘贴到房子的框架外。虽然很薄，但是表皮仍然使房间内部免遭自然环境的影响，并且为孩子们提供了一个安全的隐蔽空间。

一般来讲，建筑表皮是指它外部的围护结构；它包含并围圈出建筑的内部空间，同时区分了室内与室外环境。具体讲，建筑表皮类似于薄膜，是一种黏着于结构框架的非结构性组件。

怎样用表皮来界定空间或形式？在建筑设计中，表皮的作用虽然类似建筑墙体或膜状物，但它们之间也存在一些区别特征。表皮是一种外层的覆盖物，像建筑墙体一样。表皮并不是结构性要素，但它决定了整个空间的外部形象。相反，墙体仅指实体构筑物。因此表皮成为了一种实体容器的描述符号，或是为人们提供一个假定的边缘。表皮类似一种膜状物，

图 4.47　同墙体围护结构的功能类似，表皮如同建筑主体的外衣。但是，它的形式及结构特征使之更类似于一层外膜。此例展示了由伸展在基础结构上面的表皮所形成的建筑形式及薄层表皮所创造的通路和光照路径。　学生：克里斯托弗·安德森（Christopher Anderson）　点评：蒂姆·海斯　院校：路易斯安那理工大学

其结构依赖于内部框架，但它不一定以薄为特征。它同样也是空间的一个外部容器，然而膜在设计中有着更大的应用范围。

与其他类似术语相同，对表皮具体特征的理解为建筑设计提供了更多应用可能性。表皮可以是一种部件组合，也可以是界定外部空间特征组件中的一个部件。表皮可厚可簿。根据其形式特征，它可以被用作一种反映空间结构或隐藏空间结构的方法。

作为一种技术手段，可根据不同的设计目的及规模尺度来应用表皮设计。结构框架可被包裹上一层表皮形成一个围护结构，无论这个围护结构是覆盖整个建筑还是建筑内部的一个物件。框架可用来界定建筑形式的轮廓及布局特征，而表皮用来展示建筑主体。这是一种界定空间及展示主体的重要手段。表皮沿着结构框架形成一个没有开洞的空心容器状主体，犹如一个实体。它可成为一个阻挡视线的物件，或可迫使你绕道而行，它像体块一样塑造了空间。作为一种工艺手段，它可应用于空间容器及物件形态的设计。

* 参见“墙体”“膜”两节。

图 4.48　此例中，顶层结构作为表皮，是一层薄外膜，限定了部分外层围护结构，同时给予它所依附的结构一种形式特征。平面的折叠部分对它内部的空间产生了直接影响。
学生：杰西卡·常（Jessica Chang）　点评：瓦莱丽·奥古斯丁　院校：南加利福尼亚大学

表面 SURFACE

一种仅通过二维界定的形式；
三维物件或空间的外部边界。

二维为建筑生成带来的可能性

Generative Possibilities in Two Dimensions

我漫步在宴会厅中，仔细观览整个房间的设计。目光经过屋脊、天沟看下来，最后落到相互衔接的墙面上。我顺着墙体材料的接缝一直看下来，直到视线被打断。我处在宴会厅阳台的下方，这个阳台围绕着整个房间，在入口与更大的两层高的宴会厅之间创造了一个压缩空间。

为了继续观察，我从阳台走出来，目光沿着接缝上移到天花板。在天花板上线脚将光滑的墙面和精巧的镶板连接起来。每块镶板都是一个完美的正方形，每块镶板都是由一组三根小梁组成的。它们把每块镶板分成了四块长方形的凹陷。这种图案形式覆盖整个天花板。我看到了另一面墙，它与之前的那面墙很相像，我很快便环顾了空间一周。

整个宴会厅由不同的建筑要素组成，包括各种不同尺寸和材料的素材。由于材料和工艺技术不同，质地也不相同。有些质地光滑，有些粗糙。当光线掠过建筑表面的时候，我可以看出质地的差异，但我仍伸手去触摸那些不同的质感。较小的构件增大了表面积。因为用它们去连接起复杂、起伏的镶板表面，于是它们便构成了屋脊和天沟。每一片表面都反映出我感知的方式以及与界定空间的形式之间的交互影响。

表面可以两种方式来理解：作为任何一种三维物件的外在限度；或是仅存于二维中的一种概念性结构。既然每一个物件的每一面都是一个表面，那么该怎样来设计表面？表面设计可以影响对建筑空间及形式的解读。它可以作为一种解读和设计空间界限的手法。它还可以被认为是一种吸引感知的形式上的特征：一种连接人与物之间的界面。

图 4.49　表面可以是一种材料属性。此例中，材料的表面特性被用来控制形式的触感。阴影和高光用于突出材料的粗糙度。此外，表面由用作衔接手段的突起构成。　学生：罗伯特·怀特　点评：杰森·托尔斯　院校：瓦伦西亚社区学院

空间轮廓是一种衔接性的表面，它是三维形式的产物，但是空间可视为是沿着界定了它的形式表面起始至结束。发挥衔接作用的表面可被视为一种操控空间轮廓的手段。

建筑物的表面是人们对其进行感知或交互的唯一途径。它是连接人与物的界面。建筑材料特征界定了表面的特征，并且在决定建筑与环境之间的交互时充当了主要角色。表面可通过材质质地的处理让人们用触觉体会到空间感。建筑物表面可以通过一定的处理和安置方式来以特定方式接收光线，这是通过视觉来控制人们的空间感知。

作为一种二维的概念性结构，表面可以作为一种组织布局的辅助性手段。表面的安排布置不仅可以确定空间尺度范围，还能确定它与其他空间的位置关系。表面既可指实体存在的建筑元素，又可是在设计与分析的初级阶段用来将空间范围可视化的工具。

图 4.50　表面也是一个形式特征。此例中，构成地平面的轮廓由插入的建筑得到扩展。
学生：赫克托・加西亚　点评：艾伦・沃特斯　院校：瓦伦西亚社区学院

构造 TECTONIC

同构筑物、组件及构成部件相关联；
通过很多小的结构部件组合创造空间的过程。

组合为建筑生成带来的可能性
Generative Possibilities in Assembly

货运平台上放着一堆木板，还有一些木板正在工作台上组装。每一块板材都是精挑细选出来的，以保证足够的长度和直度。工匠开始拼接这些木板。它们被裁切成合适的长度，端部被裁切为适合衔接的形状。在连接点处加装了许多木头来紧固它们。在整个组件上巧妙地安装上螺钉来固定各部分。

这个部件组合快要完成了，当它完成后将和其他相同的组件安置一起，组成一个系列。这些木块树立在混凝土基底上，当它们达到了一定的高度就要同另外一边上相同的组件向内汇合。好像两部分都仔细地折叠了起来，而实际上这种结合处的弯曲是靠其他构成元素衔接起来的。这些框架的很多组成构件已经准备就位，现在需要玻璃板来填充它们，这就会使框架部分清晰可见，整个框架包裹着内部空间。这些框架用来界定空间范围，并且作为形式组件的结构框架。

有许多分成群组的工匠在工作。一个工匠在等着其他工匠一起做下一个框架。像他一样，许多工匠是在为空间做外框架。一些工匠开始做空间内部的夹层，内部夹层需要用相对较薄的夹板，悬挂在内部空间的一侧。夹板是亮白色的，一侧由一组柱子支撑，另一侧由砖墙支撑。砖墙上有一处凹口，夹板正好卡在凹口之中。柱子属于另一种框架要素，作为夹板的支撑结构。通往夹板层的楼梯尚未动工，但将用比较薄的、相互交错的平面作为梯阶，在下面会用排列成网状的直线框架来支撑梯阶。

首先建好基底，但工作仍在继续。它看起来像一个坚实的混凝土块，从地面上突出来。这块混凝土块已经被切割和雕刻，以提供可以连接其他

图 4.51　构造指的是组织部件的形式组合。它包括三种元素：体块（三维结构）、平面（二维构造）和框架（一维）。此例中，展现了每一个用于包容与布置空间的构造元素。学生：斯蒂芬妮·威廉姆斯（Stephanie Williams）　点评：杰森·托尔斯　院校：瓦伦西亚社区学院

组件的地方。工匠们添加材料来构建牢固的进门台阶，围绕外侧边缘浇筑混凝土墙体。墙高大概达到工匠们的膝部，工匠们用框架结构来规定空间边缘。

外墙的框架、内部夹层的平面以及大块的基底材料元素都属于全部构造整体的组成部分。这些结构形式界定了空间，并运用于它们含纳的空间。通过加工石材的方式，如雕琢、切割、刻画并清空多余的材料来构造组合部件，并非采用添加式的木质构造组合，一个基底模型就呈现在了大家眼前。

我们需要构建形式去界定空间，从而容纳形式。构造学就是一门研究形式组织布局的学问，同时它与创造空间及影响空间紧密相关。我们可以两种方式来讨论研究构造：它不光指涉形式元素及其组件，而且涉及将组成部分构成整体的创造行为。

在《建筑的四要素》（*The Four Elements of Architecture*）一书中，戈特弗里德·森佩尔（Gottfried Semper，1803—1879，德国建筑师，建筑理论家）定义了一组建筑的基本组成部件——建筑组织布局和形式组合可被理解为一系列体块、平面及框架的排列。这些基本组成部件说明了元素组织布局中的比例与连接关系。在《建筑学论文》（*An Essay on Architecture*）中，马克－安托万·劳吉尔（Marc-Antoine Laugier，1711—1769，法国耶稣会牧师，建筑理论家）描述了一间简陋的茅草屋的构造：建造一个块状的基础，塞上茅草做成屋顶平面，用框架做出结构。这些不同的要素整合在一起，共同创造建筑空间。

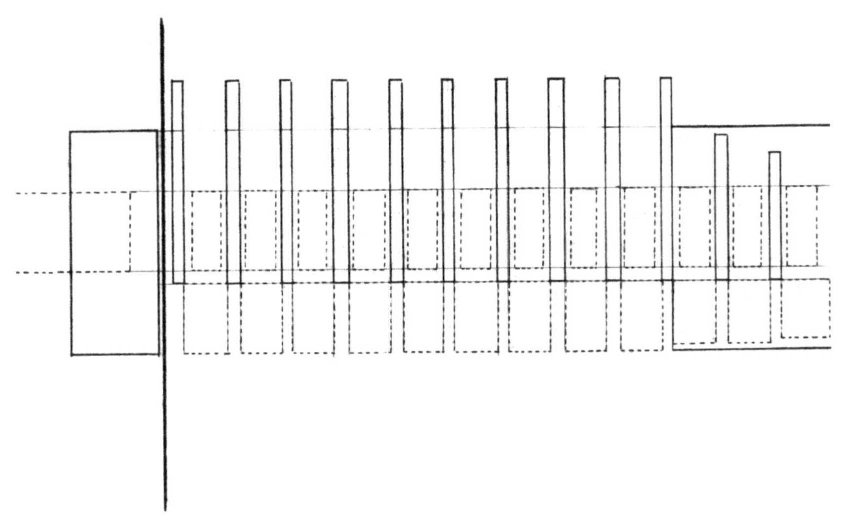

图 4.52　此示意图展示了各构造元素在空间构成中的组织布局。　学生：乔治·法布尔　点评：詹姆斯·埃克勒　院校：辛辛那提大学

理解构造要素以及它们的连接方式有助于我们理解空间的功能特征。比如，人们是怎样运用块体和平面之间的衔接构造空间的？石材切割法通过对块体的切割雕琢建立空间，构造法通过对不同平面板块的组合建立空间。因为是对物件精心加工制作以容纳另一个物件，所以构造学是对物件对象的研究；它是对形式之间的连接与实体关系的研究；它是通过容纳该空间的各种形式的组织排布来解读空间意图和功能的一种手段。

希腊语 tektonikós（意为“建筑的，建筑学的”）原指包含在建筑里的一切事物——包括建筑结构和建筑行为。这个词的词根 tékton 意为“建造者”，更具体是指“木匠”，他将通过连接来创造事物。对于木匠来说，构造是一种创造的行为而不是简单的组织排布。

建立空间的最基本手段是部件的连接。这也意味着，在一定程度上，空间设计出现在连接的尺度范围上。将一个构造组成部分与另一个部分相连接有很多种方式。选择将组成部分相连的方法既是运用结构连接的策略手段，又是有助于实现空间目的的方式。

有哪些连接的可能性是可行的，而另一种类型的连接则不可行？一种连接方式可以使两个构件相分离，从而使光线进入空间。或者使两个构件分离，创造出一个容纳连接点，使另一个结构元素得以嵌入，形成一种连接。选择最好的方式进行连接等同于选择恰当的方式界定空间。组合是一种创造的决策行为，也是空间概念的载体。随后的观念就是创作与思考二者统一。

体块 Mass

实体；
由三个比例相似的维度组成的构造元素。

戈特弗里德·森佩尔规定体块是四大构造原理之一，也是三个是关于形式组织布局的原理之一。体块同平面和框架一起被认为是形式组件的基本组成部分。

当我们把体块看成是简单的组织要素时，它被界定为长、宽、高比例相似的物体。有时它的定义也同组件内的其他元素相关联。如果一个物件的较小尺寸相对大于其他物体的尺寸，就可以把该物件看作大体块。

体块是同材料切割相关联的构造元素。体块可以是通过两种途径创制空间的一种手段：材料切割与构造组合。体块的维度属性决定了它有从中雕凿出空间的能力。但是，当与其他结构要素相连接时，它作为更大组件内的一个组成部件有能力创造空间。在创造体块和组件时，切割和构造会发挥什么作用呢？通过构建体块来创造空间时，两种原则都可以使用吗？从大范围讲，可在体块内部使用切割手法来产生空间；或是从小范围讲与其他部件一同构成接点。这种多变的雕凿动作如何同时完成？

作为形式组织布局的主要且基本部件，体块在由空间和形式组成的组织布局中发挥着多重作用。在构造要素讨论中的关键内容是它们如何运用结构要素来定义或容纳空间。体块是泥土构成的，它的最直接作用是基底或是底座，但也可用其他方式进行布置：它可以发挥传统上属于其他构造元素的作用来构造与容纳空间。

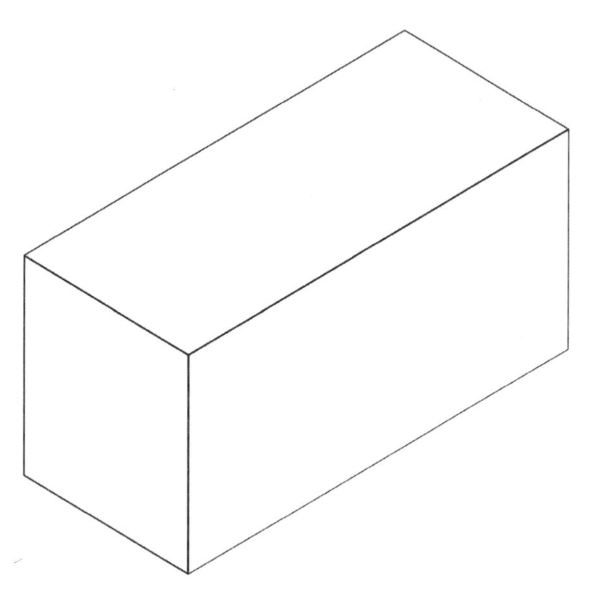

图 4.53　大体块要素的特点是其在三个维度上都成比例地相似。

图 4.54　这个物件被认为是个巨大的要素，因为它的主体和突出部分的长、宽、高都相互成比例。它们的维度并不相同，但它们的尺寸接近，没有一块在组织布局上明显凌驾于另一块。　学生：佚名　点评：杰森·托尔斯　院校：瓦伦西亚社区学院

作为空间构筑物的基础，体块有多种可能性来发挥传统上的作用。探究这些可能性从而获知基底如何引导占用空间的方式，可以通过雕琢表面来界定居住区域，或经雕琢去接纳衔接其他要素。运用切割的方式被认为是一种创造构造组合过程的方式。那么居住者是怎样到达基底顶部的呢？他们又是怎样通过底座进入空间中？或许是从体块中雕琢出出入口，或是附着在体块上。

发挥基底作用的体块提供了各种与空间意图相关的创造可能，有赖于切割与构造方法的诸多体块可能性要么是结构部件，要么是空间容器。将体块与其他元素布置就位，或是去定义可栖居的空间，通过同其他部件必要的切割、连接、接合从而定义了栖居的方式。在组织布居中，对体块加以切割或与其他元素衔接的方式决定了居住者感知并与周遭环境互动的方式，它创造了形式与居住者之间的交界面。

图 4.55　四周的结构围护并不是由大体块要素组成的。但是，它建立在一个支撑围护结构的体块之上。　学生：杰克·索伯（Jake Sorber）　点评：凯特·奥康娜　院校：玛丽伍德大学

平面　Plane

一种构造要素，其特点是有两个纬度的比例相近，并且远大于第三个维度；
类似于表面或比较开阔的状态条件；平坦。

戈特弗里德·森佩尔定义平面为四大构造原理之一。平面原理也是三个是关于形式组织布局的原理之一。平面同体块和框架一起被认为是形式组件的基本组成部分。

当它仅仅作为组织布局要素来看待时，被认定为其长和宽的比例相似，但高的比例较小。根据平面朝向，可以适当调整较小的那个维度；只要是其中两个维度的比例相似，另外一个的维度偏小，便可以认定物件对象就是平面。在组件中，通过判断与其他元素的关系，来定义平面。如果一个平面的较小尺寸相对大于其他平面的尺寸，就可以把该平面看作是大的平面。

平面是一种构造元素，它依赖于整体组件来创造空间。与体块不同的是，平面是整体组件的一部分，通过内部雕琢来界定空间范围。作为构造组

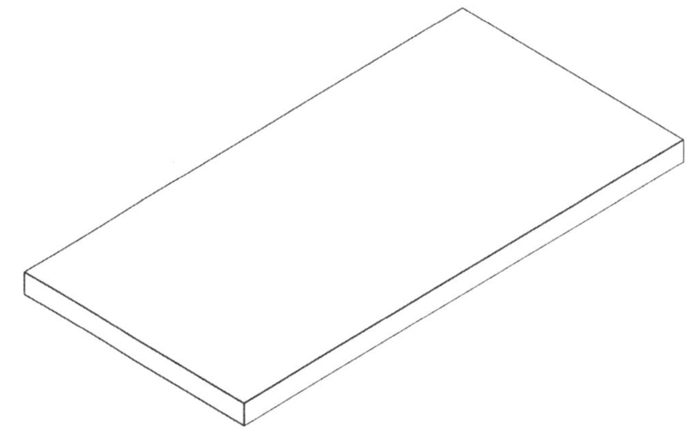

图 4.56　平面元素的特征是两个主要维度的比例相近。

件的一个部件，平面以多种不同的方式与其他部分连接起来。两平面上的切口容许两个面相互交叉，描绘出围绕接点散布的空间。可以将一个折叠的平面描绘成一个空间，并且空间两侧有着清晰的差别。平面可建立在一个体块之上，表现出支撑体块的空间，或是违反传统，将体块向上抬升，将空间置于其下。框架可以穿过平面，支撑平面，或是被平面终止。结构元素之间的衔接方式对于决定空间条件状况至关重要。

作为形式组织排布的主要且基本部件，平面在由空间和形式组成的组织布局中发挥着多重作用。在构造要素讨论中的关键内容是关于如何运用结构要素来界定或容纳空间。平面在其中最直接的作用是作为屏障、分隔及发挥表皮作用，它是容纳空间的最主要手段。但同时，平面也可用在其他方面，它可发挥其他构造要素一贯执行的功能，如作为结构或基底。

图 4.57　在这个项目中，平面是界定围护结构的主要成分。它们由许多堆积的要素组成。各要素自身并不是平面，但运用它们构成了平面部件。　学生：塔米卡·克莱默　点评：卡尔·沃利克　院校：辛辛那提大学

平面最常规的作用是作为空间容器的基本要素。无论它是否是结构性的，平面的两面相互区别，而且界定了哪一面在里，哪面在外。一个平面可同其他平面相连接，或加以变形来界定空间自身的界线。这种使用强调了平面在空间上及形式上的多种可能性。

探究这些构建可能性需要剖析基底是怎样引导占用空间的方式。平面可簿可厚。它定义了人们可以穿过平面的方式或是在形式的组织排布中其发挥的作用。平面可以是不透明的，也可是半透明的；可以是光滑的，也可以是粗糙的；可以是灰暗的，也可以是反光的。这些感官要素决定了居住者同空间及形态之间的互动。平面可以是包裹结构框架的膜状物，

图 4.58　此例中，平面是用作包容性空间组件的基本元素。结构组件的构成要素是安放就位的平面形式的框架构件。　学生：J. D. 法哈多　点评：里根·金　院校：玛丽伍德大学

或者是支撑其他要素的厚重结构。这些可能性预示出应用平面容纳空间的方式。

人们是怎样通过平面进入空间的？人们又是怎样围绕一个平面进入另一空间区域的？平面可能被切割以容许人们通过，或者将其折叠引导人们围绕四处移动。也许平面同其他要素衔接，使它成为形式组件中的结构部件。

框架 Frame

线性要素的组件，用来紧固、支撑和容纳；
轮廓或成组的界限；
一个维度的比例大于其他两个维度比例的一种构造要素；线性的。

框架有两种用途：作为结构边界框，或是一种构造要素。框架可作为一种界定边界的物件或组件，因此它成为设计中的可操作组件。作为构造要素，框架是用于读解或产生空间与形式关系的组织排布构件。

从最直白的角度看，框架就是支撑与构建围护结构内建筑物的实体构架。它界定了空间界限。试想一个窗框：构成封闭边界的部件组合用于固定窗玻璃。但是，框架也有助于空间上的操作。就像窗框界定并构成了一面玻璃，框架的功能也可界定其内的场地范围。

什么实体要素能够像框架一样在场地尺度发挥作用呢？什么样的场地状况能够被框架所容纳呢？灌木篱笆可作为框架，围绕一片庄稼地。一片树林可被街道围绕，环绕的街道作为其框架。框架还可被理解为影响空间与形式感知方式的工具，当以这种方式使用时，框架成为设计中的可操作构件。可以使用框架，作为空间内描绘事物重要性的方式，或是拓宽空间视野。例如，一个特定的实体可被其他建筑要素围框起来，将其融入空间设计中去，以此强调它的重要性。

另外，戈特弗里德·森佩尔定义框架为四个构造原则之一。在这四个原则中有三个原则是关于形式组织排布的，框架属于这三者之一。框架同体块和平面一起被认为是形式组件的基本组成部分。

当它仅作为组织布局要素来看待时，它被定义为高和宽的比例相似，长的比例明显大于高和宽的结构。有时对它进行定义需要同组件中的其他结构要素相比较。例如，如果一个框架的较小尺寸相对大于其他框架的尺寸，就可以把该框架看作是大框架。

框架是依赖组合构件创建空间的构造要素。它同体块不同，体块是组合构件的一部分，通过雕琢来建立空间。作为构造组合的部件，框架的主要作用是连接与接合。它有很多种方式同其他要素相连，但是，较小的组块通过框架构成接点的方式比其他组块可行性小一些。在建立空间时，即便没有结构分析，框架仍然可以预测稳定性、牢固性及其作为组织排布要素时能够引导用途的受力走向。

在获得其他要素支撑前，它可延展多远的距离？相对于长度和宽度，其

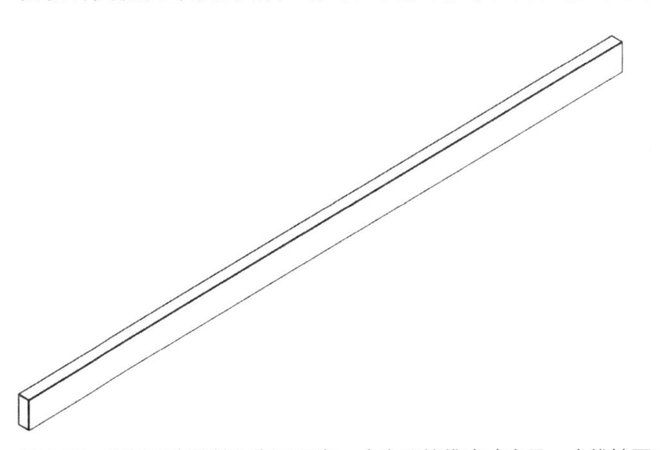

图 4.59 框架要素的特征在于具有一个主要的维度（它是一个线性要素）。

深度是多少？它同其他要素又是怎样连接的？要从创建空间的有利角度来考虑框架的这些维度特性。空间中用来支撑要素的方式具有空间含义，在任何推测性的构图研究中均应加以考虑。当框架同平面的一端相连接时，其牢固性低于同平面表面接口的衔接。可对这个接口加以延长以承接其他部件，同时对空间组织布局产生影响。这个接口可被镶嵌在一个体块之中，而不是安置在表面。框架可以穿过平面，支撑平面，或是被平面终止。各要素间的衔接对于最终空间状况十分重要。

作为形式组织排布的主要且基本部件，框架在由空间和形式组成的组织布局中发挥着多重作用。在构造要素讨论中的关键内容是它们如何运用结构要素来定义或包容空间。框架的最重要作用体现在结构与轮廓的界定上，或体现在与另一要素的组合单元中。

就像支撑其他构造要素的系统一样，框架可构成实体结构形式。它也能构建空间，在组织系统中获得具体体现。因此空间是依靠框架来支撑各要素布局就位的能力以及框架建立起的排布系统来界定的。框架可以界定范围和边缘，同时又不是建立它的唯一要素。空间排布和体积可以通过框架的安放位置来界定其边缘和边界。可以通过框架的充实程度来确定空间的量测数值、比例及模块大小。许多框架结构组件整体如同一个平面，共同组成了一道屏障界定了空间。堆叠的框架可以像体块一样来界定空间。作为构造要素，框架在组织排布中发挥了最多样的作用，因此在空间生成中它拥有最多样的可能性。

图 4.60　此例中，框架被组合起来界定了空间范围。它们的方向由组织结构决定。它们也被用来支撑插入其组织排布中的平面组件。　学生：丹・莫伊萨　点评：里根・金　院校：玛丽伍德大学

图 4.61　此例中，框架是整个模型中的主要构成要素，用于描画项目的形式特征及空间轮廓。　学生：尼克・杨　点评：杰森・托尔斯　院校：瓦伦西亚社区学院

切割法 Stereotomy

并非由小部件构成，而是雕琢而成的大物件；
对体块进行切割和雕琢的过程。

单词 stereotomy 的前一部分，stereo- 源于希腊语，意为“坚固的”。第二部分 -tomy 也源于希腊语的 tomia，意为“切割”“雕刻”。切割法被认为是一种形式状态，甚至可能与构造是对立的。在多数建筑应用中，它给人们留下了实体或是经过了雕琢的印象，其实它并不是实际切割的

图 4.62 切割法指通过雕琢对体块加以修整。构造组合指对各部分加以精心制作，而切割则是指对材料的塑形以及切掉多余的部分。此例中，这两种技术手段都很明显。位于中心的大体块模仿了经过切割的体块，但它并不是切割过程的产物（它是数字模拟的，而非切割）。但是，它仍作为一个经切割的模块发挥组织布局的作用。在它四周是界定空间的构造组合。 学生：刘柳 点评：詹姆斯·埃克勒 院校：辛辛那提大学

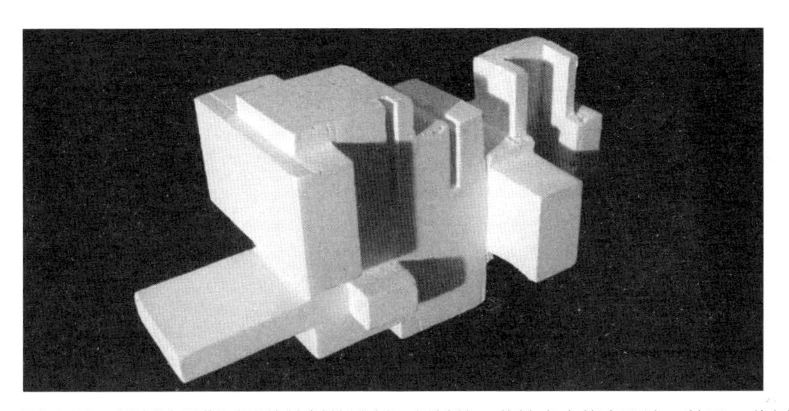

图 4.63 切割法是指对固体块材的雕刻，但其他一些技术也能实现这一效果。此例中，用浇铸法（将液体注入模具，并使其变坚硬）来创造体快。当模块从模具中取出后，就可采用切割技术了。通过切割加工过的地方明显可见工具痕迹。 学生：佚名 点评：杰森·托尔斯 院校：瓦伦西亚社区学院

图 4.64 切割法的一个优点是能够巧妙处理表面特征。此例中，体块的表面质地纹理由制作它的材料特性和模具工艺来决定。 学生：莱拉·阿马尔 点评：詹姆斯·埃克勒 院校：辛辛那提大学

产物（一面砖墙可以是一个固体体块，但它并未经过雕琢切割，它是很多部件构成的组合体）。

建筑物的尺度将排除雕刻单一巨石产生空间的可能。但是，一些结构是巨大的，相互衔接的，因此是经过切割的。大概运用体块，或者经切割的实体，是一种建筑组织结构的设计策略。建筑作为对象，对其加以雕琢以构成空间。伴随着物件插入大空间体系，在小尺度范围内也可使用切割法，可用它作为制造空间层次的方法，标记一个场合、引导移动或者当物件插入空间后所产生的其他空间上的操作行为。

切割法也可反映出一种精心打造形式的过程，这种打造行为具有勾画出思考项目方式的能力。如果认定它是一个经过雕琢的实体体块，要从将建筑作为一个整体入手。最终，打造行为将从这一点过渡，成为组合部件的行为。但这些初始阶段，是由作为雕琢、加工体块成果的空间概念来决定的，能够指导组合构件。例如，使用像混凝土或石灰之类的浇铸材料工作意味着组件拥有稳固性与块体的特质。但是浇铸并不是切割。这个过程更多的是关于如何产生印象，而非对材料的研究。体块带给空间功能哪些特质？通过一个通道穿过一个沉重的体块，与穿过一个轻盈的构件组件有怎样的不同？切割法作为制作过程的指导方针能够帮助我们发现体验形式的新方法。

体积 VOLUME

从三维角度思考空间或形式；
一定数量。

三维为建筑生成带来的可能性
Generative Possibilities in Three Dimensions

地图呈现为黑色图形块的模式，在图底关系绘图中每栋建筑物都被认定为是实体，是城市景象中的一个对象。一个女人正在研究地图，寻找通往目的地的最佳途径。她的目光掠过地图上描绘成黑色的建筑，直到落到自己所处的位置。她把手指放在那个点上。她继续察看着地图，发现了目的地。找到位置后，她用另一根手指摸索比划着路线，发现需要经过一个连接着两排建筑的街道。她记住了路线，启程出发。

她穿梭在城市里，走过一条又一条街道，她努力回忆着地图上的图像，把身边的环境场景和建筑与她在地图上看到的标志性黑色图形块联系起来。当她经过一个建筑后，就在大脑里将这个建筑剔除掉，确保自己沿着正确的方向行进。在地图中，这些黑色图形块非常准确地描画了建筑的外轮廓。它们的形状表现了同周边其他建筑的比例和尺度对比，她能够分辨出这些建筑的空间体积特征，好像是这些压缩的黑色图形块创造了实体材质的体块。

当她到达目的地，进入建筑后，看到的却是与她通过地图所确信的相反的情况。一旦进入这些黑色图形块后，体积展示了不同的建筑特征。在这里，体积构成空间，空空荡荡，它提供了居住之所。

体积由三维尺度构成，包括长、宽、高。它描绘了空间与形式在尺度与比例方面的特质。体积的概念明显应用于建筑尺度。除了这种应用，是否有很多对于体积的理解方式可以反映出对建筑的研究及空间创造？体

图 4.65　体积可被描述为空间或形式，它有三维尺度。此例是由空间和形式体积组成的布局。形式围绕并确定空间。在构成形式的时候产生了空间。　学生：瑞安・西蒙斯　点评：艾伦・沃特斯　院校：瓦伦西亚社区学院

积在很大程度上展示了空间的实体特性，它可作为研究和探讨的工具。通过归纳整理设计中的体积特征，我们可以发现空间大小同空间功能的联系，或者一个物件的尺寸与整体组织布局中其他各要素的形式关联。在设计中运用体积并不只限于整理文件，它对空间的分析、组织排布与创造都有影响潜力。

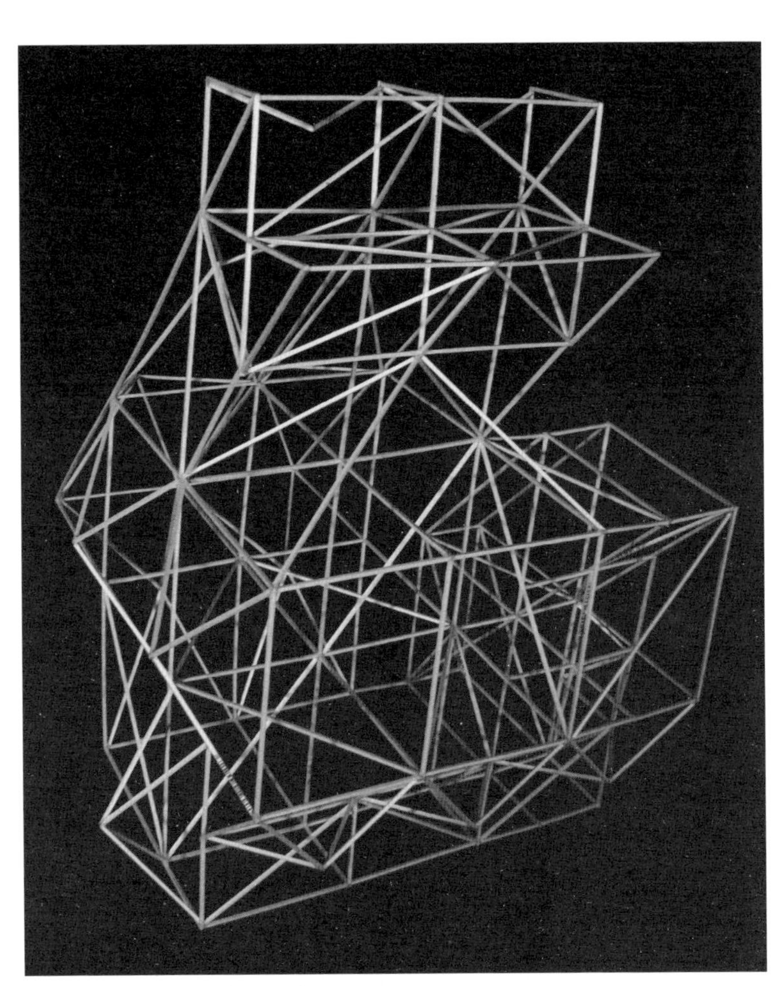

图4.66　此例中，一个带棱角的体积由框架要素呈现出来。比例从空间和形式特征中分离出来，单独进行研究。　学生：科里·科扎尔斯基　点评：瓦莱丽·奥古斯丁　院校：南加利福尼亚大学

必须是两种途径理解体积：作为体块的量度以及作为虚空的量度。体块同虚空的关系是创造和解读空间的主要方法。为了界定空间，必须有一定的形式来容纳它。此时，可以用体积特征来表述空间，也可用组件的各个形式构件来界定空间。

在通过不同的表现技法进行展示时，将体积理解为体块还是虚空显而易见。图底关系图是其主要手段。图底关系图绘制出了开放空间与填充空间，标记了物件存在于什么地方以及它们之间的缝隙。这种绘图文件可

图4.67　框架元素确定了直角正交体积的参数。如图4.66所示，体积并非由空间或形式来确定，它没有特征或结构布局。但是，除了它展示的比例信息，这个模型也通过包含不同尺寸的元素研究区域和层次等级。　学生：泰勒·弗罗斯特（Tyler Frost）　点评：吉姆·沙利文　院校：路易斯安那州立大学

被用作一种分析工具。现有条件状况可以决定整个设计的组织布局原则。

基于体积特征，图底关系图也是一种决定建筑类型差异的方式，比如狭长空间与相对开阔大空间之间的差异。这些类型的差异可以同功能或空间操作相联系。建筑的类型和作用可根据它们创造空间的方式来决定。图底关系图也能用来建立空间。对物件的雕琢切割导致了对物件之间空间轮廓的操作处理。图底关系图是此类研究的媒介手段。

对空间的加工可从两种方式同体积产生联系：通过对各部件的积累与组合，或是对体块的消减来容纳空间的组合。上面提到的图底关系图是指通过对建筑轮廓的掌控来构建空间。这种建筑轮廓可通过构造组件或者切割雕琢来确定。这两种建筑方式都反映了针对栖居场所设计的态度立场。空间的构造组件使运用微小差异构成体积轮廓并运用各组件成分构成复杂的整体成为可能。切割雕琢使体块成为构建空间的主要媒介。空间是由厚度来界定的，多样的建筑方式可能被简单或相似的轮廓外形所掩盖。这种通过对体块进行切割雕琢，并将大部分空间填充上其他材料的方法有时被称为“涂黑空间”（poche space），它是一种通过将体积涂黑的方法来展示体块和空间，这种方式能够更清楚地呈现由体积定义出的空间大小。

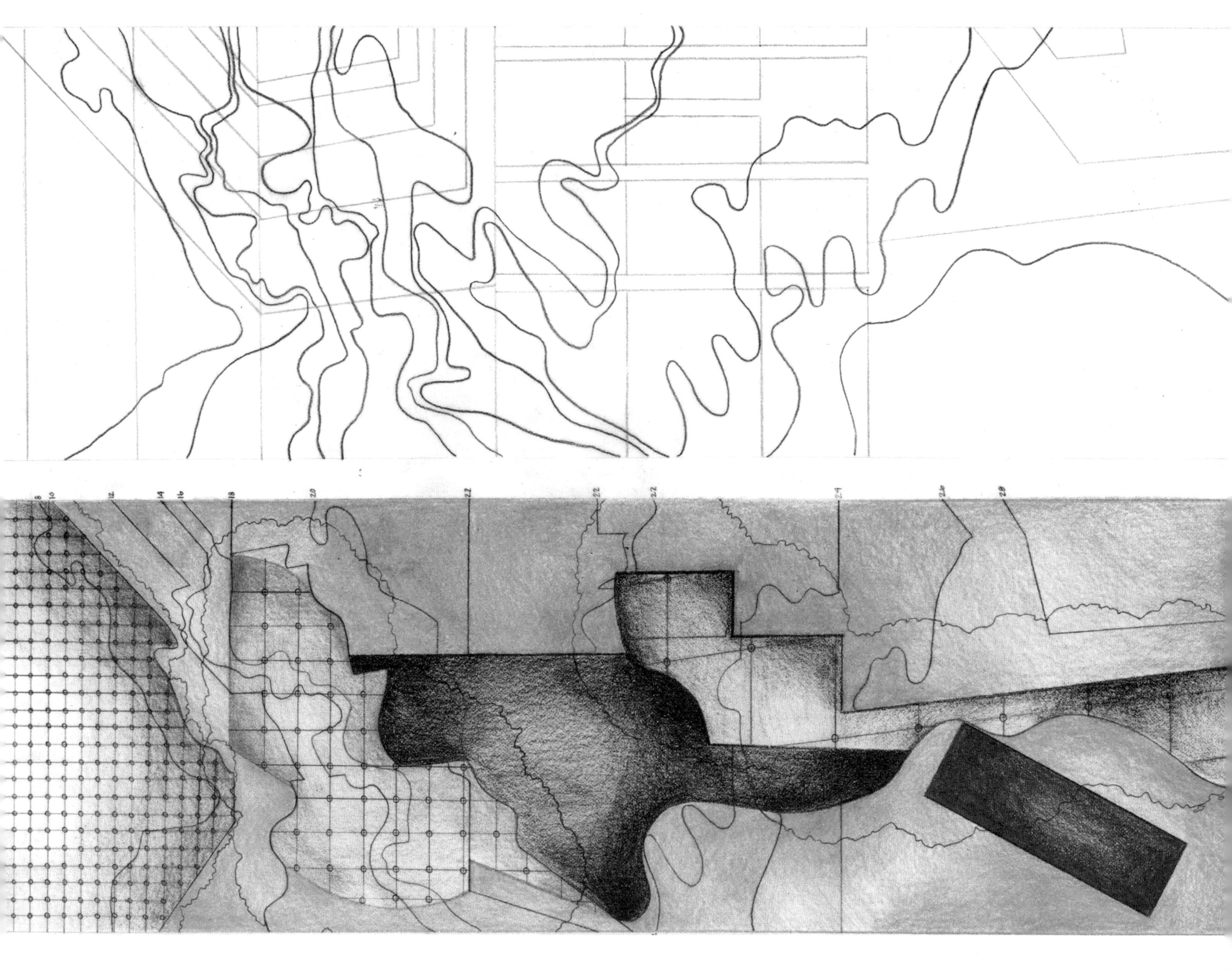

5. 展示与交流术语

TERMS OF REPRESENTATION AND COMMUNICATION

学生：伊丽莎白·西德诺　点评：米拉格罗斯·津戈尼　院校：亚利桑那州立大学

美学 AESTHETIC

关于美的；
控制视觉交流的一组标准；
既定的关于形式、空间、材料的语言以及通过应用的一致性来传递信息的组件。

外观为建筑生成带来的可能性
Generative Possibilities in Appearance

我站在空间内四处张望，没有标志或符号告诉我这片空间是公共的，也没有标识告诉我楼上是私人空间。但很显然这是一个公共空间——可以通过它的大小、高度、从玻璃墙透出的光线以及同其他建筑结构的位置联系来判断。

楼梯很窄小，而且被设置在空间的侧面。虽然楼梯并没有从公共空间中分离出来，但它们在某种程度上与公共区域相隔。楼梯通道只能同时容纳一、两个人。通过空间、形式、材料及周围环境尺度的组织布局，使我在这个空间的角色被清晰地定位——比如我应该在哪个范围活动，不应该在哪儿；我应该做什么，不应该做什么等。这些审美原则控制着我的空间感知，决定我看到什么，听到什么，触碰到什么以及怎样看，怎样听，怎样触碰。设计者运用审美原则来设计整个空间，因此人们可以通过直觉来理解空间意图，而非通过标识或标签。

审美观通常指那些使主题对象变得美丽或者从某方面使它保持美丽的元素。但是从更客观一些的角度理解美对设计者来说更有意义。这个词源于希腊语 aisthït，指任何关于感官的东西。同样的，从艺术原则上讲，审美原则统御了视觉角度的理念交流。这些原则为设计的成功建立了一些可以衡量的标准。

通常，“视觉愉悦”（aesthetically pleasing）这个词组被用来作为设计的评价标准。虽然在工艺上说得过去，但它没有任何助益，并不能拿来进行评判，而且它也未能为设计提出更好的解决方法。因为它缺少了可控制设计的思考与制作的过程。相反，当审美观被认为是创造空间和形式的设计语言时，就会发现新的设计和建设可能性。在这个例子中，审美被用作了建筑元素的概念、组织排布和建筑元素组合等的设计策略。作为一种策略，而非规定，它使通过重复方式发掘新事物及检验变化成为可能。最后，基于项目目标而非口味偏好对发现进行评价。

在建筑中应用审美原则是不可避免的。我们对形式和空间都有各自不同的看法，这些看法展示了我们个人的表现风格。将美学作为优势应用到设计中是一种挑战。一般来说，这种优势可以通过应用的一致性得到体现。针对各类创造空间及组合不同物件的情况，美学应用策略的微小改变所传递的信息可能比重新发明设计部件语言所能传达的都多。在设计过程中，美学语言的持续应用可以强调和界定部件之间的关系。美学语言的不连贯使用使这些部件变得孤立，无法构成一个大的整体。

原型 ARCHETYPE

一个东西的第一个及典型的例子；
一种同其他种类或类型相比较的模型。

研究和先例为建筑生成带来的可能性
Generative Possibilities in Research and Precedent

这个项目场地很广阔，地势倾斜，大部分被草地覆盖。周围散布着其他建筑物。现在的任务是在这里建设新的楼房。建筑师做的第一项工作是调研附近现存的建筑。大部分建筑已经被废弃，即将拆除。它们已经在该地点矗立了很久，并被用作各种用途。通过对这些建筑的调查，建筑师标记了它们的朝向、它们部分淹没在地下的方式、建筑材料以及施工技术等。虽然新的设计将在尺度和规划上与之前都差异颇大，但之前的建筑仍有许多地方值得研习。

这些结构成为新设计的原型。它们确定新的设计需要遵循的模式。建筑师可以根据之前建筑结构的优势之处来展示和评价新的设计。通过参考这些原始结构，她能更好地展示她关于创造空间的想法，并将建筑置于场地中。建筑给她的客户提供了他们可以认同的例子，并帮助他们做出决策。

原型在很多方面具有实用价值。其一是作为先例。基于之前设计的成功与失败之处，原型可作为引导建筑师设计的先例。实际上，新的设计成为由原型界定并表现的一种类型。新的设计可以通过与原型做比较来检测其是否成功。原型和该类型的后续设计之间的比较并不意味着建筑上的重复。相反，相似性源于具体设计细节（基本类型、空间顺序，甚至如空间比例这样的基础知识）的建筑策略。

那么，这有助于项目中设计理念的表现与交流吗？原型可作为新设计的生成器；在这一点上，它的作用与其说是原型，更像是一个先例。原型基于某种相似性成为一个群体的代表。正是这种相似性给予了原型提供信息的能力。通过原型作为一个设计项目的代表，我们可以观察并测验设计中相似方面的作用。

另外，原型可以更具生成性：它可作为一个项目中已经设计完成的一部分。它也可作为一件设计，为之后的设计规定标准原则。或许它是一组小建筑中的主要结构，或者是一个大建筑中较小的结构。在这样的规划蓝图中，它建立了一种制作语言，运用了其他一些设计策略，建立起项目内部的连贯性。若在设计生成和表现过程中成功运用原型，需要建立在这些问题的基础之上：原型中的哪些方面需要被考虑融入新设计中？哪些需要放弃？

* 参见“先例”一节。

衔接 ARTICULATE

通常指清楚明白的语言或表达；
不同部件或部分的适配组合，制造一个独立或完整的要素；
用来清晰理解形式及空间组织排布的部件组合；
详细说明；详述形式。

连接点为建筑生成带来的可能性
Generative Possibilities of the Joint

在一家博物馆，有三面内墙。其中两面用于展示，另一面闲置着。第一面墙是不透明的，上面有许多各样的洞、壁龛和凹陷，这些区域构成的空间可以放置物品，每一个物品都有一个区域——一个专门的洞、壁龛或者凹陷。这面墙专门用于放置展品。这是一个永久性的收藏展示区，因此各件展品要在可预见的未来一直保存于目前的位置。

与这面墙平行的另一面墙，专门用于展示文物。这面墙是透明的，有序地分布着格状结构。这些格状结构支撑起玻璃，结构支架一块叠接一块地悬吊支撑着方形玻璃，用于放置展品。展馆设置了各类游动的收藏品展示，材料的相互铰接为永久摆放展品提供了重要的排序系统。采用铰接形式连接的格状结构为展品排列提供了摆放工具。

第三面墙也同其他两面平行，但更靠近美术馆入口。贴着墙的表面设立了供参观者歇脚的长凳，参观者可以在此休憩或等候还在参观的家人。长凳周围墙上的小凹陷大小正好可以让人们放一些随身物品。

所有这些例子——永久的陈列区、流动的陈列区以及休息区，都用特殊的方式清晰表达了设计目的并且发挥功能。

articulate 这个词最早的含义版本是指在结合处的主要构成部分。最终，它演变成了一个指通过连接点将各部分连接起来；这是它对设计思维影响最大的含义。

图 5.1 衔接是功能和连接点特征的展示。此例展示了把线性组件延长插入槽口从而将两种材料连接起来的方法。 学生：米歇尔·马奥尼 点评：詹姆斯·埃克勒 院校：辛辛那提大学

articulate 这个词有双重意思，第一层意思用来描述语言和交流，同时第二层指建立形式与空间的可能性。衔接是怎样引导空间或形式的设计呢？它又是怎样作为概念工具对构建方式发挥作用？作为设计工具，衔接有很多种使用可能性。通过标记形式之间的相似或差异，它成为建立形式之间关系的桥梁。它还可以通过实体之间的连接或接合影响形式之间的关系。

衔接形式可通过三种方式对空间设计及栖居产生作用。首先，衔接可以用来界定不同形式之间的关系。一种要素的实体特征体现在对其他要素的设计呼应之中。第二，衔接是一种形式排序的工具，为每个物件的排布提供一个系统。以这种方式，衔接成为了设计策略和设计目的的实体表现，将一个理念由最初的阶段推进到整个过程。第三，衔接可作为连接两个物件的设计方式。它展示了一个组件的细部及连接点。

在设计中与设计过程中，问题不在于是否将空间与形式衔接起来，而是如何去衔接它们。每一个制作行为都伴随着某种形式的衔接：不同材料的使用、连接的工艺，或形式的任何加工处理等各个方面。然而，我们需要有意识地使用衔接，因为作为一种设计工具，它既是一种强大的交流工具，又是探索设计可能性与变更的生成性工具。

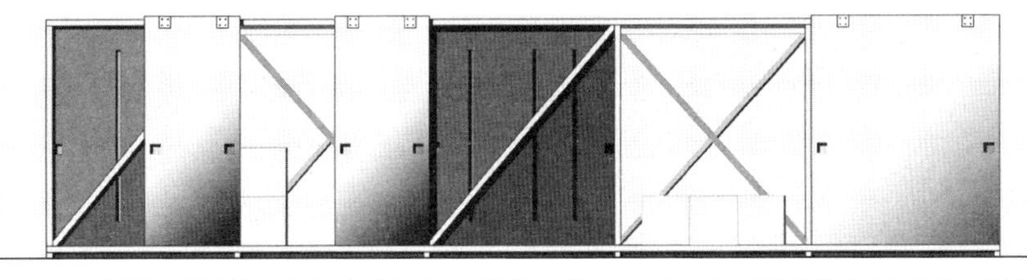

图 5.2　衔接可以是在表面上标识与展示构建细节的接点。由于光线从上面掠过于是放大了这些表面衔接，在表面凹陷处的衔接位置产生阴影。　学生：特洛伊·瓦纳　点评：马修·曼德拉珀　院校：玛丽伍德大学

图 5.3　从更大的尺度上讲，衔接在整个建筑构建中发挥作用。表皮上平面要素的凹槽以及线性要素穿过这些凹槽的方式，为构建垂直结构提供了可能性。此例中，最小的衔接促进了更大的设计组织布局目标。　学生：雷切尔·莫梅尼　点评：约翰·亨弗里斯　院校：迈阿密大学

编码 CODE

实施一套符号系统，以传达有关群体、类型或特征的信息。

类型学为建筑生成带来的可能性

Generative Possibilities in Typology

在绘制空间绘图之前，她仔细观察了空间的使用方式及其产生的一系列空间特征。然后，她使用不同的技术、传统及工具来勾画空间特征。她使用不同的技术作为符号展示了空间特征。她的画成为一幅编码图。

编码既被应用到交流系统中，又被作为一种展示的过程。这两种方式都要同用于展示空间、形式或思维的符号传统相联系。这个交流系统就是指传统本身及其解读方式。在设计表现中，是指开发一套能够广泛应用于设计文档及模型的传统。

编码是简化其他复杂条件的一种方式。它是建立在观者既定的理解方式之上的。色彩编码图用来区分项目规划、地域及类型的差别。为了使色彩编码图更好地进行交流，看图者必须提前搞懂各部分代表什么以及各部分是怎样作用的。编码图在传达功能和特征时发挥的作用不大，因为它在许多方面仅仅是用于命名或标记。

编码是预见的关键。它表明位置、组织排布或关系。它可以区分建立在类型和特征上的不同对象。它是可以在文档中加入多种尺度信息的工具，例如，在地图上用于标记桥梁的符号可以同时呈现区域的比例和元素的比例。但是，它依赖于你对桥梁的理解，而且它并没有关于那座桥的详细信息。

编码能够产生哪些生成性的设计潜能呢？它同设计的哪个过程关系最为密切呢？通常，编码是开发设计示意图和组织布局方案的有效工具。在设计初期，用它对尚未完全开发的环境生成最初的解读。通常它也可以

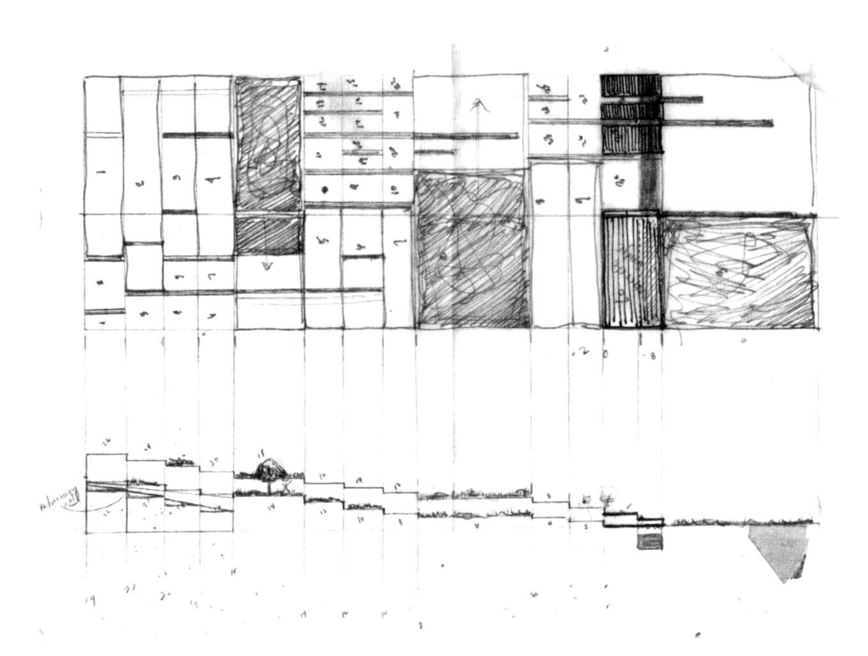

图 5.4　此图展示了运用编码对区块进行量测与分类，从而排布和配置土地。　学生：伊丽莎白·西德诺　点评：米拉格罗斯·津戈尼　院校：亚利桑那州立大学

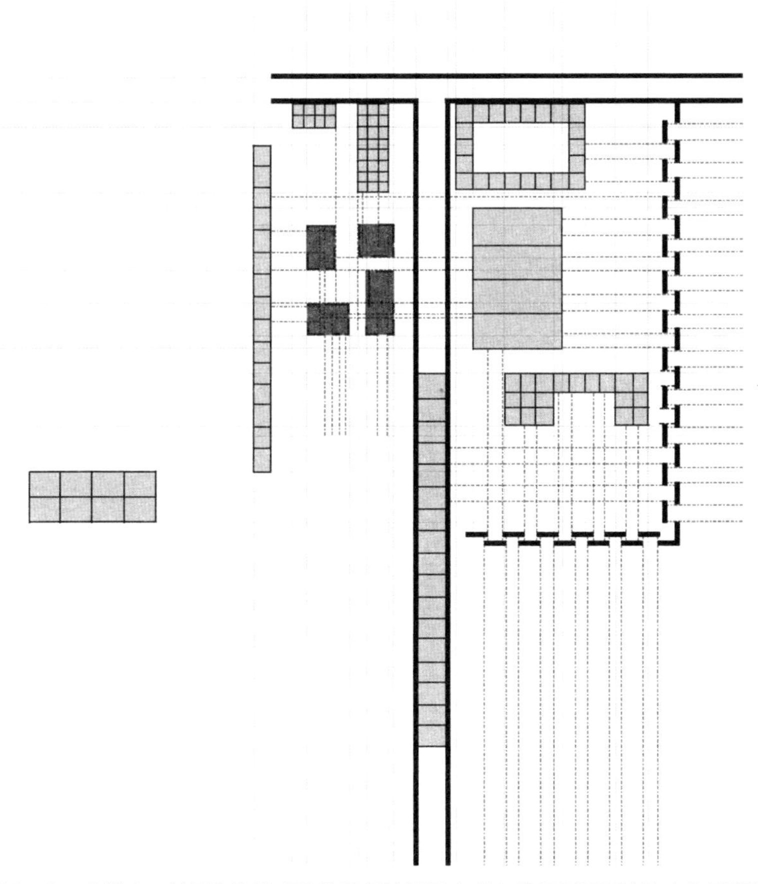

图 5.5　此例中，符号作为编码传统惯例的展示方式向我们展示了地块内各要素的位置和功能。不同的色调阻挡了移动，线条指明了方向和线路，而缺口代表了入口。　学生：布列塔尼·丹宁　点评：詹姆斯·埃克勒　院校：辛辛那提大学

作为对已达到高度开发程度的要素和构思进行简化的方法，从而使这些理念更易于人们接近。

然而，编码也有可能对设计过程造成损害。因为编码依靠预想来有效地传达一个构思，它可能会破坏设计意图。编码图成为对之前开发部件的重组图。该过程跳过了允许对独特条件或情况做出具体设计反应的思考阶段。

如何防止编码破坏精准的设计意图？简单的解决办法就是用编码来补充已有信息，而不是去展示设计信息。一旦取消了编码和图例，设计是否还清晰易懂？当用作设计工具时，考虑到更加细节的设计选择，它将被放弃使用。但作为交流工具时，它是阐释已有信息的最有效途径。

交流 COMMUNICATE

传达信息；
通过具有代表性的口头或图形语言传递或表现构思。

表现图为建筑生成带来的可能性
Generative Possibilities in Presentation

她需要展示自己的项目。她有很多构想，塑造了她对这座建筑的空间、形式和构图的概念。她通过模型和草图来测试和发展这些构想。她的每一张草图、示意图、研究报告和效果图都为她提供了可资借鉴的信息。这些都是交流工具。她的说话方式也是经过设计的，所用的词汇和短语都是专门挑选以便更清楚简洁地表现她的想法。在讲解过程中，她运用模型和草图去展示并强化她的构思。

为了有效地做到这一点，她按照陈述的顺序来安排展示。这并不是她制作模型和绘图的顺序，但是整个展示是建立在由一个构思向另一个构思转变的基础之上的。设计依靠于交流其产生构思想法的能力。

作为设计师，我们需要大量的交流。有时是为了使别人理解我们的设计项目。有时这种交流是为了我们自己，是一种记录构思的方式，以便我们判断这些构思能否成功。交流的目的是为了解读设计构思，这就要依赖于能被广泛理解并加以解读的语言。建筑语言的元素既有传统惯例的特点，又带有诠释性的特色。但不管从哪方面出发，建筑以三种方式进行交流：空间角度、形式角度和图形角度。

交流可以是一些关于空间特征的信息描述，或将空间特征作为交流的手段。空间是建筑的主要条件，是大多数建筑表现图的主题。表现图寻求展示空间布局、特征、功能及居住方式。但空间也是信息交流的媒介。那么空间是怎样作为交流媒介的呢？

影响体验的空间特征也可以直接用来构成使设计目的一目了然的设计构思。空间的组织布局可以建立空间的等级层次感，或者说空间的实体特征能够与在空间内部发生的事件相互联系沟通。空间能从多种渠道交流信息，从以图解形式解读用于建筑概念中的生成性原则到组织布局中项目的具体位置。

与空间交流一样，形式既可作为表现图的主体，也可作为其媒介。因为没有形式来容纳，就没有空间。空间的表现图反映了建筑特征。它们涉及了功能、组织布局和工艺特征。但形式交流要具有新颖性，要使建筑展现出雕塑般的特征胜于其容纳的空间。形式要怎样用来作为交流媒介呢？形式作为空间特征的量度，它按照上述方式发挥作用。根据设计需要，形式也可成为建筑的主要环境条件。建筑在前期设计时关注形式多于空间，关注形象多于具体居住状况。形式可以作为标志或符号。可将形式作为理念生成的实体表现，就像比喻一样。形式也可是最初形态的产物，通过从设计形态到建筑落成不断重复的过程，形式特征成为设计思考的框架。

图形交流是在平面媒介上对体积特征的记录。图形交流是通过对平面加以处理进行的，是以三维形式对平面的处理或勾画。

* 参见“语言”一节。

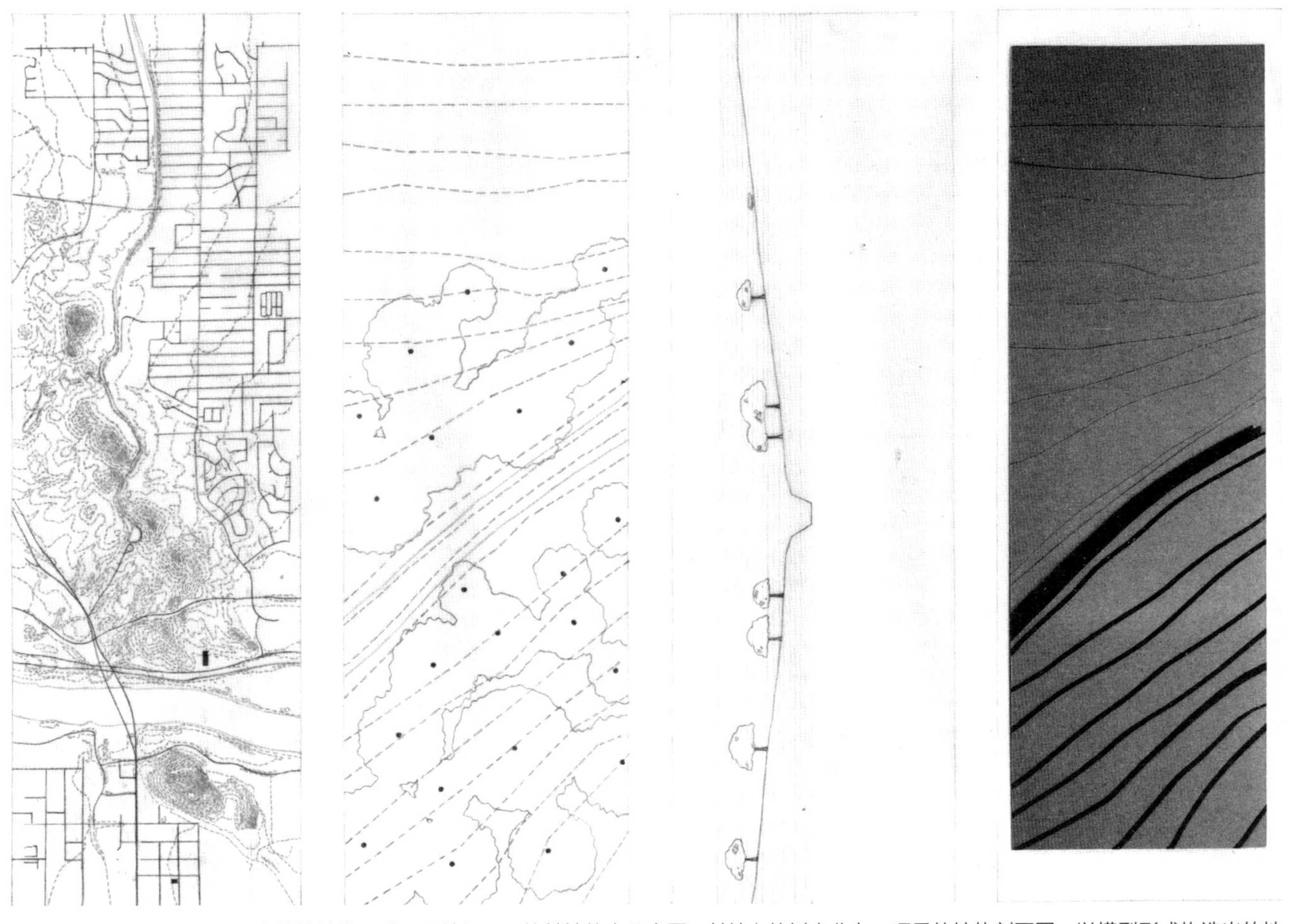

图 5.6　以上四幅图展示了建筑基地的四种不同特征：一块基地的大尺度图、基地上的树木分布、项目的地势剖面图、以模型形式构造出的地势。每幅图都依靠不同的媒介或表现方式来传达与该研究相关的信息。　学生：伊丽莎白·西德诺　点评：米拉格罗斯·津戈尼　院校：亚利桑那州立大学

环境 CONTEXT

围绕一个事物或事件的背景或情形；
围绕场地的空间区域；周围条件的组织布局。

解读场所为建筑生成带来的可能性
Generative Possibilities in Reading Place

通过研究建筑周围环境，设计师会改变之前已做出的决定。当从具体环境中分离出来时，模型运作得很好。但当它被置入具体的环境中时，它有可能与项目场地不协调，设计团队会发现建筑的落位不正确，无法正常发挥功能。它超过了规模比例，凌驾于其他建筑之上。它切断了与周围环境相连的公共长廊。如果建成，它将干扰公共空间，限制该区域的商业发展。反过来，它也会局限这个项目的实效性，因为该项目依赖大型公共空间促进商业发展。

他们更仔细地研究环境特征，找到建筑与周围环境协调的方式。他们从详细的地图、照片及具体的实际勘察中获取信息。他们根据周边环境条件调整设计，使建筑更好地加以整合。

“环境”（context）一词来自拉丁语词汇 contextus，意为“编织到一起”。后来它指文章的前后文要素。在建筑中，将它解读为建筑周围的环境要素。环境作为一个设计原则，否定了由前后背景建立起的传统所确定的

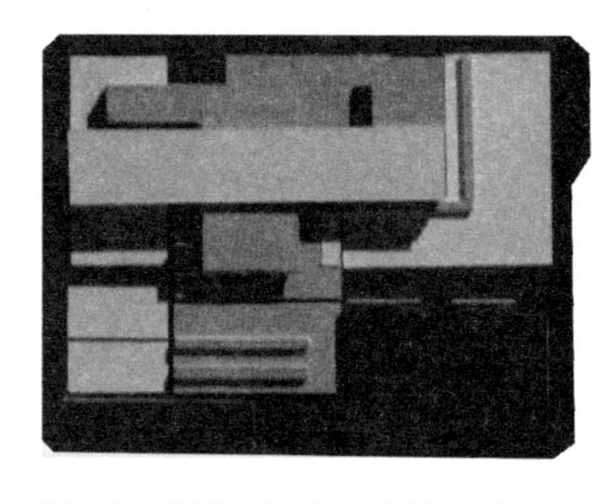
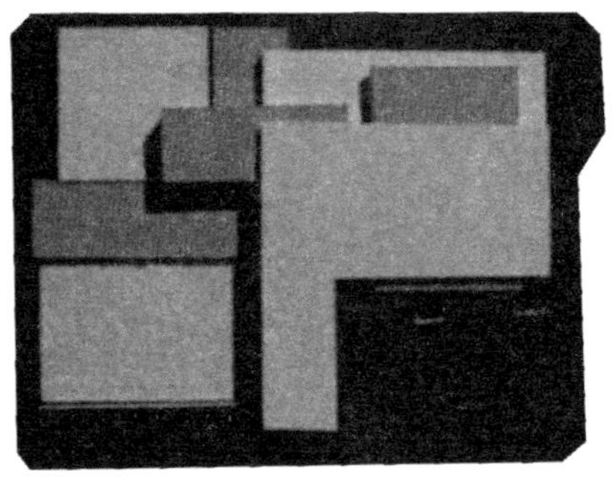
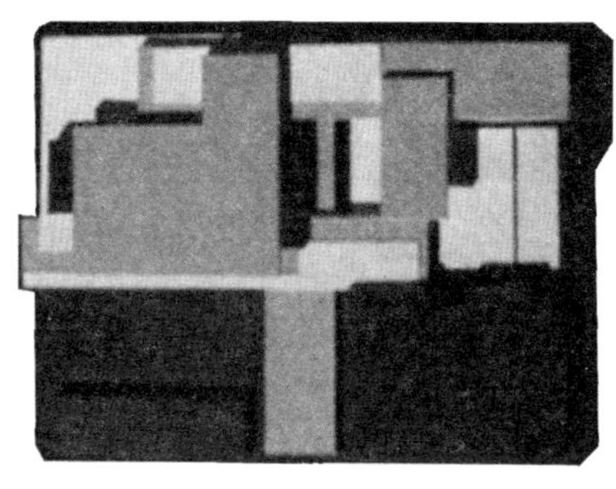
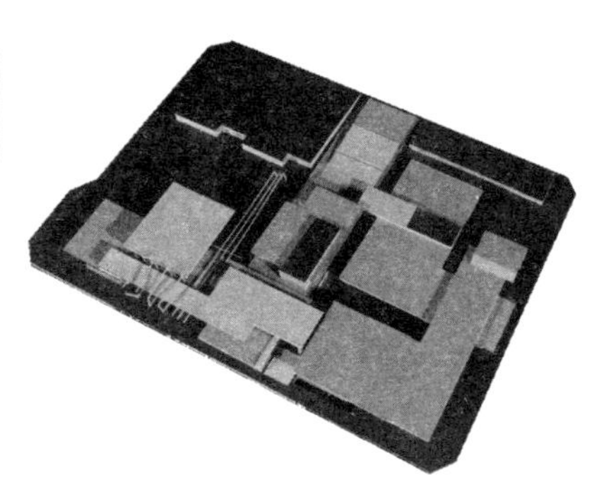

图 5.7 环境指一组周围条件状况。为了呼应周围背景做出引入建筑的设计，环境被作为一种收集信息的方式。在此设计过程中，设计者利用从背景信息获得的各种布局方法进行尝试。环境的各个方面可作为获取和传递项目信息的交流工具。 学生：拉里萨·伯里杰（Larissa Burlij） 点评：詹姆斯·埃克勒 院校：辛辛那提大学

规范。同时，建筑环境是一个与建筑对象关联的组织结构、构建建筑的地域、由规划与体验决定的空间构造、呼应过程的框架结构以及重复性迭代研究的试验场地。它是一种构建形式，来自通过研究与观察搜集整理获得的建筑需求和理念。建筑的引入，被认为是指对建筑结构提出添加，是对部分或全部环境条件所做的呼应。

环境交流的潜能不在于建筑理念的呈现，而在于环境如何能够表现出在引入建筑后怎样对条件做出呼应的方式。环境的交流问题能以哪些方式引导设计发展呢？它和设计本身又有什么关系呢？观察、分析、记录一个项目的环境能够生成很多信息。结构的密度和相互之间的相近性能够向设计师提供新的设计与周围已存建筑之间大致关联的信息。周围建筑的尺度和规划方案可以提供新设计能够掌控的事件类型以及与街道结合的方式。了解人们融入周围结构的方式能够提供有关公共与私人空间之间关系，或者怎样突破一个场所做出新设计的方式等方面的知识信息。了解人们的聚集地点、聚集方式或者使用的交通类型或者在公共领域举行的活动。这些可以提供当地文化以及建筑可能做出呼应的方式等方面的信息。有很多种从环境条件中搜集信息的方式，可直接影响建筑目的的确立以及空间与形式的生成。当这些信息用作调查研究时，可随后用于评判立场观点及针对空间与形式决策的方法。在设计与周围环境的关联过程中，它建立了一种衡量设计成功与否的量度。

环境作为决策的试验场地融入设计过程，空间与形式就来自这些设计决策。建筑环境是设计过程的一部分，在这一过程中通过与更大的构造建立联系，确立了设计是否成功的量度。如果新的设计对周围环境条件产生影响，或者新的设计受到了周围环境条件的影响，说明环境成了设计过程中的考虑因素。

建筑如何应对环境？根据环境的需要和特征对其进行分析和测试。环境的呼应过程需要遵循一种方法，比如对周围环境的读解与分析，策划新设计与周围环境相关联的方式，在设计策略的限定范围内生成一种空间构筑物，根据新的附加物重新分析环境，或者相应重新组织设计。这一过程认可了无论何物插入了现在由环境生成的条件，不可避免地会改变其限定特点。应当预测到这种对环境的改变以及融入呼应过程，从而确保环境与引入建筑之间建立成功的关系。

环境是一个组织工具，它提供了设计需加以响应的现有结构或模式。可以在各种尺度规模上实施环境组织。在城市背景中可以是规则的街道网

图 5.8　此例中，从环境中获取关于项目地形的信息。信息生成了为应对场地条件而引入建筑的设计策略。此例中，在地形的斜坡内对建筑进行了延伸。　学生：休斯顿·伯内特　点评：彼得·王　院校：北卡罗来纳大学夏洛特分校

格或是围绕纪念碑的放射状模式。在这个大的结构中也可以有一些小的组织结构模式，甚至在一个街区中的建筑会有不同的组织方式。那么在这些已有的环境组织中“引入建筑”会以哪些方式起到什么作用呢？关于设计目的，针对组织布局与环境可以采取三种立场观点：设计可以保留现有组织模式，可以忽略之前的模式并促进变化，可以预测模式将发生变化并对预测做出呼应。

环境是一项包含物件与组合的原则，它意味着在更大尺度上的肌理以及其他在街区、街道或独立建筑尺度上理解的实体属性。实体环境可以理解为体块加虚空的构筑物——图底。从更大的范围来看，这些图底关系将对应于环境的组织模式来确定肌理。这个肌理是接合起很多其他形式原则的布局，如比例、密度及层次等级。从街区、街道或建筑等较小尺度来看，能够决定其他实体属性。这些属性表现了对于通过各类体块加虚空、定位、实体连接、相似性、材料、表面类型等建筑元素相互联系方式更为精准的理解。引入性设计采用哪种方式应对环境的实体属性呢？这些环境特征问题可以通过材料组合、实体连接及形式类型生成设计。对于环境组织布局来说，设计师可采取三种与实体背景有关的立场观点：保留场所的现有形式特点，忽略这些特点，或者预测这些特点将发生变化并相应做出呼应。

怎样将环境解读为有效运作和体验性的构筑物呢？环境像建筑一样，可理解为空间和事件的组织排布。例如，拥有公共和私人空间。有商业街道，也有从事生产的街区。存在移动模式和休憩场所。有光线微弱的狭窄街道，有洒满阳光的宽阔街道。有封闭的空间，也有开放的空间。对环境的操控与体验是通过控制道路、通道、入口及规划引入建筑与环境之间的关系，从而有助于设计同周围背景紧密联系的引入建筑方式。入口可以与一条街道对齐，同时与另一条街道不对齐，一片开放空间可能与一座公园相连接，同时对公共领域做出一段规划。环境体验不可避免地决定了项目外部空间同内部空间之间的过渡特质。

* 参见“场地”“引入”两节。

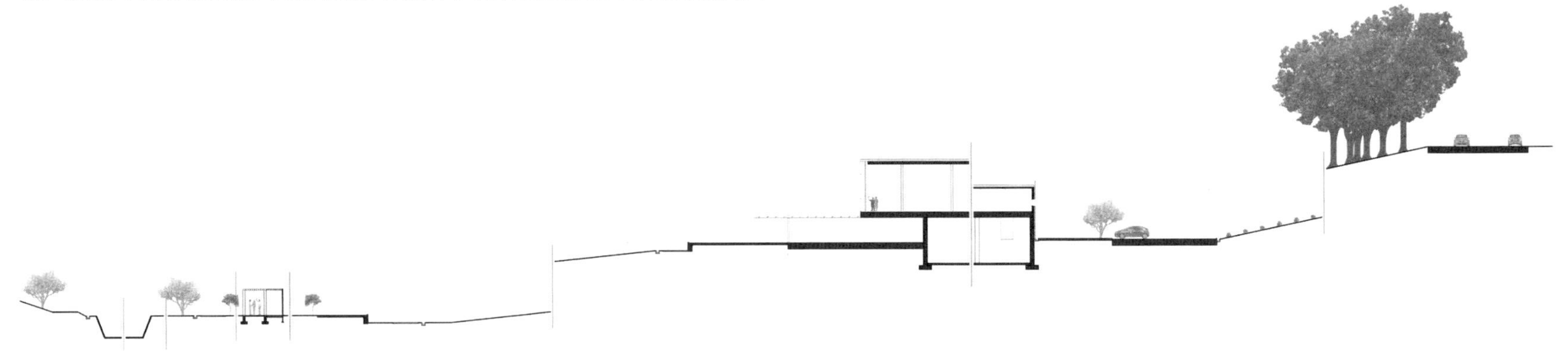

图 5.9　这块地块的地形和规划是重要的环境信息，用以界定基地状况和建筑形式的关系。　学生：珍妮弗·科利（Jennifer Colley）　点评：詹姆斯·埃克勒　院校：辛辛那提大学

下定义 DEFINE

描述事物的品质或特点；
消除对事物的模糊理解；
精确描述某一体积的形式或空间特征。

澄清为建筑生成带来的可能性
Generative Possibilities in Clarity

该项目开发是基于一系列的研究进行的。第一步是建立一个模型，该模型包含了一块高亮的材料以表现透明度。高亮材料同不透明材料粗略附着在一起，空间便被隔在了高亮材料的一侧。第二步是在高亮材料的表面画线以标明结构与设计的调整，构造组合完成后也能体现透明度。第三步就是用精心搭建的木质框架代替高亮材料，这一过程反映了高亮材料的就位方式。最后，要特别注意透明的那一面与被围空间的接缝问题。

这个过程会不断深入模型制作与图形绘制，以表现房屋与建筑甚至一片玻璃的施工技术和方法。这样一步步地，所有的细节都会越发清晰。当然，每一步之后都会对该项目的组织布局策略中透明度的作用带来更为概念性的定义。

在设计中，下定义是指在一定程度上表现出的对用途和特征的认定。这是可交流的，因为下定义涉及信息，同时它又与暗示了发展的过程紧密相关，在发展过程中，一个元素就会渐渐地在组织布局和功能上变得愈为明确具体。

空间界定是指能够识别与其他空间相关联的栖居和组织布局的特征。空间界定可能会包括诸如规划、体验或者是与其他空间之间的联系或连接等特征。那么，空间是如何界定的呢？当形成了空间特征而且这些特征能够很直观地加以表现并被观众理解，那么就说该空间得到了界定。然而，对空间的研究也有可能只关注其中一个特别的、完全独立出来的特征，这个特征与建筑的功能或组织布局有很大关联。这样的话，空间界

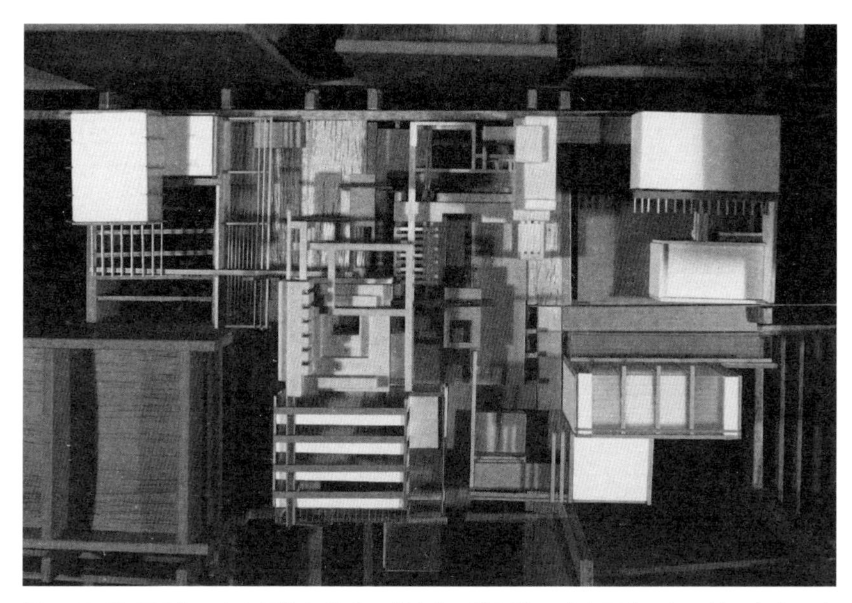

图 5.10 该项目由 4 个主要体积组成，大致位于该图的 4 个象限内。每一体积都有一个具体的空间特征，略有不同的图像语言将这 4 个部分区别开来。地块上散布的小片连锁空间将这 4 个部分连接起来，通过连接起容纳着 4 个主体积的小构筑物的组合清晰描画出 4 个主要体积的边界。 学生：迈克尔·罗戈文 点评：詹姆斯·埃克勒 院校：辛辛那提大学

定就只与那个特征的确定有关了。

形式界定指可识别出物件或建筑组合的组织布局在构建建筑中的作用。形式界定包括决定建筑材料、材质感、各部分的组合或者是结构或围护系统等方面的决策。那么，形式又该如何界定呢？形式界定就是指各元素在对功能、体验和空间感知方面发挥作用时的连贯一致。这些元素组合在一起时所发挥的作用超出了构图所需。这些形式元素被赋予了空间运作的特定目的。这些元素会被重新设置去实现那个目的。

无论哪种情况，对空间的界定都反映了一个过程，在这个过程中空间的概念已经不仅仅是形态、意图或者最初概念的范畴。辨别出空间特征的能力源于形式与功能的特点。界定也是有级别的：可或多或少地对元素加以定义，也有可能会定义得更为模糊。界定是一个激情迸发的过程，设计过程的每一阶段都应该使得建筑特征的定义更加清楚。界定是建筑思想演变的直接产物。

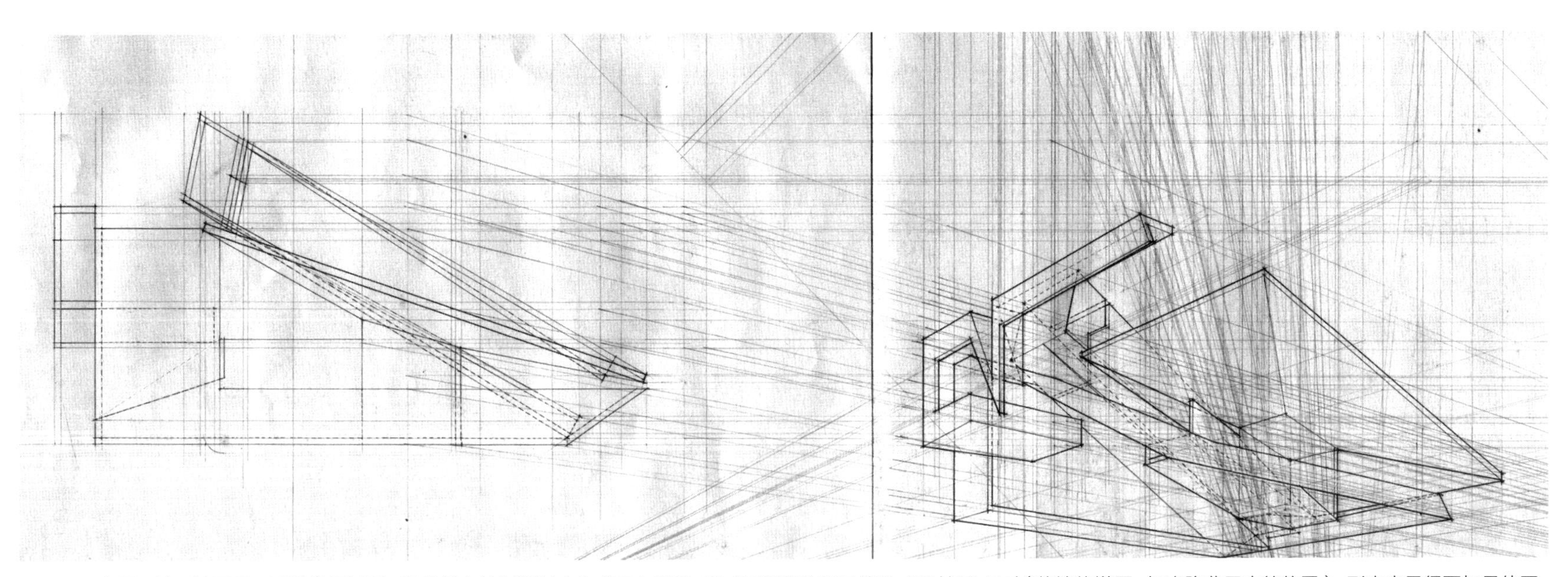

图5.11　上图通过手绘展现了设计发展过程。随着精心绘制并相应生成三向投影，形成了清晰的项目绘图。通过加入尺寸（将墙体增厚、标出隐藏元素的位置），形态也显得更加具体了。随着转化为三维视图，进一步界定了空间和组合。　学生：谭武（Tan Vu）　点评：吉姆·沙利文　院校：路易斯安那州立大学

对话 DIALOGUE

一般意义上的对话是指多人会话；
交流想法；
形式或空间上的呼应、匹配或配准体系；空间之间或形式之间的呼应关系。

呼应和交流为建筑生成带来的可能性
Generative Possibilities in Response and Exchange

为了呼应街道旁建筑的组织布局，他布置了建筑的正立面，而他所设计的表面接合要与对立面上的接合对齐。如果已有的面是凸出来的，那么他设计出来的面也要凸出来。如果在之前的表面上窗户确定了模块单元，那么在他的设计里也要保留模块单元。而且他设计中的窗户高度要与其他建筑中的窗户高度大致相同。其设计结果是在尺度上与街道的构成保持一致。在设计过程中，给人的感觉就是两个相对的立面之间有一种对话，有一种互动和呼应的关系。

一般来说，对话更多地指会话中思想的交流。将空间、形式和有组织的呼应理解成对话，有助于建筑意图的生成与交流。当一种设计被放到了一个同现有建筑有关联的地方，或者两种建筑元素在相互联系中不断发展，那么这些元素间就存在着一种对话。对话就是指在设计过程中出现的一系列呼应、行为和反应。这种对话体现在形式或组织上的配准、结合、空间排列顺序或者是其他可以联系各个组件的样式上。在建筑元素间生成对话的过程中，设计意图得以发展和确定。同样地，空间之间或形式之间鲜明的呼应性是交流设计意图的有效方式。

要实现空间之间的呼应有很多种方式。对话就是记录或聚焦交互关系的一种方法。如果一个新的结构是相对于现有空间创建的，那么新结构就会融入新、老空间，成为整体序列中的一部分。而新结构的位置又会重新定义现有空间之间的关系。在连锁、重叠、分离或连接中，两个空间组件在相互联系中不断发展。但是，这些空间元素间的对话又依赖于整个过程中所出现的一系列呼应。一个空间以某种方式发展了，那另一个空间就会相应地做出改变。这种行为—呼应系统就会像催化剂一样触发

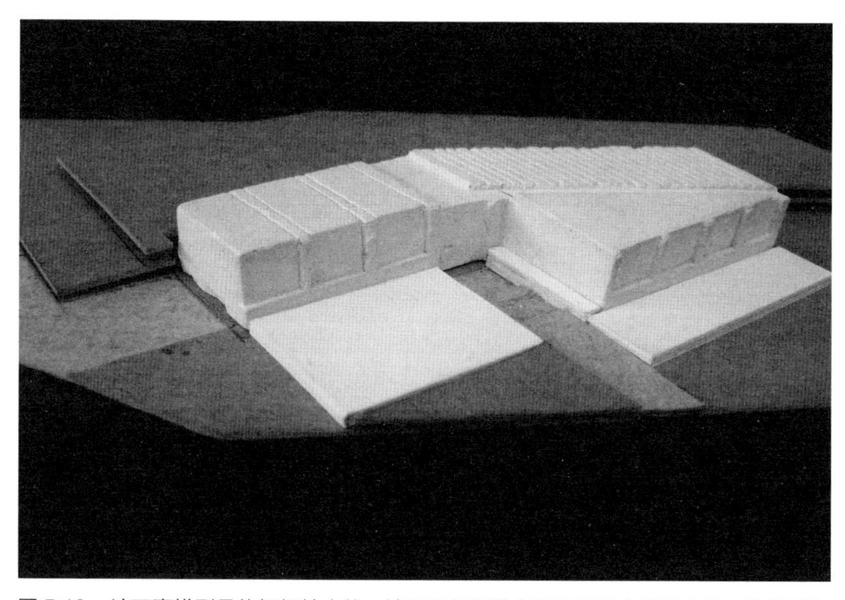

图 5.12　该石膏模型是依据场地方位、地形和组织排布的具体特点做出来的。该模型与周围环境存在一种对话关系，因为在该模型的制作过程中出现了相互呼应。每当某种决策影响到了石膏模型的布局形态，就会相应地对场地做出改变，反之亦然。这种改变会一直持续到场地和新建建筑之间产生一种相互依存的关系。　学生：布列塔尼·丹宁　点评：詹姆斯·埃克勒　院校：辛辛那提大学

空间之间的一种关系或多种关系。考虑到空间的特征或该空间中发生的事件，空间又是如何与其周围的其他空间相联系的呢？一旦做出决策，呼应过程就会驱动包含那种关系的设计。

除了空间上的互动关系，形式和组织上的对话也能体现元素间的关系或是促进空间之间关系的发展。包含空间的建筑组合就是定义上述关系的载体。设计出来的面要与对面的面相匹配或相关联。部件可加以延长，与相关要素的组合连接在一起。组织策略可应用于建筑元素，通过对齐、配准、靠近或排列等方式从而促进关系的建立或互动的实现。空间如何相互关联呢？形式或排列又怎样影响生成互动呢？很多方法都可以实现元素间的对话。创建新形式，对其他形式加以改变来接受新形式。对元素定位，同时对其他元素重新定位从而将各个部件联系起来。这些生成性的实践体现了空间之间的互动。若在空间、形式或组织排列上的对话很清晰，便能交流设计策略。

图 5.13　这两个项目是同时兴建的。虽然两幢建筑相互独立，但都修建在同一地块上。所以，两者之间在建设开发过程中不停地与对方产生呼应。于是，两者之间在空间与形式上产生的对话将两者联系起来。　学生：杰西卡·赫尔墨、查德·格里森（Chad Gleason）　点评：詹姆斯·埃克勒　院校：辛辛那提大学

绘图 GRAPHIC

明确无误或未经编辑的图像；
有关运用了书写、绘画或其他二维的沟通方式。

绘图为建筑生成带来的可能性
Generative Possibilities in Drawing

在设计建筑项目时，她需要绘制一系列的示意图。每一幅示意图在绘画过程中都要求她创造一定的绘画程式，这样画出来的图才具备可读性与可理解性。她用到了不同粗细的线条、色块和符号。她运用的绘画程式赋予示意图不同部分的含义。比如，色彩的重叠与分离就代表了不同的信息；线条的粗细及色调的区域都标明了层次等级。她使用的每一个符号都代表了一个特定的研究元素。这些所有的程式就构成了绘图语言，用于阅读与理解她的绘图。这种语言在所有的示意图中都保持一致。

graphic 一词最初是指用铅笔或者钢笔书写或画画。慢慢地，绘图开始指二维的表现方式。对建筑师而言，绘图可以包括绘画、示意图、草图以及任何手绘或计算机绘图。然而，绘图形式的表达可以体现出设计师在呈现和设计过程中的不同用意。绘图形式的表达在描绘三维空间或形式的信息时依赖于语言。绘图语言可以是传统惯例的，也可以是解释性的。

传统惯例的语言就是指那些可以指明信息、普遍认可的符号。而这些符号的意义已经形成了一个标准的体系。这套体系是解读那些特定文件的关键，这套表现体系是由为保持记录文件以及解读信息的持续性而制定的规则所决定的。那么，传统惯例的绘图语言是如何影响设计过程的呢？因为这套符号都是普遍可理解的，这套绘图表现方法常常用作呈现手段。然而，有一些绘画程式体系对于创造空间也有很大的价值。例如，代表层次等级的线条粗细，可能会在设计过程的一开始就标示出来。

解释性绘图语言是指通过对绘图组织排布加以解读来理解设计意图，而不是通过标准的绘图程式。通过对图中含义的解读能够获取信息。设计元素以一种特定的方式排列，使观众对图像的内涵进行想象。如果解释性绘图语言是主观的，那么如何使用它来准确表达建筑意图呢？解释性语言通常是抽象化的。除了沟通表达外，抽象化和解读也是能让观众发

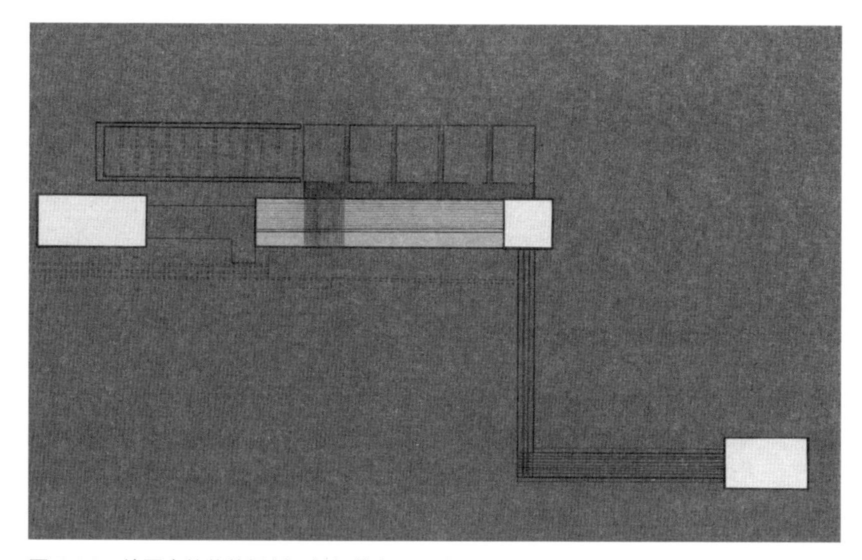

图 5.14　绘图中的传统惯例及组织排布可以表示三维空间及形式的特征。线条粗细、对比度、线条类型及呈现的一致性都表达了空间的联系和品质特征。这些绘图技巧结合在一起就组成了绘图语言，这种语言在传统惯例含义一致的前提下传达了设计思想。　学生：劳伦·怀特赫斯特　点评：詹姆斯·埃克勒　院校：辛辛那提大学

现设计中意图的工具。采用更为隐性而非显性的方式表达建筑思想会让观众有更多发现和转变的机会。

尽管绘图是一种二维的表示方式，其在开发三维体积中也可以发挥作用。绘图语言就是指对构成体积的表面加以处理的一种方式，或者是将表面解释清楚，以达到告诉观众这个空间的用途目的及感知方式。然而，具有绘图特征的空间或形式也有可能暗示了设计中存在尚未解决的问题。这样的话，所谓“绘图”设计就暗示了体积元素无助于对空间做出界定。如果元素是按照建筑的构图模式而不是功能进行组合，那便会出现这种情况。例如，将框架进行组合以界定出表面。一种方法是用装饰线条（图形模式）来创造一个表面，另一种方法是借助百叶窗（遮光栅格）。

* 参见“语言”一节。

图 5.15　统御图形沟通表达的原则有时在形式的组合上同样适用。重复、韵律、方位和层次等级都决定了特定部分在整个组织排布及组合的工作运转中所发挥的作用。　学生：杰克·索伯　点评：凯特·奥康娜　院校：玛丽伍德大学

图 5.16　传统惯例的绘图原则可用于解读三维空间和形式，所以这些原则也是整个设计过程中有价值的工具，可将它们解读并转化为实体物件、组件或组合。此例中，一张分析性示意图就被转换成了实实在在的建筑。其他一些图形生成性元素就留作为表面上的各类标志及衔接。　学生：尼卡·巴纳普尔（Nika Banapour）　点评：约翰·梅兹　院校：佛罗里达大学

图标 ICON

表征出具有特点的相似性；
一种符号类型；可以体现其所代表物体对象一定特征的标志；
一个群组中最具代表性的成员。

符号学为建筑生成带来的可能性
Generative Possibilities in Semiotics

她正在制作一个详细说明墙体组件的模型。由于只造了一个小尺度模型，她无法将全尺寸组合所需的每一个部件都包含在内。她用胶水和小木块代替了制作全尺寸构筑物的螺栓、螺丝钉和钢结构。为了有效呈现构件组合及其中各种类型的连接点，她只选择了其中最突出的部件。她将模型中的物件缩小到恰当的尺寸，然后用胶水黏合。这就是图标——呈现了将要建设的全尺寸建筑。这种呈现方式是基于组织和形式上的相似性，而非指定的含义。

icon 一词源于拉丁语 ¥cÿn 和希腊语 eikÿn，指相似性或影像。现在，图标这个词指因为具有相似的特征，所以一种元素可以用来指代另一种元素。而现在，在英语中“图标”又被归为语言学中一个方面的内容，称为“符号学”（semiotics）。在《皮尔斯：论符号——符号学文集》（*Peirce on Signs: Writings on Semiotic*）一书中，查尔斯·桑德斯·皮尔斯（Charles Sanders Peirce，1839—1914，美国哲学家）指出，图标符（icon）和象征符（symbol）及指示符（index）一样，都是一种记号。而图标符与后两者的不同之处就在于图标所代表的主体带有可解释的相似性。比如说，路标中的弯箭头就是指可 U 形转弯（即调头），而绘制出一条线就可以代表边缘。如果弯形箭头和调头的车辆之间没有相似性，或者说线条和形式的边缘在比例上没有相似性，那么这些图标即便标上去也是没有沟通表达意义的。

在整个表征体系中，图标的作用就在于体现整个群组或信息集的特征。图标这种表征方式就是将某一空间或者形式条件明确地以象征性的形式记录下来，为解释其他情况提供了一种模式、模板或者策略方法。将不同部分之间联系的详细设计可能就是图标性的，因为它建立起一种建筑

图 5.17　图中探究了结构的几种组织排布方式和运作条件。木板的分布研究了组织排布。查看穿过竖直柱间缝隙的光线研究透光现象。这个结构既没形成空间，又没有它所遵守的形式逻辑。然而，它寻求去创造特征，而且并未将特征施加于空间或形式意图。这个结构就是一种表现上述特征的图标。它不是一种符号，因为它与所代表的物体之间有共同的特征。　学生：维多利亚·特莱诺　点评：凯特·奥康娜　院校：玛丽伍德大学

组合的语言，并应用于设计中的其他情况。这种姿态形式并不包含空间，却暗示了它是空间或形式布局模式的一种图标。主要空间或形式可能是图标性的，因为它表明了项目的功能或方位。

此外，项目本身常常也可以说是图标性的，因为它们是某种建筑类型、用途、理念或历史的典型代表。这里的图标就理解成是一个可被效仿的模型或者是其他设计应做出响应的环境条件。那么如何使用这个具有效仿意义的图标式建筑呢？设计师如何呼应现有的建筑图标？要想推进新设计，对成功建筑案例的研究是非常重要的。图标一般是某一设计中最为成功的例子。将它们作为研究主题从而影响新项目的开发方式是很有价值的实践。这种实践也是有助于环境呼应的过程。理解图标式结构提供关于整个地区信息的方式可以使设计者更好地在地域中引入建筑——定义了同表现环境背景的图标建筑间的特定关系。

* 参见“符号”一节。

语言 LANGUAGE

思想交流的媒介；

交流思想或想法时所要遵循的准则；一种交流体系；

表征的一致性；为可促进提升交流品质的制作与绘图提供指导。

展示与交流构思为建筑生成带来的可能性

Generative Possibilities in Representing and Communicating Ideas

在她面前的是她绘制的两幅图，其中第一幅是在设计初期绘制的，是示意图；第二幅是她最近的设计项目的记录文档，是剖面图。示意图用粗细不同的线条将色调块连接起来。在图中，组织布局暗示了各元素间的关系。这幅图中的绘图语言将建筑元素变成了一般的组成部

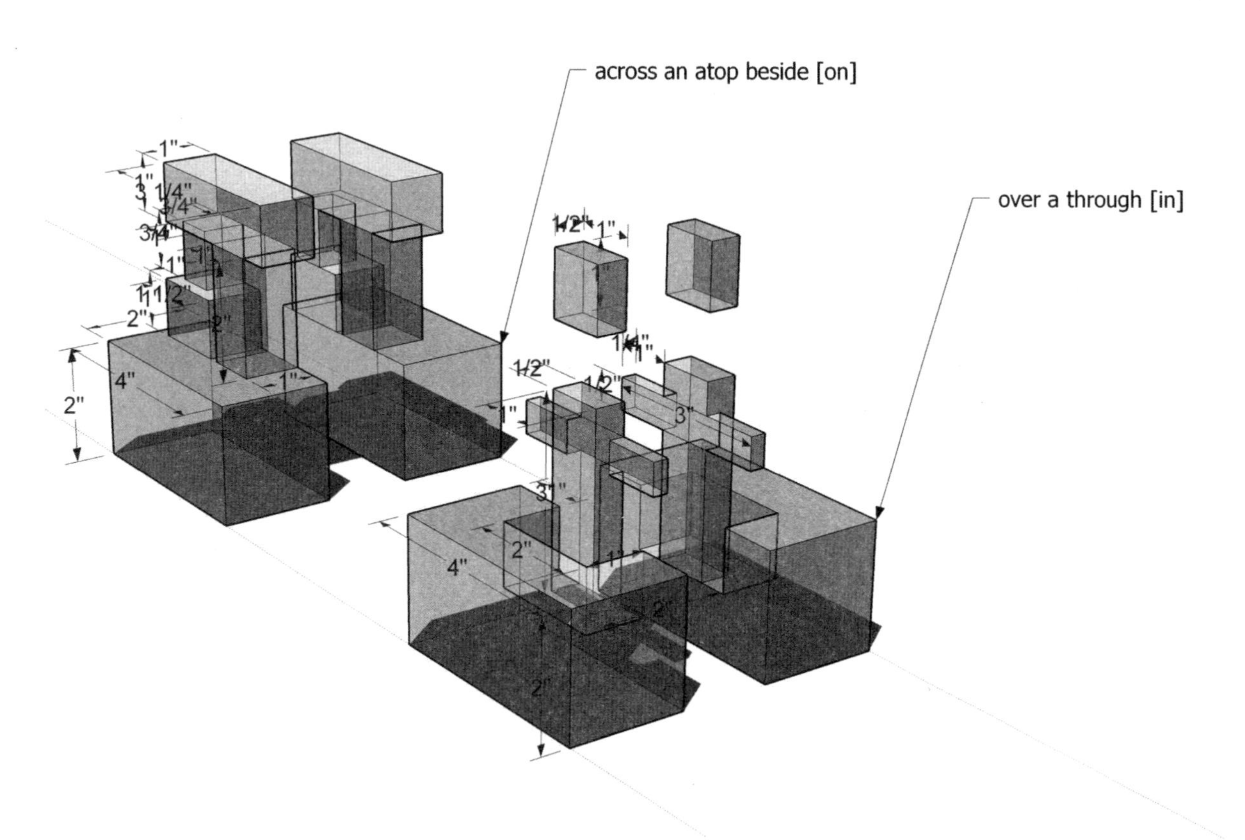

图 5.18　跟这篇文本一样，此例子以图解形式说明了语言能够生成设计的潜能。在图中，设计者将介词表述方式看成组织布局的生成器。介词界定了一套标准来决定某一物件对象与其他物件对象之间的关系。当将这些物件对象结合在一起时，产生的组合体就会涉及了形式逻辑。　学生：康纳·布雷迪（Conor Brady）　点评：约翰·亨弗里斯　院校：辛辛那提大学

件以检测元素间的关系。

相反，为了传达设计思想，剖面图却遵循着绘画规约。示意图中泛泛普通的元素在剖面图中却变得具体了。尽管剖面图还是表象性的，但它表达了与该项目有关的明确信息，无需对该图做出解读。鉴于图表语言是为了发现那些可在设计中使用的建筑特征，传统惯例的绘图语言则是寻求传达设计决策仰赖的建筑特质。

语言是交流的媒介。通常所说的语言主要是指书面语和口头语。但是，由于交流是语言的唯一目标，我们可以拓宽对语言的定义。在交流思想时，不同的语言会受不同规则的制约。建筑存在固有语言方面的特质；基于交流才能指引建筑的功能和栖居。建筑是可居住的构筑物，栖居的含意是体验。对空间的描述，即对体验的记录，是运用空间特点以及生成这些特点的形式记述而成。建筑的语言就是通过图形、形式和构造加以体现，这也是空间感知和生成的方式。

建筑语言指导着用途和交互。它决定了解读空间的方式。建筑语言包含这样一些元素，这些元素能够使居住者凭直觉就能明白该建筑的用途或者类型。人们是怎样知道一个空间是私人的还是公共的？一个入口是否是主入口？一个空间是用于逗留还只是一个过道？所有这些生成空间印象的元素都是建筑语言的组成部件。而对空间和形式的解读则是对这些元素的辨识和呼应。

语言也有助于指导发明。作为交流的一种方法，语言在整个过程中也发挥了打造与表现的作用。在这方面建筑语言就被分成了三种类别：图形语言、形式语言和构造语言。每种语言的涵义都是传统惯例的，在控制设计的读解与记录的方式方面保持了一致性。绘画使用图形规约连贯地表达空间理念。建立层次等级的方式、使用的线条类型、样式或色调指示的含意，在不同的图纸中都保有一致性。

在同一过程的不同阶段究竟呈现了哪些空间信息？这又会对使用哪种绘图来传达空间信息有何影响？同样地，形式规约要交流的是有关空间组织排列及空间之间关系等方面的形态与规划方案。那么，形式是用什么样的方式促进设计者对空间的理解的？形式在整个过程的不同阶段又是如何表现的？构造语言为元素的产生或连接方式制定了规约。在项目中，哪种连接最能促进空间的形成？某种类型的连接是怎样用于一个项目的不同情况？语言作为与过程相关的手段方法，能够形成一种针对思考、创制和表现空间构想的策略。

显性语言　Explicit Language

已经很清楚地表达出来的内容，不存在解释的可能性；
直接传达的内容，没有含混不清或暗示；
一种有清晰界定并确定的形式或空间设计。

显性就是指思想、功能或特征已经很清楚地表达，不存在做进一步解读的余地。通常是指清晰度，清晰度是在发展的阶段过程中不断重复得出的结果。它通常是指字面形式的表征而非形态或其他抽象的表征。

如果一份设计明确表达出了空间和意图，那这份设计就没有进一步深化发展的空间。显性表征就反映了终点。它能传达出精确的信息，但是如果那种信息无法推动进一步发展，那么显性表征怎样才能是具有生成性呢？如果一份设计被认为是“完整的”设计，显性表征对过程或发展几乎没有影响。但是显性表征却可以运用精确又可量度的方式检测不同。如果设计思路已然是明确鲜明的，那么就可以准确地测量已设计好的空间或形式在整个设计中是怎样运转的。检测出的结果会影响设计师的决策。在检测结果的基础上，显性设计会驱使设计师重新修改之前的设计，从而改变设计结果。只要它被用来作为探索的工具而不是只用来交流，那么它就可以再次引导整个过程呈循环式发展。

显性表征也可以表示整个设计中不同程度的分解。可将某个元素的零碎组块很好地加以分解开来，并清楚地展示，然而元素的其他部件可能仍然只是有一个形状，是推测性的，或者说就是隐性的。这样的不同是有助益的：因为清晰表示的部件可以提供给未清晰表示的部件更多信息。这是一种在过程中检测各种精细变量的方法。那些已被分解的成分提供了标准的且恒定不变的框架，推测性的思路由此而生。已经分解的部件会促进未分解部件的发展。

在这种过程类型中也存在周期性影响。随着你的推测在发展过程中愈加推进，那么它就会对已经分解、确定的东西提出质疑。随着这些不同部分依据相互关系重新排布，对它们的界定就会渐渐汇集起来。

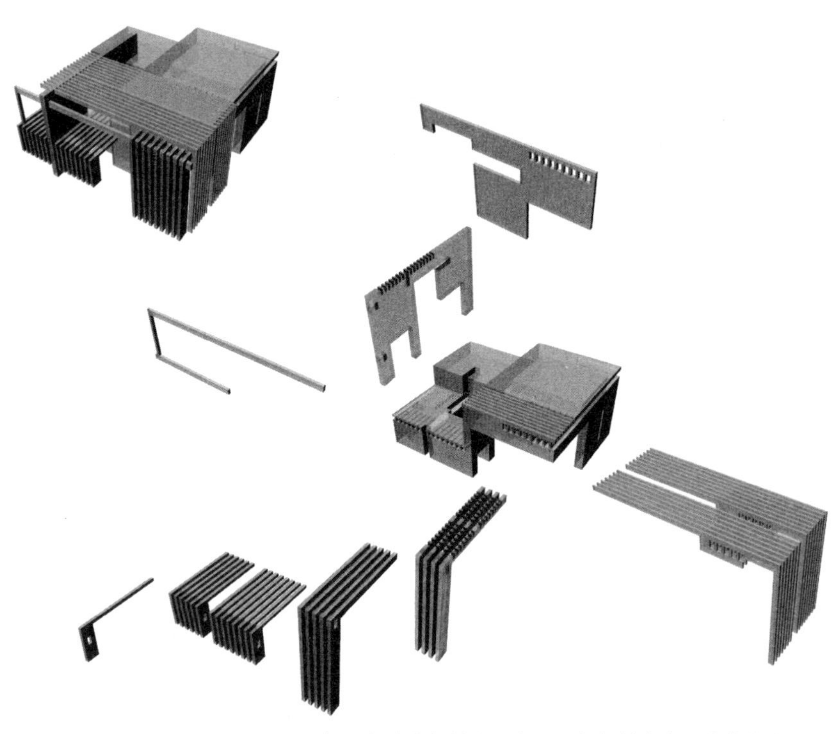

图 5.19　此例运用轴测图探究了每一部件的细节以及它们是如何整合为一个整体的。因为图中的信息需要清楚地展示出来，所以组合中各部件的关键点都是对齐排列的。通过对齐的方式就能看出每个部件的连接点及其使用的连接类型。　学生：斯蒂芬·多伯　点评：詹姆斯·埃克勒　院校：辛辛那提大学

隐性语言　Implicit Language

有赖于解读的表述；

通过隐含的意思，不直接地表达出来；

事物本质中带有的信息，未加特别表达；

依据未确定的形式或空间所提供的可能性，而非现有品质，对它们加以理解。

隐性信息是生成性表征的基础。隐性信息包含在绘图和模型之中，用基本的或并未确定的语言推测出设计中所包含的各种可能性。隐性信息对于发现和探寻空间意图非常重要。示意图、研究、形态，每一种都是表示隐含信息的工具。发现的成果是过程中意料之外的收获。

通过对空间条件、组织布局和要素排列的解读，隐性元素具备可以促进

图 5.20　隐性信息通常被用于像这样的生成性文件中。广泛的、不明确的组织布局关系被创造出来。多种媒介的混合提供了进一步解读的机会，可能成为未来迭代设计的起点。学生：芮妮·马丁　点评：约翰·亨弗里斯　院校：迈阿密大学

发现的能力。发现既能检验设计又能促进设计的发展。说它能检测设计是指从中解读出来的信息可以对设计进行重新修改与配置，隐性表征成了进一步探究的一种方法。建筑意图的隐性表征能让设计者产生一些问题，引导进一步探究。问题会驱动创造其他一些有利于满足设计意图的变量，之后就要对这些变量做检测，看它们与已探究出的变量间有何关系。

那么哪些形式的表征是隐性表征呢？这些隐性表征会在哪一阶段最大限度地影响设计思想？隐性表征一般体现在建筑内容上而非形式上，因为内容主题以更宽泛而不是具体的形式表现的，更像是一种发生器而不是一种项目记录。任何仅仅只是隐含空间特质，而未详尽说明的构件都是设计意图的隐性表征。

隐性信息主要是在整个设计过程的起初阶段产生。它是发展或探究空间概念的框架。作为设计发展的基础，在不停的循环迭代中，泛泛概略会慢慢地更加明确，隐性的东西趋于显性。然而，在最初设计中残留的关于空间、模式或形式的模糊认识可能会持续存在。隐性表征可能会生成一种贯穿每个设计迭代阶段都适用的建筑语言。这种语言可能是关于形式的组织布局、连接策略或者空间组织布局的模式。那么这些残留的信息是否有助于促进设计意图的实现呢？它们对于空间条件又可能有什么样的影响呢？

隐性信息也有可能是最终版的建筑不可或缺的一部分。因为隐性信息中的某些元素有可能会重新唤回一些生成性的概念或建筑策略。隐性信息是可能会参考其他一些相似条件的空间配置。或者在界定空间以及引导居住者与房屋交互方式的细节中也会包含有隐性信息。

* 参见“美学”一节。

展现 MANIFEST

使显而易见；
以特定方式明确表达。

概念有形化为建筑生成带来的可能性

Generative Possibilities in the Physical Embodiment of Concept

他一遍又一遍地修改自己的绘图。每一幅都是精心绘制的，但没有一幅能有效表达出他的项目设计思想。他继续使用不同的技法和媒介。当他不停地绘画时，他的思想变得更加清晰，设计也随之变得更加复杂，但仍没有一幅能够准确表达出深层的概念。

他继续画，最后一幅将所有与其设计相关的想法都表达了出来。每一个细节都传达了组合的策略。媒介和组织布局反映出了空间组织的规则。他所有的设计思想在最后一幅绘图中都得以展现。所以，这最后一幅图成了展现他项目的重要表达工具。

展现是指空间里或与空间相关的显而易见的东西。当建筑意图在空间里很明显时，空间构筑物就成了建筑理念获得读解的清晰体现。建筑形式里明显体现出的理念是具有交流性的，因为它能让居住者理解那种理念。在表征媒介中，它也理解为是一种交流的工具。特定的媒介或形式能够传达出特定类型的信息，而且这种信息会使理念在某一种而不是其他种呈现方式中得到展现。所以，要清楚明白地沟通表达，选择正确的媒介和形式十分重要。

那么采用何种方式，才能将构思在建筑中清楚地表达出来呢？设计师们可以使用不同的组织布局方式作为工具，让自己的设计理念或意图在空间中清楚地表达出来。将包含的形式解释透彻、排列好空间布局或确定好比例能够让人明白空间是怎样使用的，将会怎样体验空间以及其中生成性的原则怎样推进概念。为了以图解方式说明设计意图，可以使用一些组织布局原则配置空间和形式。

建筑上的一些想法能被有形地实体表现就是某种程度上的转化或改变。当在绘图时发现的一种构思被运用到空间中的实体构筑物时，就说此时发生了转化。此时的构思就像一种信息，从原本的过程记录转化成了构筑好的形式。而改变则是在体现某一种概念时对空间和形式进行操控的结果。这些问题源于设计迭代，并推进迭代，而且影响设计过程。

比喻 METAPHOR

通常只会用来指代某一物件而不是另一物件的言词；
在两种看起来不相像的物件之间创造出来的相关性；
在不同的交流方式，如交谈、绘图和形式模式中，用一个物件象征性地表现另一物件。

象征性为建筑生成带来的可能性
Generative Possibilities of Symbolism

这个项目的概念很难解释，或许是很难表现建筑是如何根据展示出来的设计理念发挥功能作用的。树叶结构促进了她在整个设计过程中思想的进步。她注意到叶脉相互交叉且离树干越远，叶片就变得越小。她还注意到了叶脉之间还有薄膜。她根据树叶的结构来安排建筑结构。

她决定用同样简单的想法来呈现自己的建筑设计，将这种复杂、有时甚至盘绕的建筑组织方案比作树叶就好理解多了。通常树叶被理解为简化版本的建筑。建筑就像一片树叶，这是她从一开始便使用的一种比喻。而现在，她就是用这个比喻，作为关键环节让那些对她的设计提出质疑的专家组也能更好地理解她的项目设计。

metaphor 一词来源于拉丁语 metaphora，意思是“一个词的意思向另一词转移”，比喻就是通过对不同物体对象的描述来展现某个物体特征的一种交流方式。这是一种在设计过程之初生成建筑中复杂的空间、形式和经验条件的方式。要将复杂的东西解释明白，就给观众一个他们已经知晓的事物进行比较。比喻就是表述建筑上不常见概念的生成性与交流的工具。运用一个普遍知晓的条件作参照就能帮助理解一个特殊条件。

作为理解概念的一种催化剂，比喻就是在表达空间、形式或组织排布等方面构思时对不相关对象的检验。哪些物体可以被比作建筑？又如何找到这样一个含有建筑信息或者能够提供启发的对象呢？比喻来自于用途的多样性。建筑设计的结果与生成的比喻之间的联系是人为创造出来的。所以，在将对象与建筑相关信息相联系时没有合适或不合适之说。

因为比喻是建立在设计者所熟知的对象之上的，它常常是引导出其属性与设计目标之间相似性的有效工具。可能会说空间像“海绵”，因为它四面八方都是连续的入口，类似于海绵一样吸收液体。如果说一个组合像“海绵”，那可能是因为建筑组合有很多孔洞。一种运动模式可以模仿生物循环系统的某些特征，或者是朝某一方向流动的河流。比喻成为生成建筑构思的关键。它简化了复杂的概念，以便这些概念在整个设计过程中可以更好地发展。

作为一个生成器或者交流工具，比喻对设计来说是很重要的，但是比喻不是设计的意图或设计的结果。在开发建筑环境条件的过程中，有时也会出现比喻失去相关性的情况。将一个物件研究的信息转移到另一物件身上会导致转变，这将引起建筑结果不可避免地偏离比喻生成器。这是因为在整个设计过程中与空间、形式和组织安排相关的一些决策都不依赖于比喻的特征。随着建筑意图逐渐明确，比喻的对象也可能再次变得不相关。如果在设计中优先考虑保留一些比喻特征，那么设计意图就变成是语义上的而不是建筑上的概念了。

叙述 NARRATIVE

一则故事或与讲述故事相关；
像领会或体验故事一般地描述一个事件或环境；
空间的感知功能或体验功能。

故事叙述为建筑生成带来的可能性
Generative Possibilities in Storytelling

他没有靠技术上的细节处理来体现自己的项目设计，因为他发现用讲故事的方式来解释项目会更有效。这样能使客户更好地理解他的构思。他在解释设计时似乎是在带着他们参观新房子。他告诉参观者他们将会遇到怎样的情况，会有怎样的体验。他描述出门把的手感、从高处的天窗射进屋内空间的光线。他谈到了空间的大小并说了说他们可以在里面做些什么。他跟他们说材料表面的质地以及手感。在他看来，他的建筑承载着一个故事，而居住者就是他创造出来的环境里面的人物。

叙述是在交流体验。讲故事或读故事时，通过对一系列事件的描述，我们可以理解角色的经历。体验可以通过人们接触的物件、他们的所观所感描述出来。事件（即人们所做的事）、事件发生的地点和原因都可以描述一个人的体验。体验是通过对观众可辨识的环境进行描述而传达的。这些体验和事件的概念也能用于生成建筑意图和空间的组织排布。就像是在故事里一样，可以通过空间和形式的特点传达出设计意图。

虽然这些期待的体验或事件可以是空间组织排布的概念生成器，但是概念本身能够通过叙述来传达。如果将叙述理解为一系列的体验和事件，那么建筑叙述就是对通过秩序、感知、接合和功能来界定栖居。那么，建筑叙述如何能成为交流工具呢？它怎样才能生成空间上的一些理念？叙述可以通过对住所的描述以图解形式来解释建筑意图：居住者进入空间后会做些什么？他们如何穿过空间？他们看到了什么、听到了什么、摸到了什么？建筑叙述让观众从住所的角度理解了怎样从相互联系的角度认识空间。这让观众就像自己要住进去一样地去了解整个建筑。

那建筑上的叙述是以什么样的方式进行交流的呢？文学叙述与建筑叙述的不同之处就在于对象不同。两者都是关于个体的体验和他们的行为。但是，建筑叙述更看重空间和形式是否能促进这些体验和行为的发生。建筑叙述可以通过多种形式和媒介实现，而不只是严格依赖于写和说这两种方式。如果一幅图只显示了空间就是物料的复合体，而灯光只是作为一种手段为事件的发生提供了场地，那么这幅图只是描述了建筑叙述中的一部分内容。结构内空间的排列意味着对一系列经验和事件的排序。建筑叙述可以任何方式传达空间和形式之间的关系信息。

叙述促进对空间使用的安排。可以通过构建特定的体验及其促成事件的愿望来构想空间。理解了应对这些空间或者执行某些任务应该遵循的顺序，就能描述出针对体验或者建筑创造出那种体验方式的一系列决策。作为一种处理工具，叙述能够用空间和形式的组织排布来控制一组空间中的各种体验。

* 参见“空间体验”“事件”两节。

比例 PROPORTION

各部分间的对比关系；
一个物件的相对尺寸。

相对大小尺寸为建筑生成带来的可能性
Generative Possibilities in Relative Size

在绘图时加入相应于普通人大小的比例人形是她表达正在设计的空间比例的工具之一。有其他一些提示帮助人们在绘图中建立可以被读解的尺度，而不必去参考页脚的小图例。她引入了那些即刻便可识别、熟悉其尺寸的小元素：台阶、扶手、铰接表面。这些小细节提供了更好理解大空间比例的机会。从小细节到大空间的尺寸范围提供了从视觉角度理解比例的机会，这是一种对比的方式。比例人形只是强化了剖面图中已然固有的比例信息。

比例是指相对尺寸或数量的对比关系。这个用于对比的量度是理解空间上或者是形式上关系的表达媒介。它也可以是一种对体积进行定义或分类的方式。

这个原则的表达特点就是说各个空间或各种形式之间的尺寸比例指明了各空间或各外形之间的关系。通过元素间的比例大小和鲜明程度就能反映出层次等级。可以使用相同的比例工具来呈现规划。这些不同比例的空间或形式相互交错的方式也能显示出它们各自是如何发挥功能的。那么如何判断主空间和支撑空间呢？是否能根据比例上的不同确定某种空间功能的落位？不同空间之间是否可以转换？是否是较大体积的延伸？比例有助于提供空间关系、空间功能和层次等级等方面的信息。

比例也是定义形式或空间体积的有效工具。在构造分类中，比例决定了体量、平面及框架上的差异。长、宽、高的尺寸比例就决定了物件的种类。同样，通过尺寸比例也能分辨出空间是横向的还是纵向的。空间比例可

图 5.21　比例衡量了各元素的相对尺寸。上图研究的就是拱门相互关联的各个构件的比例。　学生：梅乐蒂·普雷斯科特（Melody Prescott）　点评：吉姆·沙利文　院校：路易斯安那州立大学

能决定了这个空间里会发生什么样的事件，而反过来，事件也可能决定了需要什么样的空间比例。居住者和定义空间的建成形式之间的相互影响也在很大程度上取决于比例。空间是否被压缩了、延伸了，是高还是矮？哪些是可触摸的，哪些又是够不到的？

比例还可以指一组物件的密集度。这时候的比例就更重数量而非尺寸了。所以就可以说，某物件在一组中的比例比其在另一组中的比例要大。如同在形式和空间操作上使用了不同的策略一样，它在设计上也有不同的含意。要促进某些事件的发生需要多少空间？在一个更大、更通用的空间里是否能同时进行多种活动？这些问题都涉及了在设计时要考虑到空间的密度与布局两个方面。

* 参见“比例尺”一节。

图 5.22　上图中，比例由多种方式表现出来。图中项目用房的比例是通过与周围环境的对比体现的。比例用于定义一定的环境关系。比例也通过人体与房屋形式的对比体现。呈现出的比例使居住者与建筑间互动关系的程度更加清晰。　学生：巴特·巴伊达　点评：马修·曼德拉珀　院校：玛丽伍德大学

图 5.23　在图中加入了比例人形就可以看出人在该设计的室内空间中所占的比例。此外，通过涵盖已知元素（阶梯、扶手）与其所在空间的对比也能看出空间与居住者的比例关系。学生：德里克·杰罗姆　点评：詹姆斯·埃克勒　院校：辛辛那提大学

创造交流性产物为建筑生成带来的可能性

Generative Possibilities for Creating Communicative Products

他用胶水将小块的木板粘在一起最终做成一个框架，另外还增加了一些部件，将框架连接到一块稍大一点的木板上。而稍大一点的木板只是围合起框架的封闭结构的一个组件。总之，整个模型可以放在他的手掌心上。

框架上没有玻璃或是透明的材料。这个框架并不是按照实际建设时的全尺寸构筑物样貌制作的。然而框架中的每一组件都界定了模型内部空间的界限范围。框架的表面是开敞的，利用这种材料上的缺失来代表透明度。通过定义连接点和细木工上使用的一般策略，整个构筑物代表了一个实际的建筑组合。

展示表现的方式是传达建筑思想的方式和媒介。表现的类型很多，出现在整个设计过程的不同阶段，有着不同的目标。象征性表现是指用符号来代表建筑中元素的表达策略。普通表现是指任何可以暗示关于空间条件和形式特征一般信息的表达策略。相似性表现是指真实的建筑被取代了——就是指创造建筑的相似物。

象征性表现依赖于传统惯例。为了让象征性表现有效地表达出一种理念，要采用一些价值和意义都为人熟知的符号。一些正在表达的建筑特征并不是这些符号所固有的，而是这些符号所指代元素固有的。能体现材质的模式、线条粗细或颜色色系等都属于象征性表现。

普通表现是通过隐性信息表达理念的。通过媒介而不是直接的记录来解读空间和形式的意图。抽象表现的产物就是传达了建筑的一般性特征。它们是最初的构思以及未明确的建筑意图的产物。普通表现一般会在设计过程的最初阶段使用，是被当作生成性产物而非记录性产物使用的。体块模型、色调示意图和图底关系图都是普通表现的实例。

另外，相似物可以用来传达空间和形式的相关信息。相似性表现要尽可能地复制完整的实际建筑。这种相似物是明确构思以及缜密工艺的产物。相似性表现所具有的交流性在于它能精确地在小范围内展示出建筑形式

图 5.24　展示表现是通过使用惯例、符号或相似物来达到交流表达的方式。上图就体现了两种不同表现模式之间的关系。上面的绘图和模型使用了不同的材料、形式和惯例，但都传达了相似的空间信息。　学生：布列塔尼·斯普鲁尔（Brittany Spruill）　点评：吉姆·沙利文　院校：路易斯安那州立大学

的性能与特征。信息传达明确——它精确地显示建筑的属性，从而省却了进一步的解读。因为依托明确的建筑理念，所以这种“最终完成了的模式”通常脱离了设计过程。它是外形表现技巧决策中产生的结果，而不是探索建筑思想的工具。任何一种要复制建筑细节或建筑形式的模式或绘图都是一种相似性表现。

每一种表现类型都有三种不同的形式：绘图表现、形式表现和空间表现。而每一种形式都有很多的媒介形式与交流结果。每一种形式都有一些特定的特征多少会适用于不同类型的研究或展示。绘图信息是指任何一种二维的表现模式。它是一种在整个设计过程中都会始终出现的形式，传达关于示意图、草图、详图及渲染图的信息。无论是数字化还是手工制作的建筑模型，都是在空间和形式表现上的实践。三维表现的意图决定了采用哪一种形式。某一细节或建筑组合的模型显然是一种形式表现，而研究空间或体验条件的模型则是空间表现。像建筑的其他方方面一样，这两种理解设计的模式也是相互交织的。

那么怎样确定用哪种表现类型或形式是合适还是不合适呢？表现形式与产生的结果有直接的相关性。这种实践是一种探究还只是一种记录？它表现的是建筑的哪些方面呢？是空间上的？形式上的？还是系统性的？示意图可能就是用于创造各元素间的联系。如果长、宽、高的比例对这些关系很重要的话，它可能就是一个体块模型，是一般构成部件连接在一起的外形表现。如果只是为了建立一个由构成部件组成的网络，那么用绘图方式表现各个元素就是一种更合适的表现形式。表现的每一个环节都要依据具体的研究以及呈现出来的内容做出相应的修改调整。表现是一种制作行为，它也是促进探索发现的一种方法。如果它只是一种表达方式，那么它就与过程无关。

* 参见“符号”“隐性”“显性”“绘图”“空间”“形式”六节。

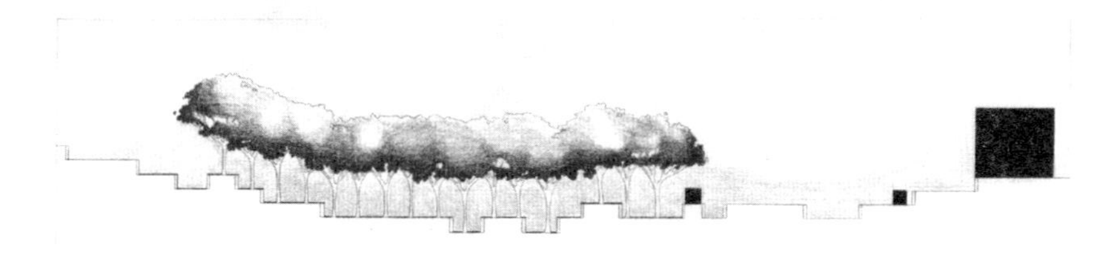

图 5.25　象征性表现就是创造一个东西来代表一个更为复杂的环境条件。此图使用了象征性的表现形式表明树木的位置和相对尺度。每棵树木的形状都一样，只是会根据预设的尺度在树木的尺寸上有些变化。　学生：伊丽莎白·西德诺　点评：米拉格罗斯·津戈尼　院校：亚利桑那州立大学

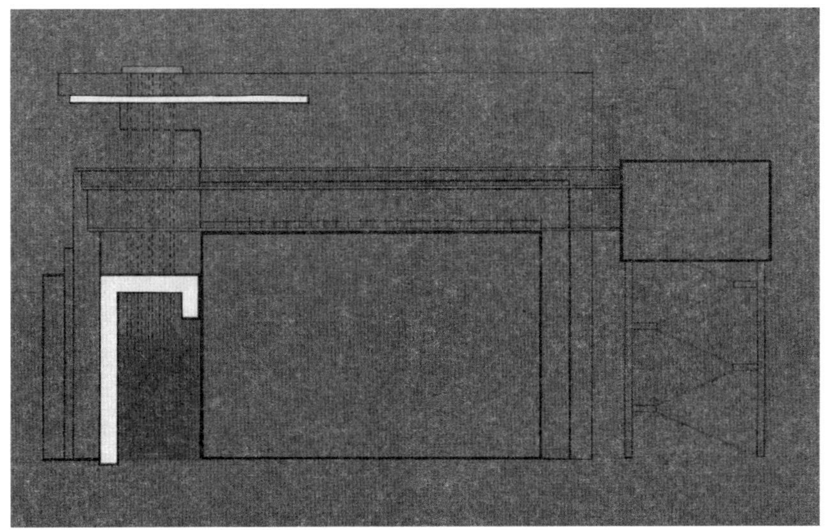

图 5.26　用惯例表现的方式就是使用为人熟知的符号或应用技术来传达信息。比如说用线条粗细决定层次等级，虚线表示隐藏的元素，这些都是常用的标准。这些惯例可以让人们读懂绘图，从中解读空间信息。　学生：劳伦·怀特赫斯特　点评：詹姆斯·埃克勒　院校：辛辛那提大学

比例尺 SCALE

决定表现形式与所呈现物体之间尺寸关系的比例；
测量比例的标准量度；
整体放大或缩小。

比例为建筑生成带来的可能性
Generative Possibilities of Proportion

在她制作的模型中 1/8 英寸代表 1 英尺。所以制作时，她知道一个人的身高不会超过 3/4 英寸。她知道怎样设计才会吻合地块条件要求。她也知道何时她设计的空间对其功能而言过大或过小了，何时设计的形式不切实际地过大或过小了。

比例尺提供了一种测量体系，控制着她设计中的组织布局方式。比例尺决定了她设计时所用的比例。比例尺提供了如果按照设计尺寸建成后她的建筑将如何运作的清晰理解。

在更传统的意义上，比例尺是指一种呈现与实物之间比例的测量方式。例如，它通常是通过一种数学关系体现出来，如 1/4''=1'-0''。意思就是图上的 1/4 英寸代表了实际中的 1 英尺。然而，比例尺也有生成性的含意。作为一种比例体系，通过比例尺可以理解一个人相对于空间的尺寸，或者一座建筑相对于其周边环境背景的尺寸。比例尺也可以是一种生成性原则，因为元素间的比例会影响空间与形式的关系。

将比例尺理解成是一种相对比例关系有时是设计过程的必要部分。在设计的初级阶段，最终确定的尺寸还没有定下来，处于一种灵活状态。但是，理解相对尺寸对于决定空间关系、栖居、叙述和概念性方案的其他方面是有裨益的。比如，过早确定空间尺寸会在安排空间时忽视一些切实可行的办法。相反，通过使用栖居或事件的相对比例创造出体积之间的关系则让设计变得开放，可以更多地考虑设计中出现的更多可能性。空间

图 5.27　这幅图中以多种方式表达比例尺。作为测量比例的一种方式，与周围环境相关的已知物体的数值决定了比例尺。这样的话，比例人形就有了一个已知的大概尺寸。可以通过与比例人形作对比来了解此建筑中其他元素的尺寸。此外，尺寸的多样性设定了比例尺：较小的元素和较大的元素同人体（已知数值）之间的关系就会不一样。台阶、隔板和小的线性框架组件会让人明白较大的部件大概是怎样的尺寸，因为经验会告诉观察者这些元素是可被踩踏的或抓握的。　学生：赫克托·加西亚　点评：艾伦·沃特斯　院校：瓦伦西亚社区学院

必须容纳多少人？他们将会做些什么？这些与比例尺相关而不与预先定好的尺寸相关的问题，提出了一系列界限条件，这些界限是呼应于项目的需求，并非向反复迭代或是检测变化的能力妥协。

在表现项目工程的各种媒介中设立一个比例尺是一个表达问题。正像比例尺测量的是元素间的比例，表达比例尺要求呈现已知的数量。对模型或绘图中空间的直观测量能力通常是通过加入人员互动的元素建立起来的。楼梯是一个常用的维度，能够被直观地理解。同样，任何一种被掌控的元素都提供了比例尺，因为任何人看到了图画都会对需要把握哪些东西有一个内在的理解。这些视觉上的关键在于表现图中细节的密度。一个表现图中的比例信息越容易理解，这个表现图就越容易理解。

* 参见“比例”一节。

符号 SYMBOL

基于标准惯例的一种表征方式；
符号元素的一种类型；基于已知含意的一种符号类型；
一种用来表现复杂条件特征的简单形式；
用来指代复杂条件的简单形式。

符号学为建筑生成带来的可能性
Generative Possibilities in Semiotics

她画了一张详细表现一组墙的绘图，每一个构件都要在图中显示出来，要精确地展示每一构件是如何组合成墙体的。因为绘图比例尺的缘故，如果每一部件都精确地表示出来，那么整张图就成了一堆由线条和阴影构成的复杂团块。因此，她把一些组件画成简化版本，或代表性符号。每个符号都在页面一侧加以注明。通过这种方式，每一个组成部分都得到了说明。通过一种惯例进行记录，为不同类型的标记赋予了不同含义。

symbol 一词来源于 simbal, 来源于拉丁语中的 symbolum(意为“信条、标志或记号”)。现在，它用来指任何可以指代其他事物的元素。然而，在英语中符号最新又被归为语言学中符号学的内容。查尔斯·桑德斯·皮尔斯指出，象征符（symbol）和图标符（icon）及指示符（index）一样，都是一种记号。象征符区别于图标符或指示符的地方就在于读者已经知道象征符的符号指代的是什么。如果先前不知道它的意思，单词或字母只是一个无法理解的声音或曲线。只有当读者知道特定地图中的点是指代小镇的位置时，这个点才代表了小镇。

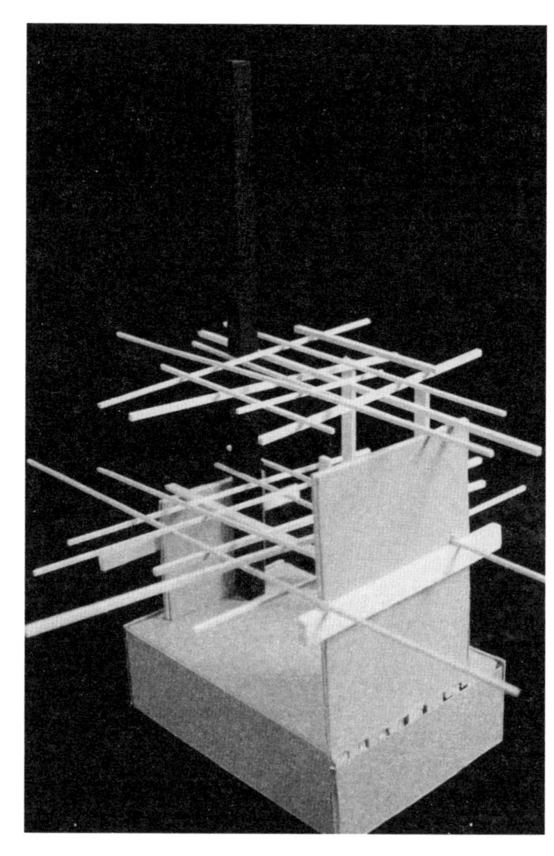

图 5.28　这个模型中一侧的黑色柱子是一个标志，表示了一个实体元素的存在或位置。柱子的高度和宽度标示了这个元素在层次等级上高于其他组件。柱子的颜色表示其与其他组件有显著区别。这根柱子就是一个符号，创造它去代表一种与众不同的条件。　学生：塔拉·怀亚特（Tara Wyatt）　点评：凯特·奥康娜　院校：玛丽伍德大学

符号在表征体系中的作用是体现在普遍接受的规约中的。绘图规约及通过编码表达都是一种符号形式的交流方式。它们运用含意和指代符号之间广为知晓的相关性来呈现信息。例如，某些阴影图案就是用来指代草

图文件中材料的符号。色彩就成了颜色代码中内容的标志符号。

符号的其他设计用途则像是概念生成器。一些空间条件或形式组合可能象征了某一种理念或文化意义。建筑形态可能指代了一种意义，这种意义脱离了界定建筑思想的空间和形式。如此一来，符号就成了建筑思想与理解其他学科、哲学或文化条件之间的连接纽带。

空间能代表什么呢？这种表征又会怎样影响设计思想与创造过程呢？为了让建筑空间或形式能指代其他东西，那些条件必须被特定的观众理解。此外，信息必须与代表这种信息的空间或形式组织布局直接相关。

纪念碑就是符号空间或形式的一个例子；它需要对即将传达的内在文化信息有一定的预先了解。了解是解读符号信息的一种工具。至于开发符号空间和形式的过程，必须建立一种空间或形式语言而且这种语言要贯穿整个设计过程的每一个迭代阶段。这种语言就是文化信息通过建筑组织布局传递的一种方式。

* 参见“图标”一节。

翻译　TRANSLATE

用另外一种语言表达思想；
改变交流的模式（从语言到绘图，从示意图到详图）；
从一个地方转移到另一个地方。

在媒介或形式之间转换为建筑生成带来的可能性
Generative Possibilities in Shifting Between Media or Format

设计团队里的一个人交给他一张草图，图中详细标示了此人对建筑入口的设计想法。他很喜欢对方的想法所以决定将这个想法继续深入下去。他认为实践行为最好的训练课程就是制作一个模型，于是他开始构建那些只在草图中出现的元素。

他对部分设计做了改变，为了让每个部分都能更好地连接在一起。他解读草图中没有注明的信息就是为了能够做出这样一个模型。将信息从草图的绘图媒介转换到模型的空间／形式媒介，对草图中未加考虑的细节认真斟酌加工，从而推进设计。

翻译既可以看成是一种交流行为，也可以看成是一种实实在在的过程。从交流行为的角度来看，信息从一种表征形式转移成另一种表征形式。而从实实在在的过程角度来看，就是指移动本身。

世界上有很多口头语言。在一种语言中交流的信息可以经过翻译过程在另一种语言中交流。因为设计表征也是一种交流行为，也有很多种方式将口头语言比作各种艺术表征语言。其中一种可比性就体现在一种媒介中传达的信息可以通过翻译转换传达到另一种媒介中去。在建筑中，翻译可以通过两种方式影响过程与交流。一种是通过将空间信息从一种建筑媒介转移到另一种媒介中去；另外一种就是将信息从一个单独的学科转移或解读到建筑媒介（如油墨、木头、像素、矢量等）和形式（剖面图、模型、示意图、数字模型等）。

信息能从一种建筑媒介或形式向另一种翻译是建立在了解同样的信息能够在这两种媒介或形式中得到描述基础上的。那么翻译有什么好处呢？

图 5.29　翻译是将信息从一种交流媒介向另一种交流媒介转化的行为。此例中，空间信息是通过图形形式体现的，从这种表征中生成了空间与形式的构筑物。从图形语言向三维语言的转换就是设计过程中的一种翻译行为。　学生：布列塔尼·斯普鲁尔　点评：吉姆·沙利文　院校：路易斯安那州立大学

它是如何影响生成新建筑信息的过程的？在这种情况下，说哪一种对信息的翻译有价值是因为这样有可能促进迭代过程的发展，能够提供运用不同信息评估设计的机会。通常在翻译过程中，迭代设计进程得到了推动。当建筑师在一种媒介或形式中发展自己的建筑项目时，他/她肯定能够在另一种媒介中重新塑造自己的建筑。这就说明了翻译的可转换性。

不同媒介以不同方式展示信息；从一种媒介向另一种媒介翻译的过程会迫使设计师考虑之前未探讨过的信息集。这种运行逻辑是翻译作为评估工具的基础。不同媒介或形式描述的不同信息集展示了对建筑意图的不同理解。多样的媒介和表征形式使设计师能够评估不同的信息集。这将对呈现和制作过程产生影响。比如，在剖面图里做出的决策在三维空间组织排布的效果中无法得到完整理解。

这种传递信息的原则也可以运用到其他艺术领域的空间思想向某种建筑媒介或形式的翻译中。画家、音乐家和建筑师都能用不同的媒介描述体验上的与结构上的构思。鉴于在所呈现的体验条件中有相似之处，人们也就可能将体验信息从一个领域翻译到另一个领域中去，例如从音乐领域向建筑领域翻译。

那么怎样在其他艺术领域辨识空间或与形式相关的信息呢？如何将其作为建筑空间或形式再重新表征呢？音乐是有组织结构的，有鲜明的顺序、节奏和时间。形式和空间也能用这些规则加以构建，但是使用不同的方式表现和体验，也许是通过元素的重复或空间的顺序。能通过很多艺术手段找出建筑上常见的属性。识别出其他领域产物固有的空间信息能够生成与体验、布局或组织相关的建筑意图。这样一来，翻译就成了建筑概念或设计思想灵感的催化剂。

图 5.30　在此图中，翻译发生在几个迭代过程中。每一个迭代过程都会进行一项新的研究。结果是从图形信息向模型的翻译。　学生：伊丽莎白·西德诺　点评：米拉格罗斯·津戈尼　院校：亚利桑那州立大学

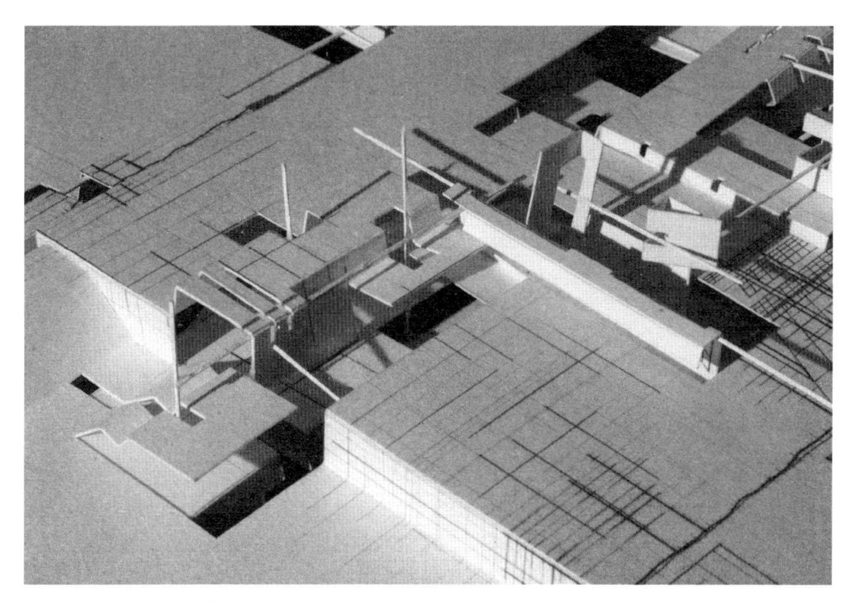

图 5.31　当纸上的绘图指导了空间的构筑时便发生了翻译。　学生：阿里·佩斯科维茨　点评：詹姆斯·埃克勒　院校：辛辛那提大学

图 5.32　这项研究肇始于从另一个源头领域获取的元素布局示意图。从用丙烯酸刻画的示意图中，一个构筑好的空间系统出现了。制作示意图的行为在将信息从一种形式向另一种形式翻译时使用了解读的方法，而由示意图产生的空间也是从一种媒介向另一种媒介的翻译。　学生：卡里·威廉姆斯　点评：詹姆斯·埃克勒　院校：玛丽伍德大学

参考文献
BIBLIOGRAPHY

American Heritage, Inc. *The American Heritage College Dictionary.* 4th ed. Boston: Houghton Mifflin, 2007.

Bachelard, Gaston. *The Poetics of Space.* Boston: Beacon, 1994.

Barnhart, Robert K. *The Barnhart Concise Dictionary of Etymology: The Origins of American English Words.* New York: H. W. Wilson, 1995.

Ching, Francis D. K. *Architecture: Form, Space, and Order.* 3rd ed. Hoboken, NJ: John Wiley & Sons, 2007.

———. *A Visual Dictionary of Architecture.* New York: John Wiley & Sons, 1995.

Clark, Roger H., and Michael Pause. *Precedents in Architecture: Analytic Diagrams, Formative Ideas, and Partis.* Hoboken, NJ: John Wiley & Sons, 2005.

Cook, Peter. *Drawing: The Motive Force of Architecture.* Chichester, West Sussex, England: John Wiley & Sons, 2008.

Holl, Steven. "Idea, Phenomenon, and Material." In *The State of Architecture at the Beginning of the 21st Century,* edited by Bernard Tschumi and Irene Cheng, 26–27. New York: Monacelli, 2003.

Le Corbusier. *Towards a New Architecture.* Mineola, NY: Dover, 1986.

McCreight, Tim. *Design Language.* Cape Elizabeth, ME: Brynmorgen, 1997.

Pallasmaa, Juhani. *The Eyes of the Skin.* Chichester, West Sussex, England: John Wiley & Sons, 2005.

———. *The Thinking Hand: Existential and Embodied Wisdom in Architecture.* Chichester, West Sussex, England: John Wiley and Sons, 2009.

Peirce, Charles Sanders. *Peirce on Signs: Writings on Semiotic by Charles Sanders Peirce.* Edited by James Hoopes. Chapel Hill: The University of North Carolina Press, 1991.

Porter, Tom. *Archispeak.* New York: Spon, 2004.

Rasmussen, Steen Eiler. *Experiencing Architecture.* Cambridge, MA: MIT Press, 1962.

Semper, Gottfried. *The Four Elements of Architecture and Other Writings.* Translated by Harry Francis Malgrave and Wolfgang Hermann. Cambridge, England: Cambridge University Press, 2011

Unwin, Simon. *Analysing Architecture.* Milton Park, Abingdon, Oxfordshire, England: Routledge, 2009.

———. *Twenty Buildings Every Architect Should Understand.* New York: Routledge, 2010.

Zumthor, Peter. *Thinking Architecture.* Basel, Switzerland: Birkhauser, 2010.

外文人名译名对照表

LIST OF TRANSLATED FOREIGN NAMES

A

Ammar, Laila 莱拉·阿马尔

Anderson, Christopher 克里斯托弗·安德森

Arnondin, Michelle 米歇尔·阿诺丁

Augustin, Valery 瓦莱丽·奥古斯丁

B

Badger, Jeff 杰夫·巴杰

Bairian, Kirk 柯克·贝里安

Bajda, Bart 巴特·巴伊达

Banapour, Nika 尼卡·巴纳普尔

Beauvais, Michelle 米歇尔·博韦

Bergman, Noah 诺亚·伯格曼

Beverly, LeStavian 莱斯特维恩·贝弗利

Bogedin, Ryan 莱恩·博格丹

Bonapour, Nika 耐克·博纳普尔

Brady, Conor 康纳·布雷迪

Burlij, Larissa 拉里萨·伯里杰

Burnette, Houston 休斯顿·伯内特

Burwinkel, David 戴维·伯恩温克尔

C

Campbell, Kyle 凯尔·坎贝尔

Carmody, Kenner 肯纳·卡莫迪

Carrier, Staci 斯塔奇·卡里尔

Casey, John 约翰·凯西

Cavellier, Ashley 阿什利·卡维利尔

Chang, Jessica 杰西卡·常

Chartrand, Stephanie 斯蒂芬妮·查特兰

Ching, Francis D. K. 程大锦

Choi, Jihye 崔智慧

Coburn, Kyle 凯尔·科伯恩

Colley, Jennifer 珍妮弗·科利

Commisso, Kim 金·科米索

Cormeau, Katherine 凯瑟琳·科莫

Culpepper, Zachary 扎卡里·卡尔佩珀

D

Dauer, John 约翰·道尔

Davis, Grace 格蕾丝·戴维斯

DeDunes, Brittany 布列塔尼·德·邓斯

Denning, Brittany 布列塔尼·丹宁
Dickerson, Mary 玛丽·迪克森
Dober, Stephen 斯蒂芬·多伯
Dzilno, Olea 奥莱亚·季尔诺

E

Eckhartsberg, Heinz von 海因茨·冯·埃卡兹伯格
Eckler, James 詹姆斯·埃克勒
Eldringhoff, Ashley 阿什利·埃德林霍夫
Ennis, Samantha 萨曼莎·恩尼斯

F

Faber, George 乔治·法布尔
Fajardo, J. D. J. D. 法哈多
Fatzinger, Zach 扎克·法辛格
Fee, Allen 爱伦·菲
Forster, Axel 阿克塞尔·福斯特
Frank, Josh 乔什·弗兰克
Frost, Tyler 泰勒·弗罗斯特

G

Garcia, Hector 赫克托·加西亚
Garrison, Stephen 史蒂芬·加里森
Geise, Paul 保罗·盖斯
Gibbs, Joe 乔·吉布斯
Gibney, Joe 乔吉·吉布尼
Givens, Carey 凯瑞·吉文斯
Gleason, Chad 查德·格里森
Gurka, Bernie 伯尼·古尔卡
Gutierrez, Daniel 丹尼尔·古铁雷斯
Guzman, David 大卫·古兹曼

H

Hamilton, Michael 米歇尔·汉密尔顿
Hammitt, Nate 内特·哈米特
Hancock, Thomas 托马斯·汉考克
Hart, Mary-Kate 玛丽—凯特·哈特
Hayes, Tim 蒂姆·海斯
Helmer, Jessica 杰西卡·赫尔墨
Hess, Trevor 特雷弗·赫斯
Hogrete, Alex 亚历克斯·霍格瑞特
Holler, John 约翰·霍勒
Holmes, Chris 克里斯·霍姆斯
Huffman, Matthew 马修·霍夫曼
Humphries, John 约翰·亨弗里斯
Hurst, Jennifer 詹妮弗·赫斯特

J

Jerome, Derek 德里克·杰罗姆
Jones, Charles 查尔斯·琼斯
Jones, Richard 理查德·琼斯

K

King, Reagan 里根·金
Klaus, Kendall 肯德尔·克劳斯
Knight, James Chadwick 詹姆斯·查德维克·奈特
Koczarski, Corey 科里·科扎尔斯基
Kramer, Tamika 塔米卡·克莱默

L

Lasota, Miranda 米兰达·拉索塔
Laugier, Marc-Antoine 马克—安托万·劳吉尔
Liu, Liu 刘柳

Lu, Hanying 陆涵颖

M

Mahoney, Michelle 米歇尔·马奥尼

Martin, Renee 芮妮·马丁

Matchison, Lauren 劳伦·麦奇森

Maze, John 约翰·梅兹

Mertz, Mckinley 麦金利·默茨

Mindrup, Matthew 马修·曼德拉珀

Minerich, MaryJo 玛丽乔·米内里奇

Momenee, Rachel 雷切尔·莫梅尼

Montgomery, Wendell 温德尔·蒙哥马利

Mojsa, Dan 丹·莫伊萨

N

Naylor, Matthew 马修·奈勒

O

O' Connor, Kate 凯特·奥康娜

O' Neil, Casey 凯西·奥尼尔

Orchard, Brayton 布雷顿·奥查德

Orsini, Taylor 泰勒·奥西尼

Ortiz, Angel 安吉尔·奥尔蒂斯

P

Peirce, Charles Sanders 查尔斯·桑德斯·皮尔斯

Perry, Dave 戴夫·佩里

Pescovitz, Ari 阿里·佩斯科维茨

Peterson, Thomas 托马斯·彼得森

Prescott, Melody 梅乐蒂·普雷斯科特

R

Rabalais, Matthew 马修·拉巴莱斯

Reuther, Nick 尼克·鲁瑟

Robertson, Dianna 戴安娜·罗伯森

Rogovin, Michael 迈克尔·罗戈文

Risley, Mary 玛丽·里斯利

S

Schwab, Elizabeth 伊丽莎白·施瓦布

Semper, Gottfried 戈特弗里德·森佩尔

Short, Chrissy 克里斯·肖特

Showalter, Claire 克莱尔·肖瓦特

Silva, Jonathon 乔纳森·席尔瓦

Simmons, Ryan 瑞安·西蒙斯

Simpson, Nathan 内森·辛普森

Smith, Tim 蒂姆·史密斯

Sorber, Jake 杰克·索伯

Spruill, Brittany 布列塔尼·斯普鲁尔

Stauffer, Mike 迈克·斯塔弗

Steele, Kimberly 金伯利·斯蒂尔

Sullivan, Jim 吉姆·沙利文

Sundstrom, Matthew 马修·桑德斯特伦

Sydnor, Elizabeth 伊丽莎白·西德诺

T

Vu, Tan 谭武

Towers, Jason 杰森·托尔斯

Traino, Victoria 维多利亚·特莱诺

Troyer, Seth 塞斯·特罗耶

U

Utz, Kevin　凯文·乌兹

V

Varner, Troy　特洛伊·瓦纳

W

Wahy, Joe　乔·瓦希

Wallick, Karl　卡尔·沃利克

Watkins, Mary　玛丽·沃特金斯

Watters, Allen　艾伦·沃特斯

Weigand, John Levi　约翰·李维·韦根

White, Robert　罗伯特·怀特

Whitehurst, Lauren　劳伦·怀特赫斯特

William, May　梅·威廉

Williams, Cari　卡莉·威廉姆斯

Williams, Stephanie　斯蒂芬妮·威廉姆斯

Williams, Stephen　史蒂芬·威廉姆斯

Wong, Peter　彼得·王

Wyatt, Tara　塔拉·怀亚特

Y

Young, Nick　尼克·杨

Z

Zingoni, Milagros　米拉格罗斯·津戈尼